国家自然科学基金项目（51278347）资助
国家社会科学重点基金项目（14AZD107）资助

公园游憩设施与场地规划导则

［美］乔治·E·福格　著
吴承照　郑娟娟　译

中国建筑工业出版社

著作权合同登记图字：01—2016—8130号

图书在版编目（CIP）数据

公园游憩设施与场地规划导则／（美）福格著；吴承照，郑娟娟译．—北京：中国建筑工业出版社，2016.10
ISBN 978-7-112-19968-6

Ⅰ．①公… Ⅱ．①福… ②吴… ③郑… Ⅲ．①城市规划 Ⅳ．①TU984.18

中国版本图书馆CIP数据核字（2016）第239748号

Park, Recreation & Leisure Facilities Site Planning Guidelines by George E. Fogg.

责任编辑：刘爱灵　段　宁
责任校对：李欣慰　李美娜

公园游憩设施与场地规划导则
[美] 乔治·E·福格　著
吴承照　郑娟娟　译
*
中国建筑工业出版社出版、发行（北京西郊百万庄）
各地新华书店、建筑书店经销
北京锋尚制版有限公司制版
北京利丰雅高长城印刷有限公司印刷
*
开本：880×1230毫米　1/16　印张：18¾　字数：502千字
2016年11月第一版　2016年11月第一次印刷
定价：158.00元
ISBN 978－7－112－19968－6
（29439）

致 谢

本书大部分内容来源于前几版的《公园规划导则》，该导则是基于笔者所著的《州立公园规划导则》改编而来。《州立公园规划导则》一书指导了宾夕法尼亚州立公园的各类专业规划。《公园规划导则》早期版本中的相关规划资料由宾夕法尼亚前森林与水资源部、州立公园局和规划与发展部的工作人员提供。

本书数据来源于书后参考文献以及笔者和特邀作者多年的调查和设计。国家游憩与公园协会同样也对本书出版提供了帮助。然而，没有读者们对笔者各类书籍的持续关注，本书的写作和出版将难以完成。

笔者要向以下参与本书撰写和提供帮助的人们表示感谢：Doug Eckmann，PE（公用事业和工程），Wayne Hook，ASLA（高尔夫球场），Michael W. Fogg（激流泛舟，独木舟，自行车骑行和滑雪运动），Dennis Pagen（滑翔翼运动和滑翔伞运动的相关资料），Ben Johnson（滑冰公园和自行车公园设计），以及国家非公路车委员会（第十章，非公路车辆）。本书的照片来自于笔者的家人和朋友，他们是：Fethke一家，Mark Anderson，Michael Fogg，Stanley Fogg，Parrish一家，Thomas Brooks和Louise Rowland。

衷心感谢Thomas Brooks对本书进行排版以及逾285张电脑制图工作。同样衷心感谢他的上司，建筑用地设计的Christian Andrea对Thomas负责本书工作的批准和支持。

最后，感谢笔者的家人和朋友对本书照片和相关信息的提供和帮助。特别感谢笔者的妻子Rebecca给予的帮助、鼓励，以及长期进行的手写稿翻译、键入、校对和编辑工作。

Rebecca，Thomas和笔者都希望这本书能对您有所帮助。

中译本前言

首版《公园游憩设施与场地规划导则》作为宾夕法尼亚州的州立公园规划导则，于1969年8月出版，为宾夕法尼亚州的州立公园规划设计提供指导。该版导则获得了巨大成功并在行业内部广泛流传。美国国家游憩与公园协会（The National Recreation and Park Association）希望能将导则的内容扩展至全美的公园设施规划。因此在1975年，导则进行了扩容并由国家游憩与公园协会于该年出版。2000年，修订版的《场地设计和管理程序》出版，其中加入了公园管理的相关内容。

经过了范围和内容的不断调整更新，目前，最新版导则由美国国家游憩与公园协会于2005年出版，即本书《公园游憩设施与场地规划导则》（简称《导则》）。最新的2005版导则在前几版的基础上对近几年兴起的一些活动进行了补充，并加入了旅游设施规划和更多的设计过程。到目前为止，最新版的《导则》仍为美国许多设计公司和机构所使用。

我们很高兴分享这部最新版的导则，希望它能够在中国的公园、游憩和休闲设施规划与设计中有所帮助。

感谢上海同济大学吴承照教授和郑娟娟等对本书的翻译。

乔治・E・福格

美国景观师协会理事

译者前言

人与自然和谐发展的场地规划图解

公园既是城市重要生态资本，也是城市居民户外休闲游憩的精神家园，是最主要的公众教育资源之一，生动展示了人与自然的交互关系。游憩类型、设施配置与场地规模直接影响公园游憩体验质量与生态环境质量，如何实现人地和谐双质共生，微观层面上的场地规划策略是至关重要一步，本书在丰富实践基础上对此作了较为系统的总结。

1. 美国最有代表性的公园游憩规划导则

本次翻译的《公园游憩设施与场地规划导则》的前身，是1969年8月出版的《州立公园规划导则》（宾夕法尼亚州），美国国家游憩与公园协会（The National Recreation and Park Association）在1975年委托作者对此书进行扩容，成为全美公园游憩规划设计的指南，中间出版几次。本书是2005年的最新版，是美国国家游憩与公园协会推荐使用的一本，与《场地设计与管理过程》是姊妹篇，在美国被广泛使用。

作者乔治・E・福格（George E. Fogg）长期以来专注于公园规划设计研究，积累了丰富的实践素材，书中各类设计标准均由相应的案例支撑。该书的最大特点就是把使用者与使用需求、场地与设施设计、管理维护等三个方面统筹考虑综合设计，强调资源持续利用的规划设计方法，既有理论分析也有案例讲解，对每类设施与场地的规划设计方法作了详细剖析，是真正的基于游憩需求与使用管理的公园规划指南，针对新建、改建、扩建、更新等不同类型公园的特点提出不同的规划设计方法，学者易解，管者易懂。

全书分31章，提出游憩设施与场地规划设计的12步骤法，内容充实、类型多样，图文并茂，可读性强，实用性强，适合风景园林规划设计与管理、旅游规划设计与管理、城市规划设计、建筑设计、林业、农业等相关专业、企业、部门使用。

2. 游憩场地规划的基本程序及其关键点

场地的无障碍性、可持续性以及场地环境宜人性是游憩场地规划的三个要求，社会需求分析、区域比较分析、资源承载能力分析是游憩场地规划的基本方法。游憩使用方式不应该超出土地资源的承受能力，应该充分利用现有条件，开展深入的场地及周边区域的研究。这类研究必须包括：区域分析、土壤分析、地质分析、水文分析、植被分析、气候分析、生态分析、文化资源分析、历史分析、考古分析、公共设施分析以及场地可达性分析。

游憩场地规划必须开展多方案比较，规划师和管理者应当考虑一些可选方案以实现资源利用目标，同时也应当考虑项目方案可能导致的最终结果与消极影响，以及设施操作与维护要求。一些可能解决问题的新方法和概念不一定适用于当前技术，这些方法不仅应该在开发阶段进行调查，更应该在减少目前操作与维护成本包括故意破坏的成本上进行调查与研究。

场地管理是游憩规划不可缺少的环节，是规划的重要内容，从根本上说，使用者数量越多，管理工作也就越多，管理工作需要人员和经费的支持以保证场所品质。

游憩场地规划方法归纳起来可以分为12个步骤，其中场地与功能结合所衍生的土地利用格局、场地布局与总体设计是场地规划的核心环节。

第一步：研究

第二步：区域分析

第三步：场地分析

第四步：项目与各要素关系

第五步：功能分析

第六步：场地与功能结合

第七步：土地利用概念规划

第八步：场地规划与总体设计

第九步：施工文件和投标程序

第十步：建设

第十一步：回顾与反馈（建设项目评价）

第十二步：管理规划的制定

3. 与时俱进的游憩场地规划

3.1 新活动不断出现

户外游憩活动类型、级别与数量随着社会发展而发展，新的活动不断出现，而与之相适应的规划设计规范通常相对滞后，理论、标准规范滞后于社会实践。该书总结了20世纪90年代出现的各类户外活动的基本特征、发展规律及其用地、设施配置、管理要求，这对我国近几年出现的各类户外游憩活动场地规划设计具有重要的参考价值。这些活动包括各类越野车、全地形车游径、公路自行车、悬挂式滑翔运动、滑翔伞运动、滑板、直排轮滑、自行车表演、飞盘高尔夫、登山、深潜、浮潜、狗狗公园、马术营地、全地形车营地、无障碍设计、戏水区、滑冰、“奥杜邦”型高尔夫球场、滑雪、各种机动飞行器模型（噪声控制）等，以及与之密切相关的旅游服务区、大型旅游地、小型旅游地、保留区、通过设计减少化学品的使用以及场地管理规划。图片共有300多张，各类活动场地的设施配置、功能配置提供了相应的规划图、设计图指引，是一幅全景式的呈现公园游憩活动、设施与场地的规划图谱。

3.2 不同活动具有不同的行为规律和用地要求

通过对不同年龄段居民经常性户外活动的深入总结，发现10到12种活动占据了大部分游憩时间：露营、徒步、野餐、自驾、观看历史和考古遗迹、游泳、日光浴、观看野生生物（鸟类、动物、植物）。与野生生物有关的观赏和认知是一块正在兴起的领域，分别是最重要和第二重要的活动。在一些区域，它可能会超过一些传统的游憩活动。

青少年群体游憩活动排序：日光浴、游泳、戏水、骑行、野餐、自驾游、旅游、露营、休闲、钓鱼和学习自然。

20-29岁群体游憩活动排序：日光浴、自然徒步/学习自然、露营、自驾游、旅游、骑行、游泳/与水有关的活动、野餐、休闲、徒步、钓鱼。

30-44岁群体游憩活动排序：露营、钓鱼、休闲、徒步、游泳/与水有关的活动、野餐、自驾游、旅游、自然徒步/学习自然、骑行、日光浴。

45-64岁群体游憩活动排序：钓鱼、骑行、徒步、野餐、学习自然、自驾游、旅游、游泳/与水有关的活动、日光浴、露营。

65岁以上的群体游憩活动排序：学习自然、旅游、钓鱼、徒步、休闲、野餐、露营、骑行、日光浴、游泳/与水有关的活动。

在美国选择野餐的群体最大，钓鱼和非出租划船的群体最小。参与群体人数与停留时间长短密切相关。在大型群体游憩活动提供设施的游憩地，一般游客停留时间较长，游客流动率相对较低，不同游憩活动出现高峰时段的时间不同。游泳、野餐自行车高峰段出现在中午12点-下午4点之间，垂钓、观鸟等活动高峰时段出现在上午8点左右。

很多游憩活动均具有连锁性，主导活动与次生活动相伴而生，如露营者通常参与垂钓、骑马、划船、自然认知、远足、游泳、游戏愉悦活动等。

没有孩子的年轻露营者是最有可能寻求远程露营的（徒步旅行），随着家庭内有了孩子，他们开始调整露营方式，转为有一些徒步的传统家庭露营方式。在孩子5到14岁的这段时间，家庭通常只进行路边露营。但是，当孩子成熟离开家时，一些父母会再次寻求远程露营，但大多数会放弃露营活动而选择其他。

4. 游憩场地规划的技术参数与指标体系

4.1 各类游憩场地规划有共同的也有个性化的技术指标要求

前者如游憩需求类型与规模分析预测方法，场地容量计算方法，解说设施配置，不同类型车的车载人数与周转率，公园视景、声景、味景的设计要求，环境影响评价与环境敏感性分析，公园建筑的节能减排绿色低碳要求等。后者因活动不同而不同，如场地无障碍设计中停车场、路线、斜坡、门口、卫生间、饮水机、信息标识符号、沙滩等无障碍设计均有明确的参数要求，无障碍饮水机处必须提供有120cm宽、76cm深的明确的铺砌空间，并且不能超过91.5cm高，同时在饮水机下配有至少68.5cm宽和最少43cm深的清洁间隙。

4.2 各类越野车的环境要求与设计方法

汽艇、雪地摩托、越野、沙滩车、摩托车、运动型多功能车、沙滩车、沼泽地车、驾车观光、飙车、公路赛车，以及遥控机动模型(包括直接遥控与远程遥控)。沼泽越野车是可以自供电的四轮机动车，该类车主要是用于潮湿、遭受水灾、地形泥泞的路面；私人拥有的沼泽越野车可用于旅游、狩猎、钓鱼、露营和观赏野生动物；特制的沼泽越野车则是为了在专门设计的泥浆轨道上竞赛而建造的。旅游经营者利用沼泽越野车运送游客进入沼泽地区，该地区禁止传统车辆驶入。

4.3 公用设施与污水处理系统

一个休闲设施场地就像一个小社区，但与社区不同的是，休闲场地的人口具有流动性，污水流量具有一定的季节性。污水处理系统一般可以分为机械处理系统、自然处理系统和土地处理系统。

自然处理系统是指在特定资源设备环境下，可以利用水产养殖、水生生物（植物或动物）来进行污水处理。植物可以移除废水中的养分和污染物，定期收集植物作为肥料或土壤调节剂，动物食物和厌氧消化时可以作为一种沼气资源。因为夏季游憩设施的特性，这种系统较适合游憩设施场地。水葫芦就是一种非常合适的植物，但是要注意确保不要让植物进入自然水道。这种植物在10℃的水中就可以生长，当温度达到21℃它生长旺盛。从环境角度来说，希望能找到替代性植物。植物生长的地方要能让根充分吸收水分，水需要的滞留时间是4到15天，需要的空间是1到6hm^2。

土地处理系统技术已经被成功使用了115年，污水排入土地来滋养植被，同时污水被植物净化，有三种普遍使用的方法——灌溉、坡面流和快速渗滤。

其他可选择的污水处理替代性系统，包括净化池系统、净化池由配水箱和不同种类的污水处理（疏散）场地组成——净化池和土壤吸收沟、土壤吸收床、交替吸收场地、配量投加系统、坡地净化池、渗水坑净化池等，有氧系统和土壤吸收场地，净化池/沙地过滤/消毒和排出，改良的沙堆系统，土壤聚合床，高压下水道（研磨机泵），双管系统，移动/抽水厕所，男性平均使用便池时间为1.1分钟，使用马桶平均时间为1.8分钟。男性使用便池的频率是使用马桶的3到4倍。女性使用马桶的时间一般在2到2.5分钟。

4.4　夜宿场地的多样性与设施配置

从原始的、可直接进入的露营场地到高级的、设施完善的旅馆。

（1）原始的可直接进入的露营场地，很少或者没有设施——一种可持续的发展方式；

（2）可直接进入的场地，提供水和卫生设施——一些场地可能提供抽水马桶和自来水；

（3）道路一侧的遮蔽处，有限的水与卫生设施。从名字可以看出，它们沿着道路分布；

（4）典型的家庭露营地，有限的水和卫生设施；

（5）典型的家庭露营地，带有抽水马桶、淋浴和洗衣池；

（6）典型的家庭营地，在每个场地都包含有完整的公共设施(包括停车场地、家政服务小屋)——在私人所有与经营中除外；

（7）有完整服务的旅馆，可能包括游泳池、餐厅和咖啡馆，以及其他设施；

（8）帐篷宿营——只有水和卫生设施，可使用的资源很少；

（9）大篷车宿营区——相对于全方位服务的营地来说其卫生设施是有限的；

（10）露营团体——大型集体组织，如童子军、女童军、美国国家游憩徒步者协会；

（11）短暂的露营——经常沿主要的公路设置，通常是私营的。

（12）青年旅社。

露营地需要更多的现代露营设施，比如洗浴室或者是洗浴室和公共厕所的结合。洗浴室包括热水浴、抽水马桶、温水或冷水的洗手台、电插座和夜间照明。如果在北方，房屋应该供暖以应对冬季的使用。在美国、墨西哥和加勒比海的南部，则不需要供暖。一般来说，露营者偏好有私密空间的场地。每公顷的露营单元：18m长的露营单元每公顷15-25个是最佳布局；越野车露营地单元的基本类型包括无障碍平坦的区域、桌子、露营炉、帐篷、拖车，停车场和行驶区域。

房车区——专用房车设施要求:

（1）每公顷25个单元，每个单元面积为宽12m×长（21m+8m通道），约360m²。

（2）设计因素：坡度不超过8%，出入便捷，完善的服务设施，野炊餐桌、火坑（篝火区）不一定都有，但是这些很受欢迎。露营区在一定程度上不需要卫生间。

（3）每个场地都要有完整的管道设施。

（4）洗浴中心、洗衣房和拖车区域最远距离不超过180m。

（5）私人资产通常用于建设和经营。

（6）通常会有配置一个综合的娱乐室、办公室和商店。

4.5　速降滑雪和滑板滑雪的技术指标

传统类型的滑雪每年滑雪日在20天以上，滑板滑雪已经变成了速降滑雪的主要部分，特别是在年轻人当中，现在30%的滑雪场所使用的是滑板滑雪。不经常滑雪者占了总滑雪人数的12%，经常滑雪者占了总数的45%，剩下的一般滑雪者是35%，滑雪天数在5-20天之间。餐饮服务、酒吧、娱乐场所、住宿、设备租赁、教学等，20%或者更多的资金花费在这些活动上。主要技术指标要求如下：

（1）3m厚的降雪（无人工造雪设备）将会带来80-85天的滑雪时间。

（2）距市中心1小时车程内的滑雪场地，需要考虑夜晚的滑雪设施。

（3）能容纳3000人的600hm²山坡，游径处于相对拥挤的情况。

（4）滑雪山道的宽度——至少12m，较大的区域应该在陡峭山坡的顶部。单向道的开发应该在自然积雪的地方。

（5）应该经常为初学者和无经验的滑雪者提供一个简单的办法来从坡顶滑向坡底。

（6）绳拖——最多400m、25%的斜坡。

（7）所有区域都应该在垂直高度60m或以上的山坡设置升降椅。

（8）贡多拉游船在主要的滑雪区域也是可用的并且还能在夏天被观光者所使用。

（9）在滑雪电梯的基础上必须为了那些想要爬到山坡顶部的人提供等待的空间。

（10）垂直降落高度至少55m，合适高度的最小值为110m。

（11）山坡坡度：初学者——5%-20%，中级——20%-35%，专业——35%及以上。

（12）避免山顶有大面积开放区域，解决方法：设置植物屏障。

（13）避免大面积开放区域暴露在盛行风的方向，解决方法：设置植物屏障。

（14）人工造雪设备必须有利润保障，而且在冬季需要水源的持续供应。

（15）售票亭应该位于停车场和山坡之间，最好是在主要滑雪场地的外面。

（16）为了提高滑雪运作效率，辅助设施是必须设置的。

4.6　鸟类及野生动物观赏的设计要求

一个理想的观鸟场地应该具备几个条件：有可能被观测到的鸟类的地图及名录，在停车场提供关于场地内将可以看到什么及最佳观鸟点的位置信息，观鸟屋，解说陈列——可能会依据季节不同而变，沿游径的解说标识等。

观看野生动植物（除了鸟类以外），必须有被观看物种（鸟类、植物、动物）的详细信息，设置人造或者自然屏障以防止被观看物种受到惊吓，在特殊兴趣点设置有遮阳物，在主要停车区设置有饮用水。

（1）与观察研究野鸟的需求相同，除了一些特殊栖息地需要一些更改，如水下观看或者采取其他保护措施免受动物例如短吻鳄的伤害。

（2）在陆地上，最好从机动车上观察，或是在一个自动引导的轨道上进行观察，如弗吉尼亚州的亚萨提格岛国家自然保护区或是佛罗里达州的丁达林保护区；也可以在带有导游的小型客车上进行观察，如非洲野生动植物探寻旅游或阿拉斯加州的德纳里峰国家公园。鸟类或者其他野生动物似乎并不把低速行驶的机动车当成威胁，且常常会忽视它们。这些广阔的机动车游览区域在特殊观赏位置要增补停车场。水下观赏非常壮观，特别是在珊瑚礁和人造栖息地处。

5. 游憩管理规划与场地适应性

5.1 管理规划内容与实施

综合场地管理规划并不是一个新的概念，但它对于很多资源管理者来讲仍然是一个新的课题。一个综合管理规划包含几个具有不同功能的部分：规划、运营、维护以及活动策划。近几年来，美国一些机构，特别是大多数联邦和州的土地管理机构，已经着手编制不同等级的场地管理规划。管理规划导则最好通俗易懂，这样有利于规划者、管理者，特别是场地管理者和其员工更好地理解和使用管理导则。

项目发展最根本的动力是使用者，场地对于游客需求期望的满足度将会决定其未来发展。

一个项目未来潜在的使用人群是哪些，他们来自哪里，他们所感兴趣的和期望看到的有哪些，这些信息对于一个项目来讲是至关重要的。它将会告诉你如何维护设施场地以及在何种程度下场地设施需要进行维护。

一项管理规划只有在被实施后才有其真正价值。规划必须由所有不同等级的场地管理者一同实施，包括最高决策者、中层管理者、技术监管人员以及最重要的底层员工。一些有效实施的方法包括由工作人员编写的年度工作计划表。

5.2 游憩地名称与管理目标

在大型项目和资源系统中，确定公园、游憩地或旅游区的类型对于市场和管理者目标的制定是必要的。虽然标记资源的类型对于工作目的来讲不是必要的，但是它对制定每一块场地管理方案来讲是有帮助的。在很多情况下，了解资源类型可以使公众对这里产生一定期望。例如，位于宾夕法尼亚州的霍普威尔高炉国家历史遗址就会引导大众去了解这是一个历史遗址地，而不是一个游泳、野餐或露营的场地。当游客发现了旅游地的历史遗产价值而并不认为它是普通的公园时，他们的期望将会得到满足。同样，公园的行政等级和名称对公众的认同与使用期望来讲是至关重要的。

在命名公园、游憩地以及休闲设施场地时应当包括以下几点：

（1）自然资源型地区可以称作是“公园”或“自然地”。

（2）历史或文化资源型地区可以称作“历史公园”或“历史区”。

（3）以游憩行为为导向的区域可以称作“游憩地”。

（4）保护区（通常以资源为本底）通常情况下是为某种特定的保护类型而建立的，例如植物的保护或是考古文物的保护。

（5）专类园，例如动物园、综合运动场、高尔夫中心、自然教育场地等。

一个公园可能会有多重目标，应当将所有的目标以同样的方式详细列出并加以阐述。

次要目标或其他功能在适当情况下必须包含提升游憩场地的首要功能，这些次要目标包括洪水防控、水资源供应、港口保护等。

5.3 管理分区与制图

分区是游憩管理的有效方法，自然游憩地一般分5个区：集中使用区、后勤中心/管理中心、历史文化区、限制区(禁止进入的区域)、自然区（陆地和水体,延续状态的区域），每个分区根据需要可以分若干子区，陆地分区可以分为观鸟区，草原、沙漠、岩石区，原始森林区（低密度游憩活动，如徒步、狩猎或其他等），环境教育/解说中心（自然游径，教学站点），自然景观区（风景优美的区域或地质景观区），为保护和解说留下的独特区域，自然控制区（必须清楚地制定出限制条件），栖息地（禁止游客进入，如秃鹰筑巢区、红冠啄木鸟栖息区、鲑鱼栖息区等），或许经历过炼山造林的地区（炼山：人为控制的火烧，是人们为了植树造林在采伐迹地或宜林地上用火烧来清理林地的一种营林措施）。

水体分区可分为自然湖泊和岸线区、自然溪流区、湿地沼泽区、垂钓区、雨水调蓄区（该区存在植物限制）、观鸟区和自然教育区等。

每一个管理分区及其子分区都必须在图中绘制出来并加以简洁但全面的介绍，包括现状资源特征、人工设施以及确定存在的问题，图中需要绘制出各分区的范围与特征。

规划人员或管理者需要认真分析之前所搜集的可以利用的材料，其目的在于确定项目场地的范围和管理边界，确定场地缺陷和问题，针对提出的问题制定解决方案，提出充分的项目管理规划及运营指导，以开展日常工作。

6. 结语

伴随着经济社会的发展，我国城市居民户外休闲游憩需求规模日益增长，公园如何满足居民休闲游憩需求引起广泛关注，我国官方认定的有关规划设计标准是《公园设计规范》，该规范形成于1992年，主要是对公园空间及基础设施的设计作了规定，有关居民休闲游憩的活动、设施及其管理内容很少。该规范内容包括总则、一般规定（与城市规划关系、内容与规模、用地比例）、总体设计（容量、布局、竖向控制、现状处理）、地形设计（一般规定、地表排水、水体外缘）、园路及铺装场地设计、种植设计、建筑物及其他设施设计（建筑物、驳岸与山石、电气与防雷、给水排水、护栏、儿童游戏场）等七章。在自然保护地类的规划规范中有关游憩场地规划设计规范几乎空白，同国外有关同类规范相比差距比较大。休闲游憩作为居民生活质量的重要组成部分，如何在国家、区域、城市规划层面充分落实是时代的要求、社会的呼声也是居民的心愿，更是风景园林师、规划师、建筑师的职责。

作者简介

乔治·E·福格（George Fogg）在公园规划、设计和发展领域已进行了超过45年的研究，并出版了他的第8本书——《公园游憩设施与场地规划导则》。福格先生拥有艾摩斯特市马萨诸塞大学景观设计学学士学位，以及伯克利市加利福尼亚大学景观设计学硕士学位。他曾工作于美国国家公园管理局，加利福尼亚州海沃德区游憩和公园管理局，加利福尼亚州东湾区公园管理局以及加利福尼亚州立公园管理局，并参加宾夕法尼亚州州立公园、景观河流以及海岸地区的管理项目。福格先生一直致力于美国和国际间的景观与公园规划项目实践，并曾在沙特阿拉伯和美国教授景观设计课程。目前，福格衔生在佛罗里达州那不勒斯成立了自己的设计公司——IBIS，从事景观和公园规划项目。乔治·E·福格先生同时还是美国景观建筑协会理事和美国游憩与公园协会长期成员。

目前，乔治·E·福格先生已有另外四本书通过美国游憩与公园协会许可出版，包括《场地设计和管理导则》《越野车公园导则》《55岁以上人群的休闲场地导则》和《公园规划导则，第三版》。

目　录

前言

公园、游憩与休闲设施是由公众、私营公用事业以及私营企业提供给人们闲暇时间所使用的。在进行休闲设施设计时需要重点考虑个人的休闲活动有哪些，例如钓鱼、逛公园、看电视、上网、玩电脑游戏、骑自行车、上美术课、做填字游戏、旅游或是参与文化活动等。

不断增多的消费人群以及增加的休闲时间使潜在的休闲设施项目投资越来越多。在大多数发达的工业化国家，人口的增加是由于国外移民或国内外地人口的迁移而导致的。在美国，通常儿童的数量不会增加。当然，任何移民对离开地都有消极的影响。

对于大多数人来讲，休闲时间在可预知的阶段内是不会增加的。但随着老年人数量的不断增加，休闲场地的面积却会不断扩大，因为大多数老年人相比其他群体会有更多的休闲时间。在大多数发达国家，更好的健康水平使人们的寿命在不断增加。55岁以上人群的快速增加对休闲设施数量有着巨大的影响，同时，老年活动者的人数增加将会对休闲设施和项目的类型产生相应影响。

当一个公园需要重建或扩张，或是提出建一个新的公园设施时，应当认真考虑公园的使用人群和他们的来源。在建立公园设施时要考虑是否会与其他已建好的场地的休闲模式进行竞争。由本书作者撰写、美国国家游憩和公园协会出版的《场地设计与管理程序》中针对该问题提出了相对应的解决方案。

本书将介绍规划的实际过程，重点针对大中型场所规划特别是以资源为导向的项目规划。本书代替了《公园规划导则第三版》，将1990年以后新的规划内容以及小型场地或更多游憩设施规划加入在内。新增加的章节有：非公路车辆游憩地、大型旅游地、小型旅游地以及场地管理规划。在原先章节的基础上新增加的内容有：保留区，通过设计减少化学品的使用、全地形车游径与场所、公路自行车、滑翔伞运动、滑板、直排轮、自行车表演、飞盘高尔夫、潜水、狗狗公园、马术营地、全地形车营地、无障碍设计、戏水区、滑冰、“奥杜邦”型高尔夫球场、滑雪、噪声控制以及二级服务区。个人观点、新的研究以及可引用的信息均编入本书。本书特别强调场地的无障碍性、可持续性以及场地环境。本书文字比之前版本增加了30%左右，图片共有300多张，增加50%左右。以前版本的所有图片均进行了更新、电脑彩色绘制。所有的照片均进行了替换并成为彩色版本。

数据来源在本书后的参考目录当中列出。遗憾的是，本书仅列出部分休闲场所实际规划的研究和文本。一些机构和组织，包括环境资源局下属的宾夕法尼亚州的相关合作部门，所提供的数据在本书每一个适用章节的开头都有使用。一些活动因没有足够的信息或目前很少发生而未列入本书，如弹力球、热气球等。

本书不能确保提供场地最好的设计或规划，但目前它可提供给读者许多休闲场地规划必要的实践信息。为了充分利用现有条件，应进行深入的场地及周边区域的研究。这类研究必须包括：其他项目、土壤分析、地质分析、水文分析、气候分析、生态分析、文化资源分析、历史分析、植被分析、考古分析、公共设施分析以及场地可达性分析。详情请参考前言后面的“场地设计与管理程序总结”。

规划师和管理者应当考虑一些可选方案以实现资源利用目标，同时也应当考虑项目方案可能导致的最终结果与消极影响，以及设施操作与维护要求。一些可能解决问题的新方法和概念不一定适用于当前技术，这些方法不仅应该在开发阶段进行调查，更应该对减少目前操作与维护成本包括故意破坏的成本上进行调查与研究。

如果需要规划一项明确的活动，应当考虑“是否这项活动在这个项目中或基地内是需要的?”如果是需要的，那么该活动的使用方式不应该超出土地资源的承受能力。从根本上说，使用者数量越多，管理工作也就越多，管理工作需要人员和经费的支持以保证场所品质。需要理解的是，这些规划导则仅仅是一个导则，里面的一些内容不应该直接应用于最终的项目规划当中，它应该是创新的设计方案的出发点。

公园、游憩与休闲设施的设计和管理有许多程序，以下是一个提纲式的总结，详细介绍参见“场地设计与管理程序”。

场地设计与管理程序总结

第一步：研究

这是本书的第一部分内容，为规划设计与管理提供最有用信息。

- 活动及其所需空间
- 居民参与状况

第二步：区域分析

场地周边的数据可能影响到场地或项目

第三步：场地分析

场地具体的信息，包括项目位置、类型、数量等。

- 建成场地
  - –考古类
  - –历史类
  - –文化类
- 自然环境
- 气候条件（包括宏观气候与微气候条件）

第四步：策划与关系分析

图片或表格的形式表达：

- 建什么
- 为谁服务
- 为多少人服务
- 需要什么样的空间和什么样的配置关系

第五步：功能分析——文字或图表

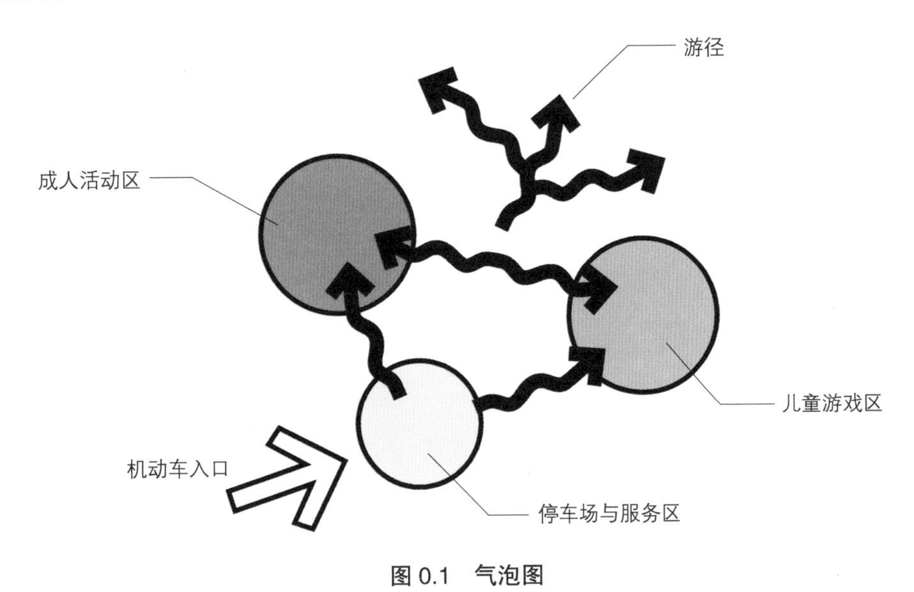

图 0.1　气泡图

第六步：场地与功能结合

将场地分析、参与者与功能分区相结合

第七步：土地利用

土地利用概念性规划

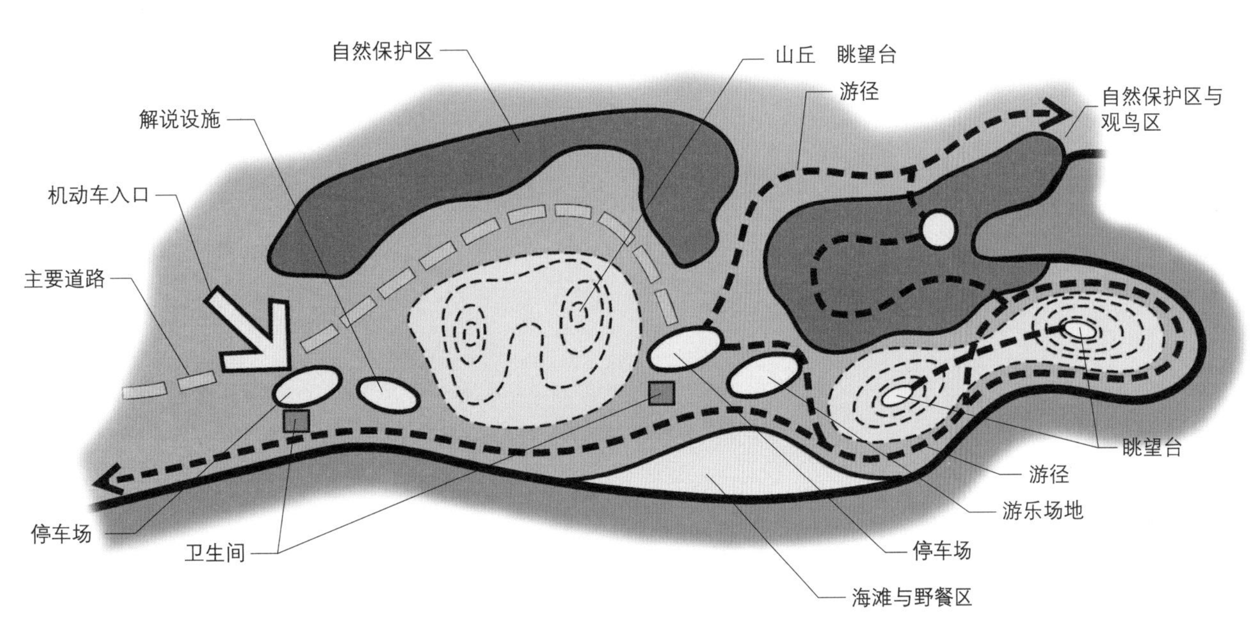

图 0.2　土地利用概念规划图

第八步：场地规划与总体设计

这是本书的第二部分内容，对规划与管理是很有帮助的。

将土地利用规划转化为概念设计或场地的功能性。

第九步：施工文件和投标程序

合约计划书、说明书、招标文件、签订合同。

第十步：建设

建造设施。

第十一步：回顾与反馈（建成后评价）

在公园开园投入使用后，需要审查项目是否按计划运营，进行游客满意度分析与场地状况分析，包括人工设施状况分析与自然环境状况分析。

第十二步：制订管理计划

这份文件或许是场地设计当中最重要一项。文件用文和图表的形式表达了公园、游憩地与休闲设施将要如何运作与维护。

第1章　游客需求的确定方法

公园游憩设施规划的第一步是确定游客的需求。也就是说，需要首先确定谁是项目针对的使用人群，他们需要什么，设施的使用量如何，以及游客会在何时到访。由此出发点考虑，数据必须要精确到可以提供场地承载量及现状特征，并可为未来几年做出规划以保证恰当地选择设施类型、制定发展阶段。

以下是两个预测游憩需求最好的方法，它们都曾经被本书作者成功地应用于许多项目。预测是否成功，取决于输入数据的相对准确性。

最大承载量法

当一个项目被设定在某个可能被充分甚至过度使用的地块时，在可持续使用不破坏资源的前提下，其承载量应该是确定的。这个方法需要一位有经验的专业人士所作出的全面、详尽的场地分析[见《场地设计与管理程序》(A Site Design and Management Process)，第4章]。对于所有的城市公园，我们都应该考虑应用最大承载量的研究方法。能否有效地使用这种方法，取决于一系列的相关分析，如公园潜在的使用者，当前该地区可利用休闲时间服务的清单，及其使用程度。这些对于执行一个需要此类设施的实际项目是非常必要的。如果不知道人们在公园中想要以及需要的是什么，即使一个新的城市公园也会被浪费掉。

图 1.1　国际爵士音乐节上成群的游客，莫尔德，挪威

图 1.2 奥杜邦协会的螺旋鸟兽避难所中使用率低的时间段，科里尔县，佛罗里达州

相对需求法

如果有一个可比较的项目的话，这种方法非常有用。选择一个或多个相类似的现存游憩资源与将要建设的游憩资源作对比。对建议的资源提出预测性游憩利用，并将其与现存且具有可比性的项目进行对比。对比分为几个步骤：

1. 确定现存公园以及将要建设公园周边合理出行时间范围内的人群数量。

对于一个小规模项目，整个服务范围可能只有一个区域，这个区域范围可能由步行距离或者自行车距离所确定。这样可能会形成一个同质化的用户群体，从而使得整个项目的重点非常明确。

2. 通过相似项目的服务人群数以及相似公园的使用人数来确定使用率。

确定已建公园在其服务半径内的总人口和公园使用人数。如果可能的话调查不同出行时间范围的人数。如果某一个活动的用户数量可以确定，那么就可以实现更加精确的预期就。

例子：

一个在半小时车程范围内有150000人口，且10分钟步行范围内有10000人口的场地，调查得其使用者数量最多为1500一天，则计算得

$$\frac{\text{实际使用人数（周边用于对比的已建公园）}}{\text{不同服务半径内的总人口}} = \text{使用率}$$

半小时车程内使用率为0.01，而步行3/4 英里内使用率则为0.15。

3. 在估算完成已有公园的使用率之后，将其应用于我们提案中的公园，这样我们就会得到一个新公园的预期出游人数。

例子：

如果提案公园的半小时车程范围内有100000 人，那么公园的使用人数则为100000 × 0.01=1000，加上另外的即兴参观的人数1500 × 0.15=225，总人数为1225 左右。

4. 根据现存的以及提议中的游憩设施的影响力来调整这些数字。除此之外，如果这些游憩设施的可达性得到了改善，比如河上建了座新桥或者一个主干道上建立了一个新的天桥等，则可适当调整这些数字。

这个方法的可靠性很大程度上取决于两种资源场地中固有的游憩需求和人口类型的分布的可比性。

设施决定需求和游憩领导者决定需求

一些资源研究学者、规划者和笔者认为，游憩设施本身以及游憩领导者可以创造游客的需求。除此之外，设施的质量和维护程度也可以间接影响需求，尤其在组织运动活动和其他需要监督的活动时特别体现出来。但并没有有效的方法可以计算出具体增加、或者某些情况下减少的数量。

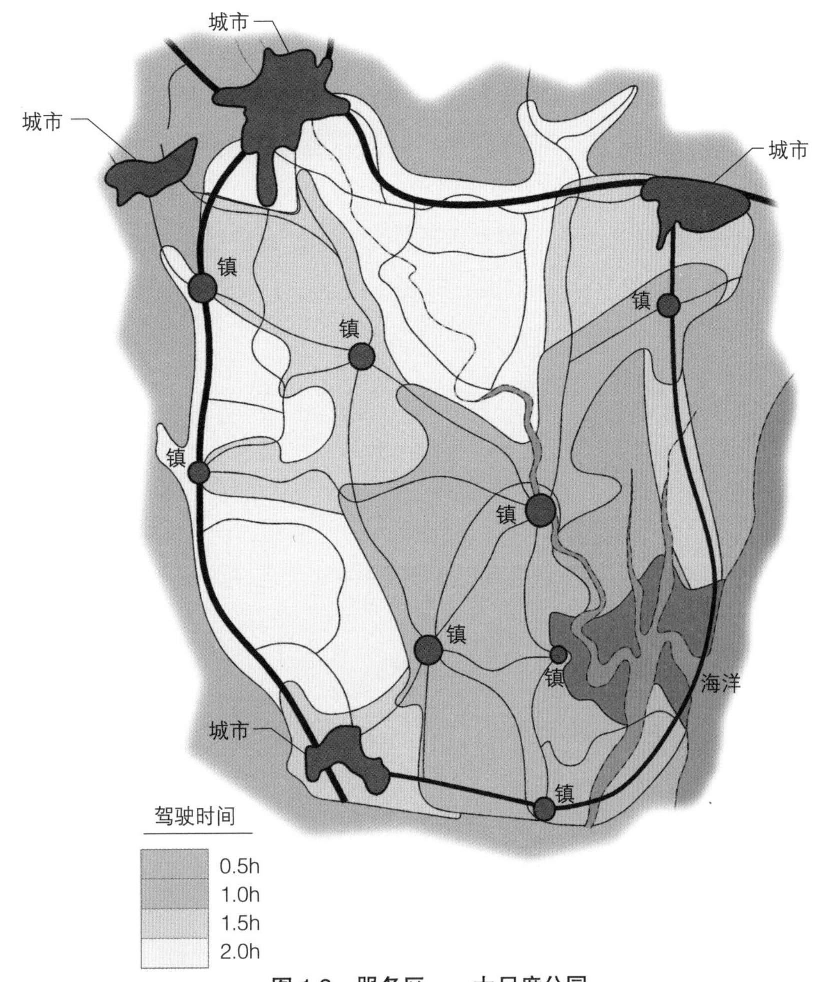

图 1.3　服务区——大尺度公园

图片来自《场地设计与管理程序》，乔治·E·弗格。

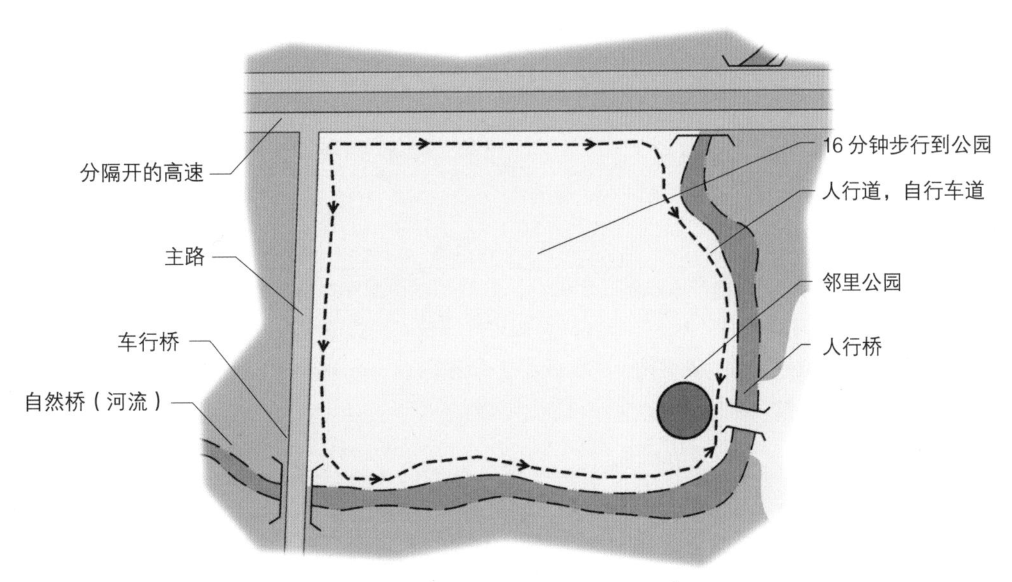

图 1.4　服务区——为儿童和特殊人群设计的邻里公园

访客日容量的测定

多数大型公园只能够驾驶汽车到达。因此，这些公园的访客日容量可以通过规划可容纳车辆数、平均流通次数、每辆车的人数相乘来测定。很容易理解，一个接待日通常会包含不止一项活动日，一个典型案例是游客进行郊游野餐也会参与其他活动，如参与球类运动、掷飞盘、远足、钓鱼等。

在19世纪80年代的宾夕法尼亚州，平均2.2个活动日/接待日，访客每次访问平均进行超过两个活动，野餐和游泳、游泳和拾贝壳等。目前没有有效的信息指明这个数字这些年的变化情况。

公式：

（汽车数量+流通量）× 人数/辆车=日容量

例子：

1000辆车+0.05流通量（=50辆车），即车的日容量为1050辆

1050 × 1.8（每辆车人数）=1890人/天

需要注意的是，如果空间允许和用途确定，容量可以通过增加停车区域来增加。同时一些相应的配套设施可能也需要增加。

在临近公园、游乐区的地方，人行道和自行车道数量的增多会增加大量的使用者。

每辆车的平均人数

表1.1

活动类型	每辆车的人数*	平均周转率**	活动类型	每辆车的人数*	平均周转率**
观光	2.5	1–10或更多	特许经营的船只	1.5	2.0
家庭野餐	2.5	1.0–1.5	鸟瞰	2.5	1–10或更多
家庭野营	2.5	1.0	高尔夫	1.5	1.3私人 2.0公共（最大）
团队野餐	3.0	1.0	餐厅	2.5	4.0
团队野营	3.0	1.0	赛马场	1.2	2.0–3.0
游船	1.8	1.0–20	马术区	1.2	1.0
淡水海滩/泳池	2.5	2.0	钓鱼	1.2	1.0
海岸沙滩	1.8	1.3–15	登山	1.5	1.0–1.5 取决于步道的长度

* 每辆车的平均人数由作者统计的有限的样本数量决定的。该数据是由总乘车人数除以车辆数得到的，这个数据从 1960 年代的 3.5 人降低到 2000–2003 年间的 1.8 人。该结果可能与旅行成本和汽车大小、类型以及家庭组成有关。每个团队所含的人数远远高于每辆车所含的人数，这说明一个团队不止一辆车。

** 该项说明活动的周转率。虽然数据未经验证，但是可作为参考。

年游客容量

公园的年游客容量可由日容量乘以天数得到。每个地区每年都有不一样的接待天数。在大西洋州中部，一个公园可能接待时间有50天：每周3天接待（40%在工作日，20%–25%在周六，35%–40%在周日）× 夏

季13周+旺季的30%即淡季使用天数（3×13+30%=51天）。在温带地区可能接待天数有100天，寒冷地区仅有40天。这些数字必须根据不同旅游时间、地区和当地气候作调整。

例：

（人/天×接待天数/年 + 淡季游客量）= 年游客量

（2940×50）+30%=147000+44100=191000人/年

图 1.5　科罗拉多河漂流入水点，美国大峡谷国家公园

第2章 客流量趋势

在同一个游憩场地内，游憩活动的数量和类型在不同季节是不一样的。凉爽天气中（对在春季的北半球大部分区域来说）活动多为观光、观鸟、鸟类迁徙、徒步、钓鱼。秋天多为打猎和观秋色叶植物。暖和的天气（夏天）多为野餐、滑水、划船以及与游泳有关的活动。更为寒冷的时候（冬天）适合滑雪、冰钓、滑冰以及开雪上汽车等。在更为温暖的地区，例如美国得克萨斯的东南部，加利福尼亚的南部和亚利桑那州，冬季则是旅游旺季。

2001年的美国户外游憩调查表明，一些活动的参与率正在增加，特别是观看野生动物、徒步、跑步和电动船，但是，参与频率总体来说有所下降。这意味着一些游憩区的设施和项目都在改变，也有可能是使用者在减少。

成本敏感的活动有滑雪、高尔夫、越野骑行和骑车。

日常活动区域人们平均停留的时间为3到5小时。在游憩设施与人们住宅更近的时候，其停留时间更短，仅3到4小时。典型资源的使用者会体验5到6小时，观光只需3个小时。人们在周日停留的时间比在其他时间平均多一个半小时。

野营需要三天两晚。人们通常在周末野营——从周五下午到周日下午。

每车的日常游客数量在周日与平时是不同的，不同季节游客量也随之不同。目前这些数量呈下降趋势，最低值是平均每辆车少于2个人。

团队的日常平均人数在过去几年也在快速下降，从1971年的6.7人到1977年的4.35人（工作日4.06人，周末4.80人）。团队人数比平均每车的人数要高。每辆车的人数有平稳的下降，从1965年的4人到1979年的2.82人，2004年的1.8人。预计这个数字会趋于稳定在大约每辆车1.8人。

游客对公园的满意度随着年龄的增长而增长。

淡季，佛罗里达州那不勒斯

旺季，佛罗里达州那不勒斯

图 2.1 分季节使用变化

交通对于距离较远且没有私家车的公园、游憩地、休闲设施使用者来讲是一个重要的限制因素。

人们不进入公园的主要原因是没有足够的闲暇时间。超过90%的人们说他们爱去公园但并没有这样做，因为他们没有时间。

观看野生动物是全年性的活动，它通常在观察目标数量最大时达到高峰（各个物种迁徙的季节）。观鸟变得越来越流行。

10到12种活动占据了大部分游憩时间：野营、徒步、野餐、自驾、观看历史和考古遗迹、游泳、日光浴、观看野生生物（鸟类、动物、植物）。与野生生物有关的观赏和认知是正在兴起的一个领域，分别是最重要和第二重要的活动。在一些区域，它可能会超过一些传统的游憩活动。

在青少年群体中，其游憩活动排列如下：日光浴、游泳、戏水、骑行、野餐、自驾游、旅游、野营、休闲、钓鱼和学习自然。

在20-29岁群体中，其游憩活动排列如下：日光浴、自然徒步/学习自然，野营、自驾游、旅游、骑行、游泳/与水有关的活动、野餐、休闲、徒步、钓鱼。

在30-44岁群体中，其游憩活动排列如下：野营、钓鱼、休闲、徒步、游泳/与水有关的活动、野餐、自驾游、旅游、自然徒步/学习自然、骑行、日光浴。

在45-64岁群体中，其游憩活动排列如下：钓鱼、骑行、徒步、野餐、学习自然、自驾游、旅游、游泳/与水有关的活动、日光浴、野营。

在65岁以上的群体中，其游憩活动排列如下：学习自然、旅游、钓鱼、徒步、休闲、野餐、野营、骑行、日光浴、游泳/与水有关的活动。

选择野餐的群体是最大的，钓鱼和非出租划船的群体是最小的。

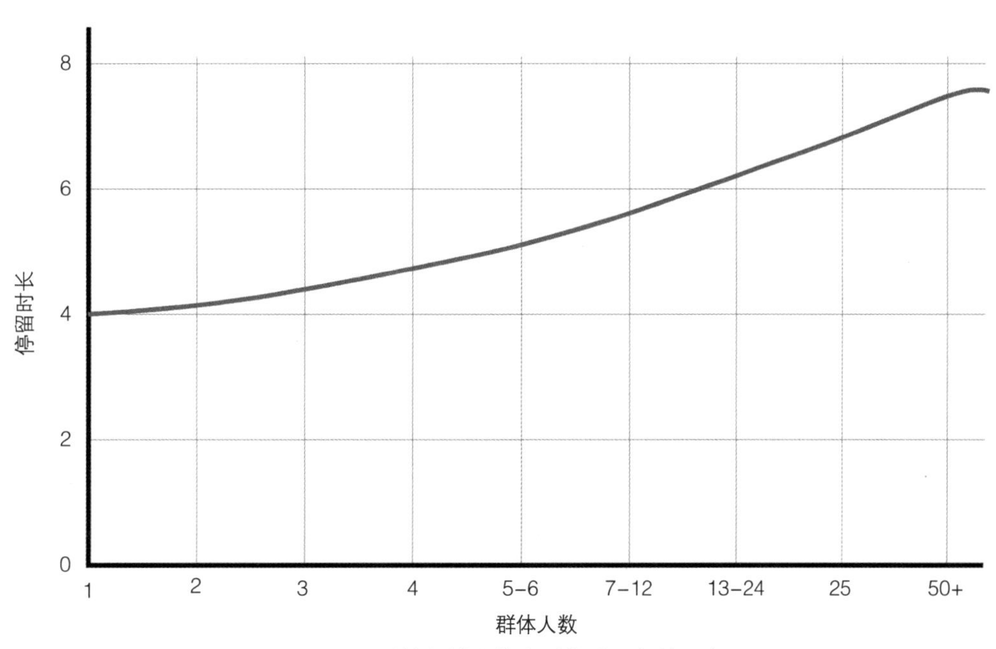

图 2.2　群体规模和停留时长（一般情况）

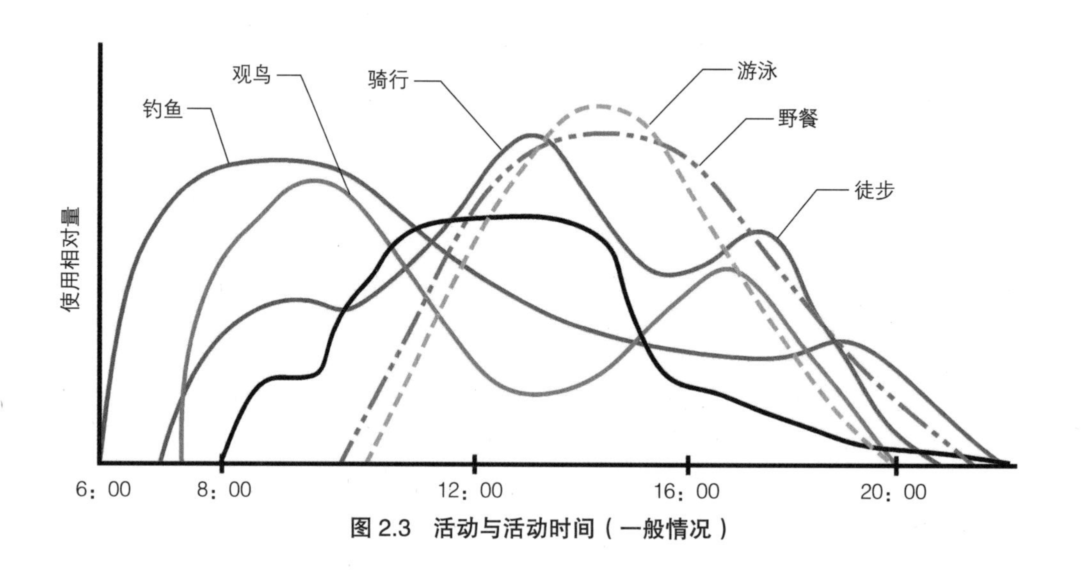

图 2.3　活动与活动时间（一般情况）

在能为大型群体游憩活动提供设施的游憩地，会出现较长的游客停留时间和较低的游客流动率。

游泳很大程度上取决于天气（一般倾向于温暖的天气和晴天），通常在中午到下午4点之间达到高峰。相反，钓鱼相对来说不受天气及温度的影响。但是在沿海地区，它受潮汐的影响。观鸟是早间活动，清晨通常是最佳观鸟时间。

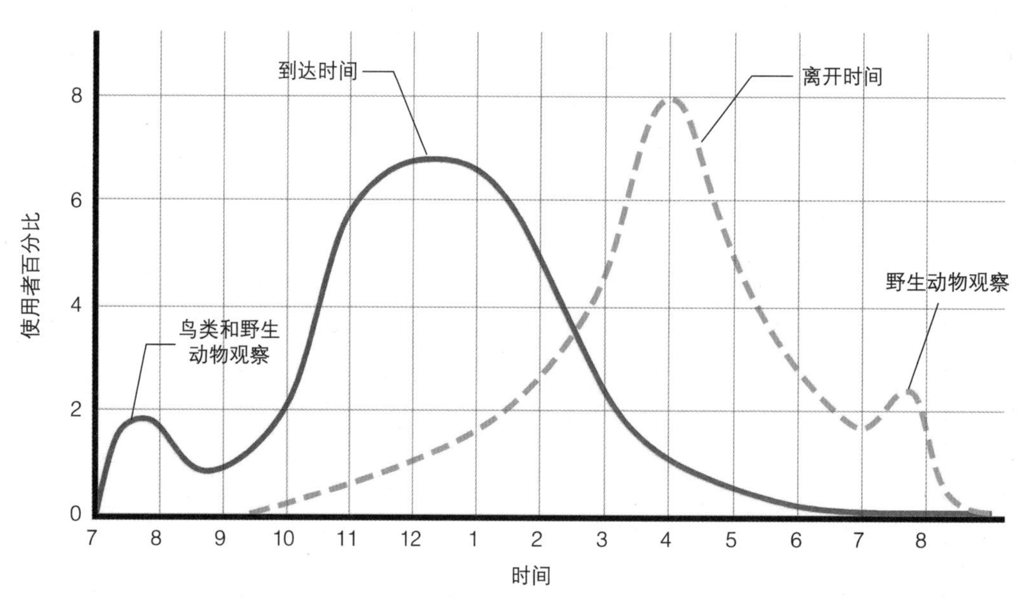

图 2.4　对于典型的资源导向的公园中到达时间和离开时间主要取决于此公园中的活动种类

第3章　公园景观

在休闲中的游客会用他所有的感官去体验。因此，游憩规划应该加强一些令人满意的感官特性，例如：好的视野、愉悦的芳香、有趣的声音，同时要消除或减弱干扰元素，例如废物堆积场的视野、污水处理厂的气味、公路噪声等。

增强令人满意的特性

视觉景观对于休闲环境的使用者来说是最重要的。协调项目开发的所有方面能增强视觉体验。所有元素，自然与和项目有关的，都应该与之协调或者提高。在规划时应该考虑以下几个部分：

1. 规划的所有道路和小径的视觉体验序列应为游览者所使用。

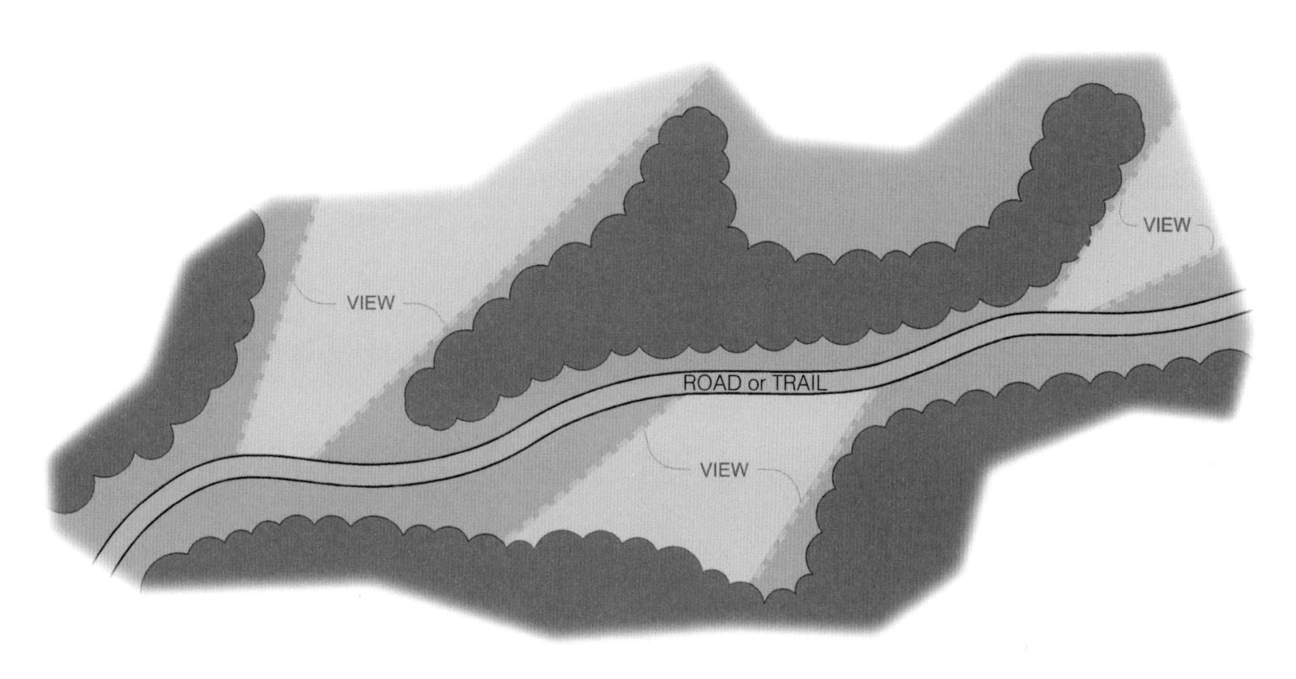

图 3.1　视觉序列规划

2. 种植设计能使现存植被更为和谐。尽可能地在乡村型和自然型场地中运用本土植物。在与资源有关的休闲环境规划中，必须注意荫蔽空间与开敞空间之间的平衡。开敞空间的合理数量取决于不同的场地面积。

3. 原先作为耕种以及人工活动的土地通常有种植的直线肌理，同时有大的、空旷的地块。对于该类场地，由于植被恢复需要很长的时间才能看见成效，因此应该尽早实行规划或管理决定。在乡村的很多地方，旷地在10年内将迅速转换为森林覆盖的空间。因此，很有必要做好前期的决策以保持场地的开放和成功的自然生长。否则场地的发展过程将会失控，被自然演替生长所代替。

4. 气味在游憩环境规划中也是很重要的。通过种植（松树、常绿树、开花植物等）和利用现有自然资源可创造出令人愉悦的气味。

图 3.2 春季花卉（罂粟花）——这些花田需要持续的放牧以保持生长。没有放牧，花就会变少 南加利福尼亚州

图 3.3 Tamiami 小道——柯里尔县，佛罗里达州

5. 风景公路的一个重要构成要素是沿路的植被。幼龄树会很快遮掩视线或者会完全消除优美景观。应时常进行选择性的沿路修剪或修饰以保持或强化游憩环境的积极特质。

使障碍性要素最小化

图 3.4 Tamiami 小道——柯里尔县，佛罗里达州

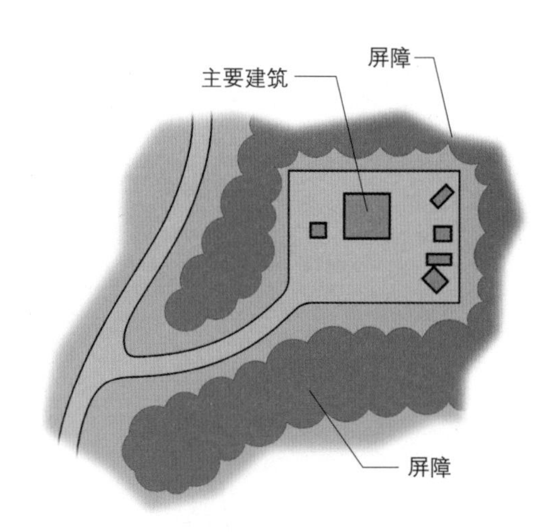

图 3.5 筛选（遮挡）

对消除噪声的考虑

声波直线传播。

消除噪声最基本的方法是土地利用规划和设置声障。

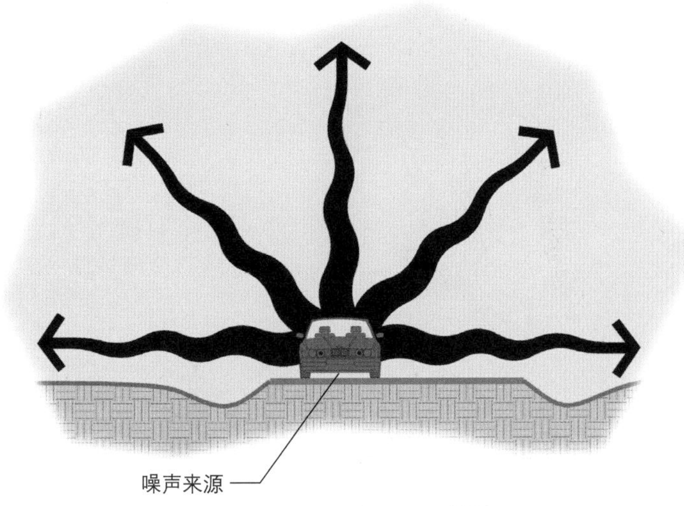

图 3.6　声音以直线方向传播

土地利用：

1. 对噪声敏感的场地应尽可能远离噪声发源地。

2. 能与噪声兼容的场地，例如车站入口，内部开发的道路，停车场，维修区和公用设施等，可处于有噪声的区域。

3. 利用建筑物作为声障。

“声障可以设在声源地和噪声敏感地之间。”任何消除噪声的屏障必须坚固同时便于维护，且在外观上令人愉悦。它们可以是泥土建造（护堤可以作为特色用在大型建设中），也可以由混凝土、木材或者其他坚固的建筑材料构建。

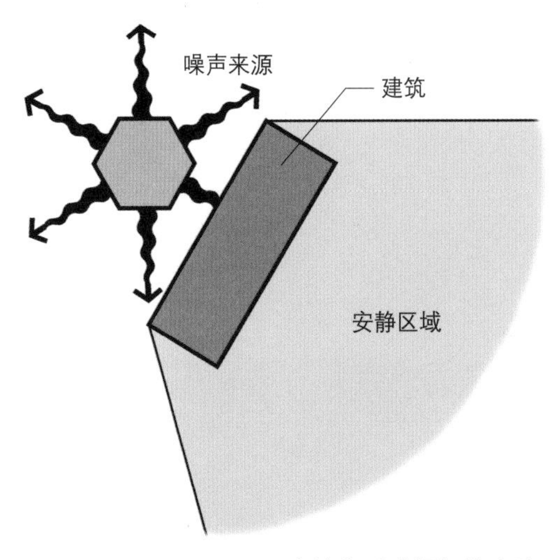

图 3.7　建筑物形成很好的声障

图3.8　坚固的屏障对有效阻挡噪声是必要的例如交通、防火屏障、工业区

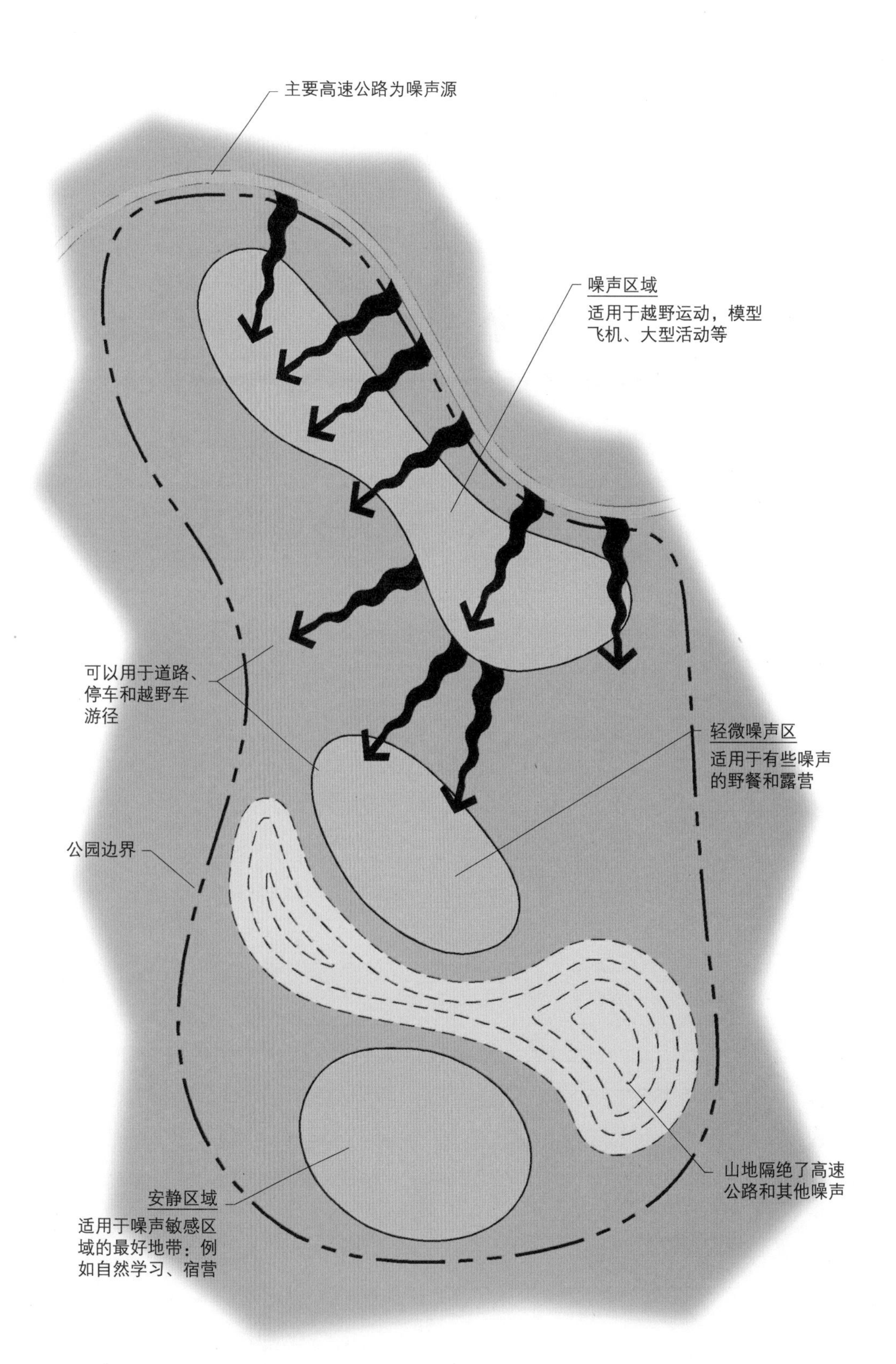

图 3.9　与噪声源相关联的不同的活动地带

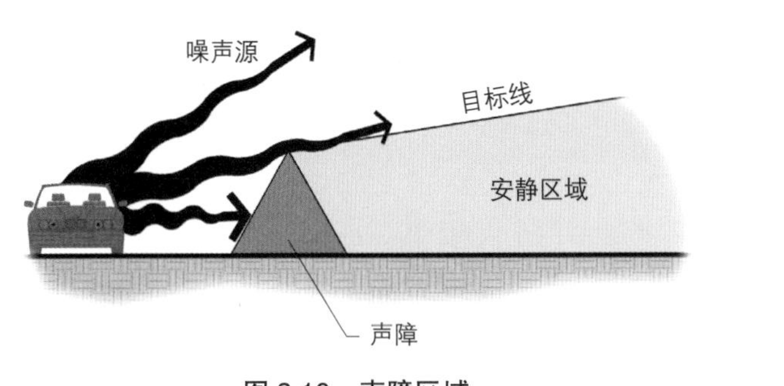

图 3.10　声障区域

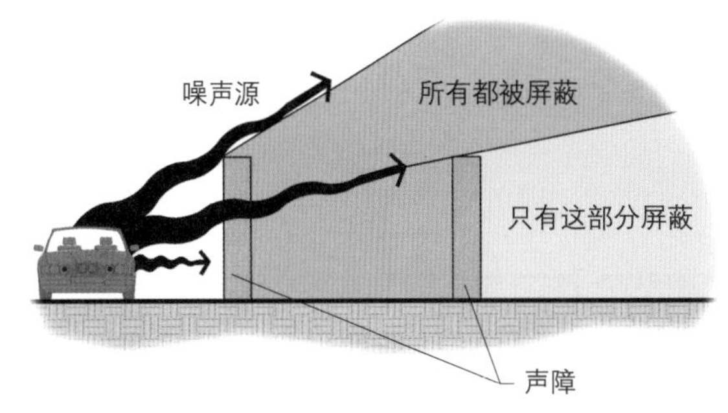

图 3.11　声障的位置

为了更有效，声障必须能遮挡目标线。声障离声源越近，需要安静的区域就被保护得更好。

利用植被减弱噪声的作用是有限的，只能每30m降低3–5dBA。植被的主要作用是心理上的。从根本上说，如果你看不到声源地，一些人就不会感到被打扰。当植被用于消除噪声时，只有与其他技术结合时才有用。此外，从美学角度来看，植被屏障是具有一定欣赏价值的。

气味

可以通过合适的选址、缓冲区的设置和游憩环境使用的分区等来减弱令人不愉快的声音和气味，例如，露营场所应远离噪声与令人不愉快的气味；污水处理厂应位于所有建设区域的下风向等。

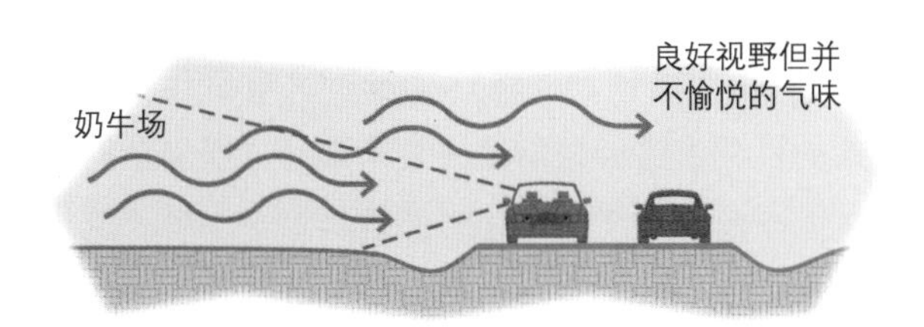

图 3.12　令人不愉悦的气味

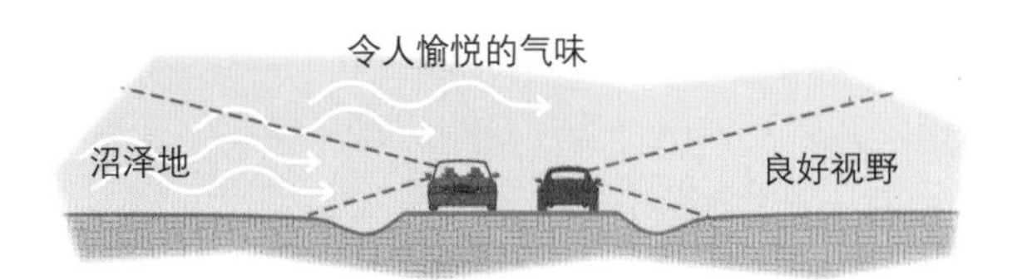

图 3.13　令人愉悦的气味

图 3.14　放牧的田园景观会导致恶味

第4章　环境敏感设计

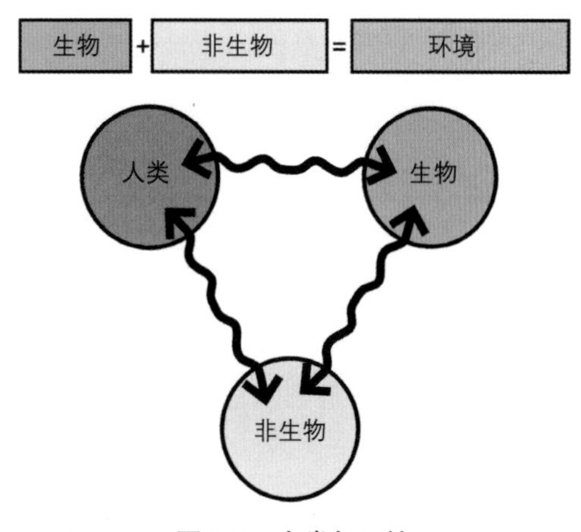

图 4.1　人类与环境

人造环境是由两个互相作用的基础部分组成——生命体（动植物）与非生命体（岩石，水，气候）——这些为人类提供了生存空间。

人类是环境的必要部分。我们的任何活动都会对环境产生积极或消极影响。

如果我们选择忽视事实，那其实是在拿我们自身冒险。从堰洲岛、沿海湿地的发展以及红树林的迁移来看，人类在沿海地区的活动导致了自然系统整体出现问题。由于不恰当的沿海开发方式，世界上每年都会有数百万美元的经济损失，以及成百甚至上千的人在暴风灾害中失去生命。而过度放牧以及大面积植被被用作燃料使用，则使得干旱地区的植被遭到破坏。这样的行为会导致不断不良后果，例如世界范围内的沙漠化（不断增加的沙漠区域）同样也波及美国。除了这些广为人知的由于人类活动引起的环境灾难之外，还会有一些并不常见的虽是好意却引起了整体环境变化的人类活动。例如由于实验目的而将非洲土蜂引种到巴西的故事。由于这些土蜂逃到了美国南部，并开始大量繁殖，最终取代了原本生活在欧洲及美洲的温顺欧洲蜂种，导致作物授粉及蜂蜜产量的损失。另一个例子是在佛罗里达遭受暴风侵袭后对澳大利亚凤梨的引种，这种凤梨适应性非常好，蔓延至整个佛罗里达州南部，并与另外两种引进植物（白千层及巴西橄榄）一起封杀了该州很多区域的本土物种。这样的非本土植物物种入侵现象对区域的生态产生了非常严重的影响，然而还有一些类似的物种入侵正在影响这个国家的其他区域，如，舞毒蛾在东北部的影响，风滚草在西部的入侵，德国榆树在美国大部分地区的染病，以及很少被提及的八哥。

公园是人与自然和谐共存的地带。也是最主要的公众教育资源之一，生动展示人与自然的交互关系。因此，公园的存在是非常必要的，所有的针对公园的开发与管理实践以及其他资源项目都应当仔细评估人类行为与其引发的对环境的影响。

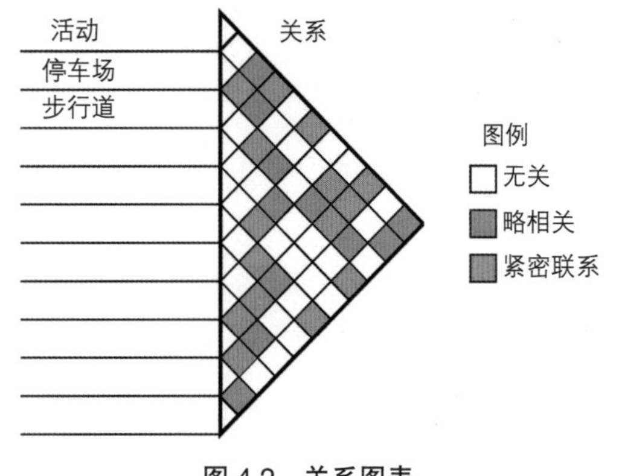

图 4.2　关系图表

美国联邦政府及许多州和地区政府都出台了相关法规或条例，用以管理主要开发项目中针对环境影响评价（EIA）与环境影响研究（EIS）的准备工作。其中还有一些法规条例针对管理行为也有相关研究的要求。

环境影响评价是针对人类有目的的活动带来的对受到影响的周围环境的冲击进行的分析。环境影响研究是对建议采用的所有替代方案进行的研究，其中包括“无作为”的替代方案。

适宜的场地规划设计程序可以提供一些必要数据，如环境数据、使用设施数据以及使用者数据等（见《场地设计与管理程序》，由美国国家游憩与公园协会出版）。具体规划程序如下：

1. 研究使用者的需求与他们有目的的活动

2. 区域分析——分析场地周围环境，这些环境可能会与场地产生相互影响。

3. 场地分析，包括现有的人工形态（历史性与文化性都包含在内），自然形态（生物与非生物），以及气候因子。

4. 项目与项目间关系——需要建造什么？服务对象是谁？人数是多少？他们需要多少空间？不同项目之间的关系应当以图表和文字的形式记录下来。

5. 功能分析图

6. 土地使用——能够将场地信息与用户使用结合在一起的决定性步骤。很多时候，场地分析与相关关系会被忽视，并且经常只会得出一些对项目的使用者和场地来说都无法实施的规划发展作为研究结果。

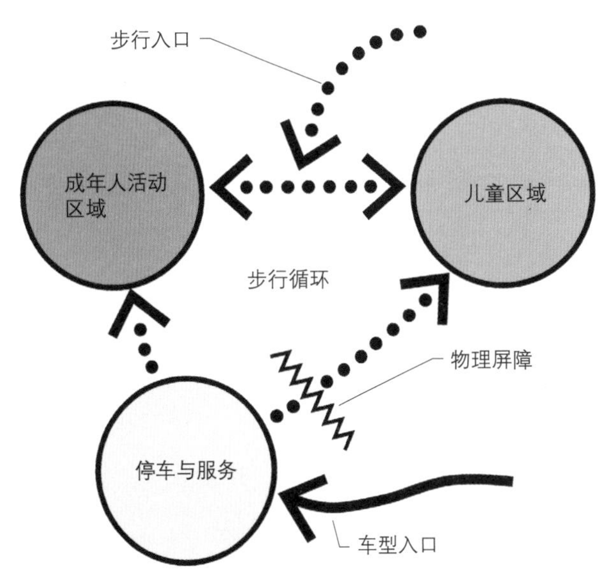

图 4.3　功能分析

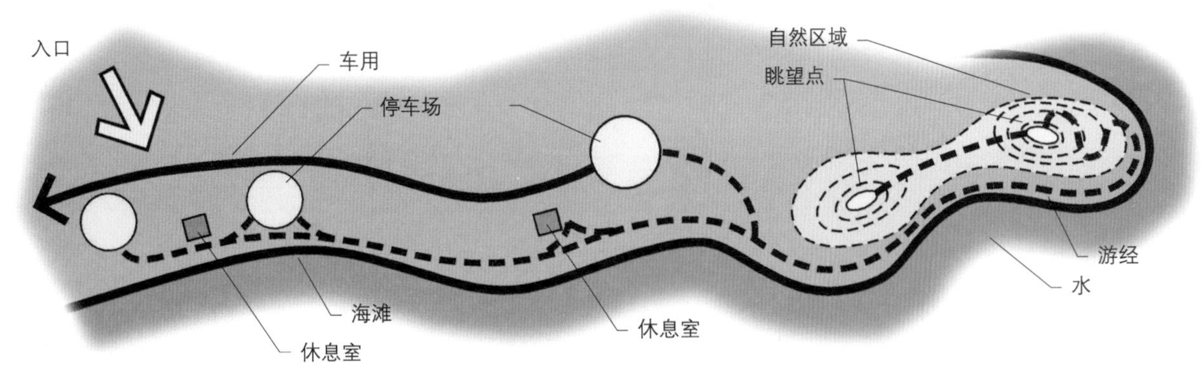

图 4.4　土地使用概念

关于场地规划过程更加详细的信息，请参考《场地设计与管理过程》一书。

我们把环境敏感设计作为这一章的标题，是为了表达设施设计与规划都要以环境敏感方式去考虑，让这些设施能够与环境相适应。在强调人力开发的必要性之外，更要认识到人类必须与自然合作，而非对抗。

在整个项目特别是在环境敏感性发展中必须考虑的要素有：

- 污水处理

  该处污水是否能被治理和再利用

场地内污水的处理

场地外污水的处理

- 环境敏感型保护区，如海滩区域的主要及次要沙丘
- 湿地与沼泽地区对高架栈道的使用，详见第8章。
- 地形的分析能够保证停车场、建筑及其他场地更加顺应场地。
- 在开发时要注意滞留地表的径流，通常汇集在非人工设计的小池塘（由降水形成的池塘）里。

图 4.5 大区域公园——东英格兰

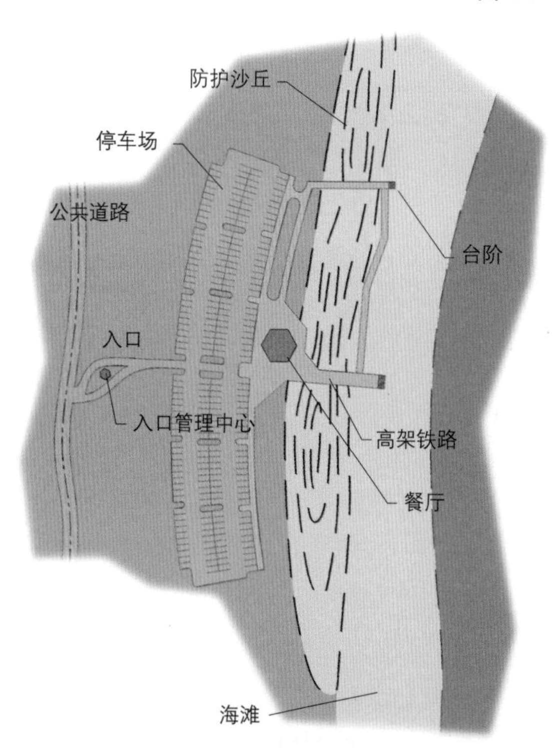

图 4.6 沿海规划发展

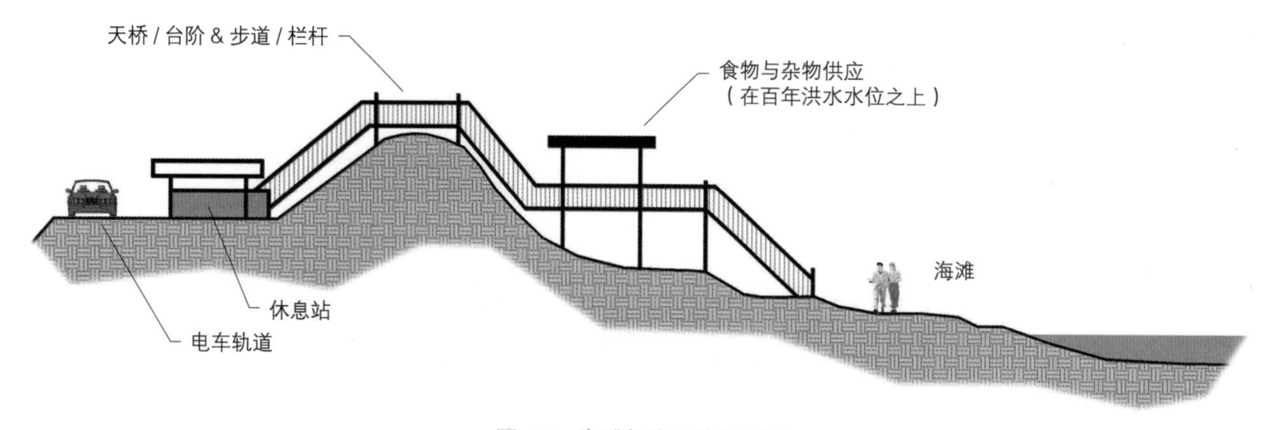

图 4.7 海滩与沙丘的断面图

- 尽量使用透水路面使水可以渗入蓄水层。详见第10章，道路与停车场的额外细节。
- 运用节水型的园艺实践，如选择具有文化性的，尤其对水无特殊要求的植物组群。这一点在沙漠、干旱以及半干旱环境，还有已经处理好供水的区域中尤为重要。应尽量选择不需要额外水分需求的植物。草坪需要大量的灌溉用水，因此应尽量减少草坪使用。
- 进行教育性展示，可以帮人们了解身边的环境以及由自己行为而导致的环境影响。（详见第7章）

图 4.8　木板步道——佛罗里达州

图 4.9　滞洪区——佛罗里达州

图 4.10　透水人行道——佛罗里达州

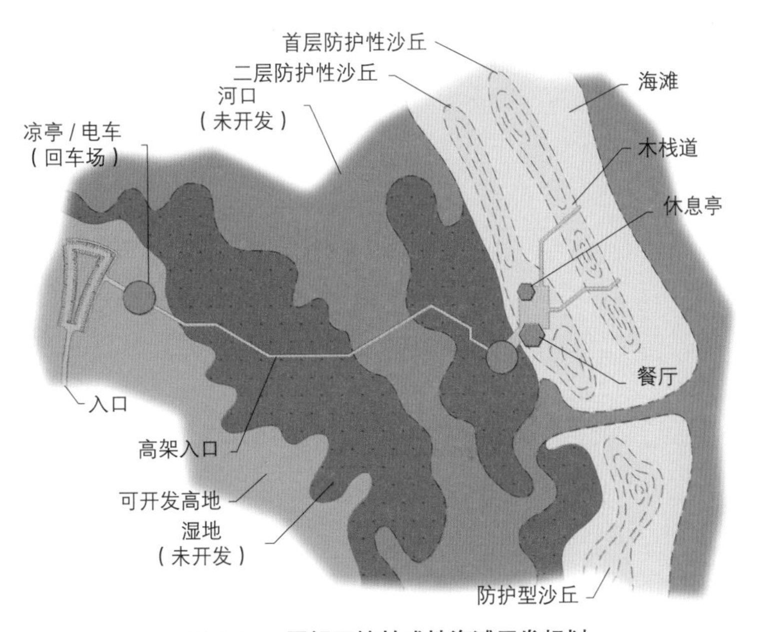

图 4.11　图解环境敏感性海滩开发规划

- 观鸟/野生动物/自然观赏区应当在增加这些区域观赏空间的同时避免减少这些地区生物本身的数量以及区域中生物的多样性。
- 任何开发都要进行环境敏感性管理规划。见第31章，公园与游憩地的管理与管理规划，这部分内容可以作为一个预先参考，从中可以了解到管理规划以及其准备方法的一些细节信息。
- 在可能的地方提供多种多样的生境，这样将会有助于不同野生动植物的栖居。在开发中要着重营造生态边界与过渡空间，即田地，森林，沼泽，开放水域，河流，河口滩涂以及海洋等区域。

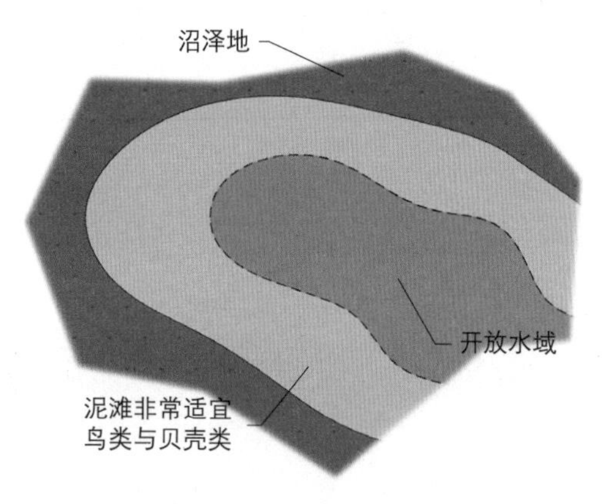

图 4.12　湿地、泥滩、开放水域

图 4.13　生物多样性与丰富性最大的边缘地带，如森林与田地边缘

第5章 公园建筑

图 5.1 海滩边的游憩建筑——巴黎山地州立公园，南卡罗来纳州

许多公园发展需要不同的设施，而公园的所有设施都必须通过适当的方式发挥其功能。它们应该基于特定的地区环境反映出一定意义和概念，建筑物应该也基于地形和环境“感觉”，将其作为环境的一个组成部分来设计。

公园建筑必须考虑特定场地规模，与当前和总体规划中拟建设施的关系，整个园区设计的连续性，包括长椅、喷泉、游乐区以及其他公园设施。

设计方面的考虑应包括：

- 服务是否需要或使用建筑物，这些功能可以更好地通过其他方式实现吗?
- 现有地形和其未来的发展规划
- 地下的条件
- 风向
- 日照方向
- 排水条件（空气及水）
- 公共设施的可用性
- 进出口
- 保留场地内现存的树木，其他自然物，如岩层或其他易忽视的领域，同样应保留或进行整体的设计。
- 在非使用季节对设施关闭，如公共澡堂、泳池和野餐区、冬季的公共厕所、滑雪场等。
- 材料——维修、耐久性、经济效益。
- 美学——所有设施看起来应该都是一个整体。
- 必须保障可达性（不再称作残障人士设施）。这是一种社会公平，同时也是法律规定。
- 尽量做到能源自给，利用风力等自然能源。

图 5.2 草皮屋顶——挪威

河滩区的建筑施工

很多的公园、游憩设施都建设在百年一遇的洪泛区内。这些建设在洪泛区的建筑物的理想状态是所有结

构都高于最高水位线（“C”曲线）。

为了使建设、运营和维护的成本最小化，同时为游憩设施提供一个理想的位置，应该考虑以下几点：

1. 所有主要的永久性建筑物，尤其是餐厅和居住结构，应建设于最高水位线以上。

2. 小型特许经营建筑，如提供食物或纪念品的次要租赁建筑物，以及可允许偶尔被淹的浴室可建设在百年洪水线以上

3. 船屋、亭子、公共厕所，和其他非居住性的建筑物可考虑安排在一百年水位线以内。

在任何情况下，低于最高水位线的结构都应该固定以防止上浮，并且建造材料可以承受水淹，且易于通过冲洗来清洁。

在河滩上建设永久性建筑物的另一种方法是使用便携式建筑，在特殊情况下，也可以是浮动建筑物。

在洪水区内的建筑应考虑的因素包括：

1. 美学（必要）。

2. 模块化施工，包括可移动建筑物还有其他现有的不可移动建筑的扩建。

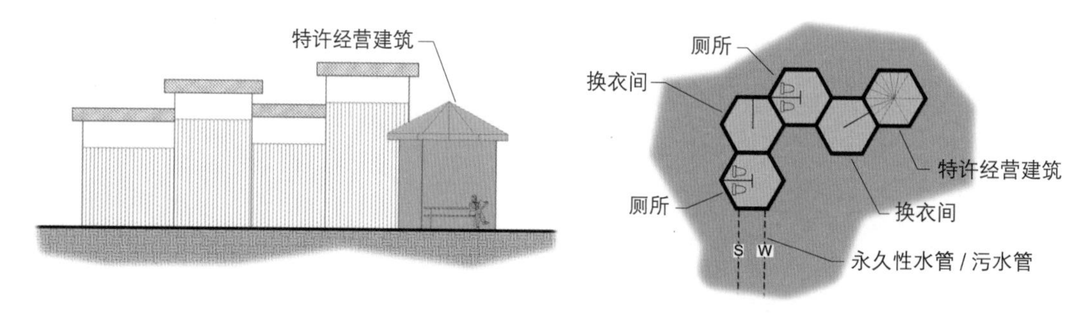

图 5.3 便携式结构

3. 浮动或便携式结构的固定，以确保水流不会造成损害或把它们冲走。

飓风和强风的多发区

美国东部和墨西哥湾的大部分沿海地区会偶尔或经常性的遭遇飓风。中西部平原的许多地区则会频繁地遭遇强风，有时还会遇到严重的龙卷风。在这些恶劣环境中建造的建筑物，除了前面提到的被洪水淹没的问题以外，还需要考虑以下问题：

1. 防风措施

- 建筑朝向可以保护使用者免受强风影响。
- 在窗户上装防风盖，可以防止窗户因为风而损坏。
- 在抗风区种植植物隔离带。
- 分段改变风的流动。

图 5.4 风挡——英格兰东部海岸海滩

- 种植抗风性植物。

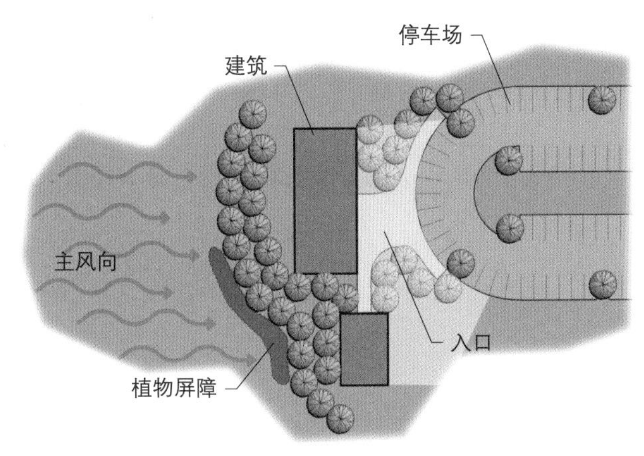

图 5.5　将建筑作为风挡

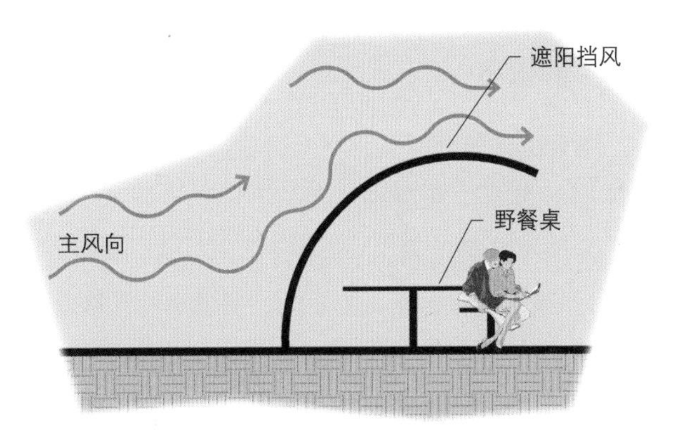

图 5.6　挡风遮阳屏障

2. 电气故障

- 提供紧急发电机是可行的。污水处理和升降水泵站是非常重要的。

3. 必须在龙卷风和飓风的活动区域提供避难所。

建筑改造

许多公园内会有一个或更多的具有历史意义或使用潜力的建筑物。通常情况下，不具有历史或建筑中意义的构筑物一般会因经济利益而作为服务设施来使用。在现存建筑进行功能定位时，需要考虑该建筑是否符合成本效益。为公共设施进行建筑改造和维护是非常昂贵的，频繁的支出比新建一个类似的建筑还要昂贵。需要注意，几乎所有的改造都是相当耗时的，经常会有许多的意外，并且通常修理费用都很高。

改造时要考虑的因素有：

1. 现有建筑物及场地的完整评价和成本合理的解决方案。

2. 预期用途。

3. 改建需要考虑当前建筑规范要求，尤其是美国残疾人法案（ADA）的通道规范以及水暖规范、结构和电气规范等。

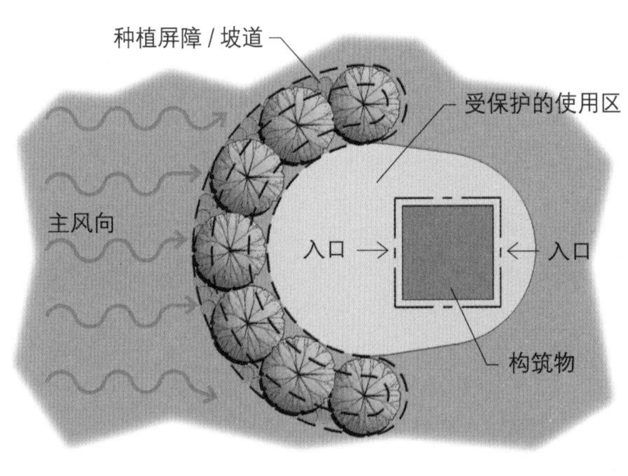

图 5.7　挡风屏障

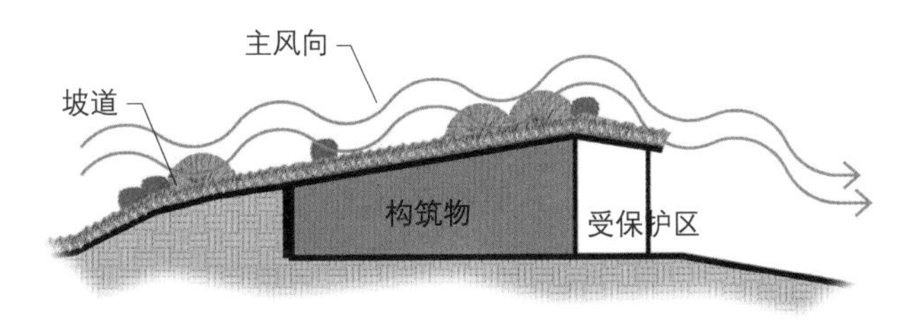

图 5.8　分流、种植、建筑设计可以保护免受强风困扰

4. 改建需使建筑使用时更加节约成本，如隔声、水、照明、取暖等方面的使用。

图 5.9 格林威尔历史建筑，南卡罗来纳州——现在被用作园艺俱乐部

节能理念

所有的建筑元素，包括新建或改造的都必须考虑一切可行的途径来尽量减少能源的消耗。不过对于改建的建筑而言，节能建设的成本将会更高。

1. 建筑方位是至关重要的。要考虑的因素有：

- 日照方向——在冬天最大限度地收集和保留热能，在夏天则是最小化的吸收热量和最大限度的散热。
- 季节风向。若设施全年使用，则要防止冬季强风天气和风暴的影响。夏季利用微风会增强参观者的舒适度，同时可降低机械冷却的需求和能源消耗。

2. 建筑设计。

- 北方的建筑在设计时朝北的外墙可以不设窗户以应对频繁的风暴气候。
- 在温暖的季节可进行充足的自然通风。
- 充分隔绝外环境。这对建筑而言十分重要，可保证建筑在恶劣天气下的全季节使用。
- 考虑低矮的建筑外形以充分利用地形优势抵挡不利天气。

3. 热源

- 太阳能

  主动

  被动——更可取。

通过编译程序集成节能系统。

- 考虑各种类型的热能——太阳能、木柴、电、燃料、燃油、燃气。选择最无污染并且周期成本最低的方法。

4. 绿化

- 种植绿化（常青树种）来减少冬季强风的影响。在北方此种做法最为有效。
- 在建筑物的南边种植落叶植物，可在夏季形成阴影，冬季不阻挡阳光，有效降低或提高室内温度。
- 通过分流来改变风向并削弱冷空气。这在北部的一些地区是最有效的。

第6章　无障碍需求

美国残疾人法案

依据法律规定，美国及其他一些国家的公共设施，包括公园，游憩以及休闲（旅游）地区必须为行动不便的人设置便利设施。大约12%的美国人有一些行动上的限制，因此各类场地设计需要考虑不同程度环境上的一些改变。不到1%的美国人依靠轮椅活动，该类人群很可能已获得了一个全方位的便利设施。因此，其他11%的美国人的需求可能并没有被完全满足。改变休闲场所的可达性不仅会让设施为更多的人所利用，更重要的是会有更多老年人使用，他们中的大多数除年龄限制外并没有或很少有身体上的残疾。在如今的大多数的发达国家，55岁以上的人口正在快速扩大，老年人使用就显得尤为重要。尽管本书所涉及的所有设施是供全年龄层的人所使用，但这章节我们主要特别关注老年群体。

图 6.1　国际无障碍标识

图 6.2　游览者均可俯瞰全景，国家公园沼泽地，鲨鱼谷，南佛罗里达州

综述

残障人士和老年人并不愿意被特殊对待。因此，不需要特意地根据他们的年龄和限制单独设置特殊设施来吸引他们，这反而会导致残障人群的消极态度并引起社会其他人群对他们的不满。另外，大多数行动不便的人通常是由健康的家人或朋友陪伴来使用设施的。有关各项活动的便利设施介绍均在以后的各个章节中介绍。

在决定设施类型，地点和范围之前，需要先同可能成为使用者的残障人士的个人或者组织进行密切的合作或咨询。此外，还需参考的规范有：

- 为身体有残疾的人建设房屋及设施的美国国家标准规范：美国国家标准协会A117.1–最新版
- 由国家游憩与公园协会制定的联邦无障碍标准

并不是所有的活动和设施（如轮椅使用者的无障碍背包露营）都需要可供残障人士使用，但至少每种活动和设施的一部分是需要无障碍的（如典型的家庭营地）。尽管这在法律上不一定是必要的，但是从道德和政策层面上来说，这都是一个优于美国人残疾法案的要求。

停车位

在所有地点都必须设有合理数量的地面停车位。在距离设施和活动地点尽可能近的地方至少设置一个停车场地。表6.1的数据显示了联邦无障碍标准要求的残障人士停车位的数量。

在停车区域残障人士所需停车位 表6.1

所有停车位	最小的停车位数	所有停车位	最小的停车位数
1–25	1	201–300	7
26–50	2	301–400	8
51–75	3	401–500	9
76–100	4	500–1000	全部的2%
101–150	5	1001及以上	超过1000的总车位每增加100，最小车位数在20基础上加1
151–200	6		

无障碍停车位比一般停车位增加的宽度最少为91.5cm。

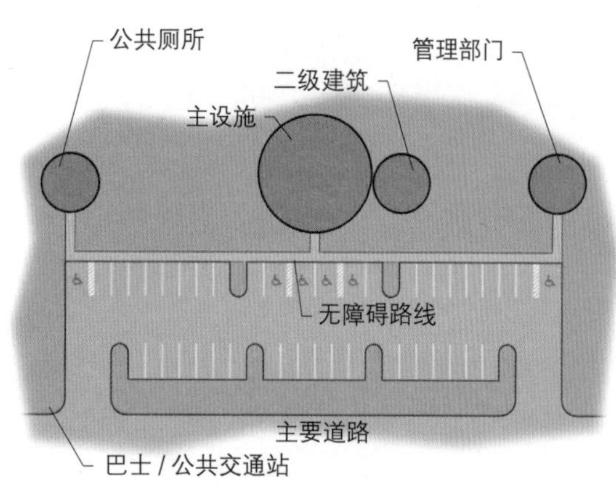

图 6.3 无障碍停车位可以遍布在整个区域里

无障碍区域必须设有路缘坡道或斜坡。但没有路缘的停车位设计起来更为方便，因而可以排除部分需要放坡的地段而使得老年人能够更为方便地使用人行道系统。

在无障碍停车场地中，斜坡坡度应当小于或等于2%。

无障碍停车位可以分布于场地各处以便可以为设施和活动区域提供最好的无障碍服务。

所有为残障人士准备的无障碍停车位应当标有国际无障碍标识，同时在车辆停满的时候应当有所显示。

图 6.4 无障碍标识

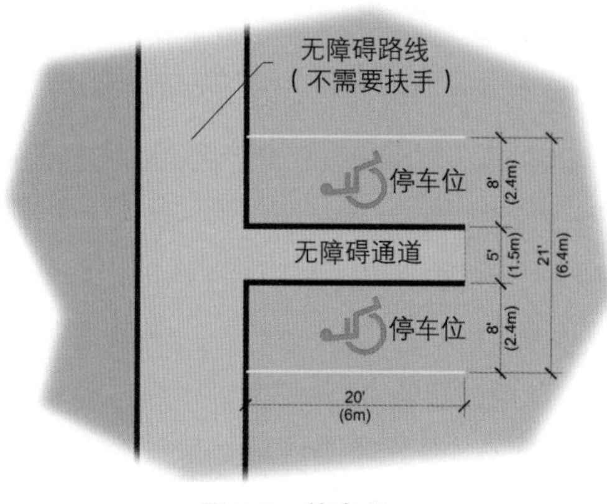

图 6.5 停车位

无障碍路线

在区域内应当至少有一条无障碍路线能到达无障碍设施。

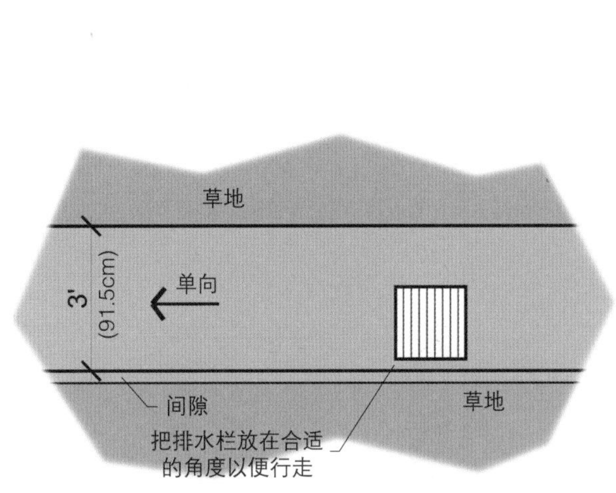

图 6.6　单行无障碍道路通常不建议使用

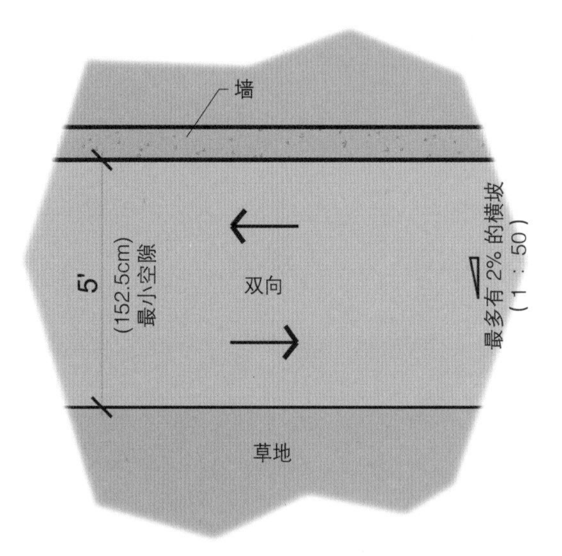

图 6.7　双向无障碍道路通常推荐使用

在一条无障碍道路上不应当有68～200cm的物体突出道路10cm。如果已建有障碍物，就不应该将开敞的道路减小到少于91.5cm。

无障碍路面（包括地板、走道、斜坡、楼梯和空隙等）都应该是平稳的、坚固的、防滑的，坡度不应该超过2%坡度（1∶20）。应当避免使用柔软的、松垮的（沙子、陶土等）以及不规则的表面（鹅卵石、坚硬的石头等）。

超过平面6mm的高度变化是可以接受的；6到13mm的可以采用1∶2的坡来解决，任何高程问题都可以用斜坡来更好地解决。

排水栏——与水流淌方向垂直，间隙长度不要超过13cm。（参见图6.6）

紧急出口——消防规范要求设置一个以上紧急出口，至少设置一个残障人士紧急出口。

无障碍路线上的楼梯一定要有最少28cm的踏板；不允许有任何的镂空踏板；而残障人士可以允许使用任何一边的楼梯。

在有较大高差变化的地方最好使用电梯或是其他升降设备来代替楼梯或是斜坡。

图 6.8　所有设施的通道对婴幼儿和残障人士都略显不便

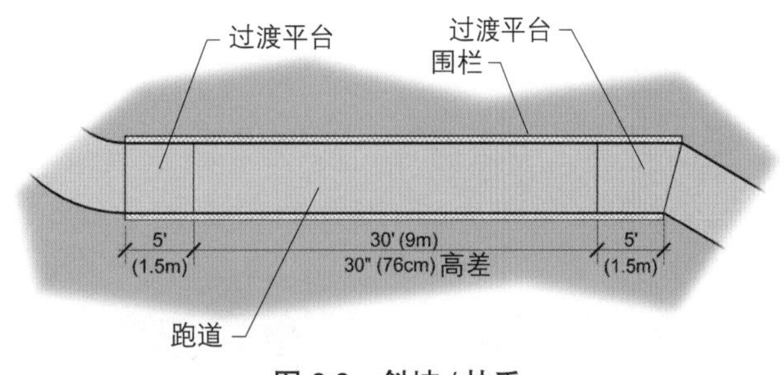

图 6.9 斜坡 / 扶手

斜坡

确保斜坡有尽可能小的倾斜度。

最大的斜度为1：12，最大的上升高度为每一个坡道76cm。通常情况下，斜坡每9m需要设置一个休息平台。

当斜坡高于76cm时会在顶部和底部设置一段平台。

在超过15cm宽或者1.8m长的斜坡两边都应设置扶手（除了路边的斜坡）。

出入口

楼梯和坡道混合路面

图 6.10 霍普威尔铁炉国家公园，宾夕法尼亚西南部

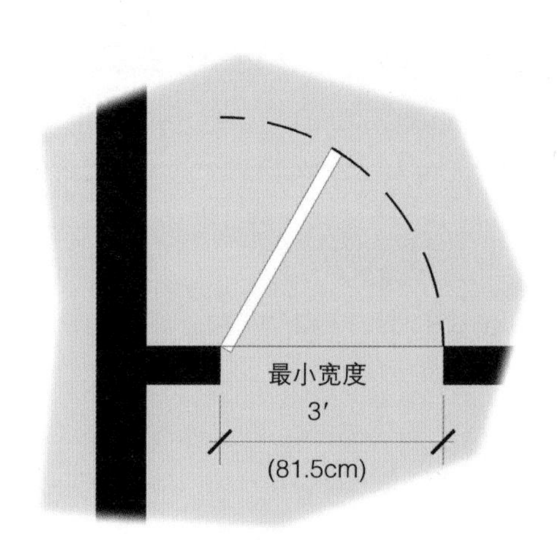

图 6.11 出入口

卫生间设施

每一个公共卫生间都应该设有供残障人士使用的卫生设施。详细尺寸参考美国联邦无障碍标准。详见第11章，公用设施。

图 6.12 盲文信息展示 剑桥大学，英格兰

饮水器

无障碍饮水器处必须提供有120cm宽，76cm深的明确的铺砌空间，并且设施不能超过91.5cm高。同时在饮水器下配有至少68.5cm宽和43cm深的漏水间隙。

信息

有时应当为有视力问题的人把地方变得更为有趣，如电梯里的点字楼层符号或者在景点设置规范、不易破坏的模具。

海滩/湖滨的通道

在岸边设置标准的斜坡下至沙滩。

沿海的岸边需要一个通往浅水区的平路或是提供可在沙滩使用的轮椅（大轮子的轮椅）。

图 6.13 佛罗里达海湾海岸大学的通往水面的道路示范
佛罗里达西南部

图 6.14 婴儿车可以和轮椅一样在沙滩上使用——挖蛤通道——那不勒斯，佛罗里达州

第7章　解说设施

解说的目的是向游客介绍、讲解该场地的考古、自然、历史和文化价值资源以及周围的土地和水域状况。因此对游客而言，通过解说，景点将会更有意义，游客体验也会更加愉快。

在将解说项目和设施纳入发展或管理计划之前，应对解说对象进行详细调查并对解说项目的概念进行研究。我们应该清楚认识到解说项目的规划需要大量的研究和准备时间，同时也可能需要大量的工作人员和资金来维持项目运转。

图 7.1　讲解员（解说人员）穿着各个时期的服饰向人们解释木炭是如何做成的，这是一种用于烧制炼铁高炉的燃料——宾夕法尼亚州霍普韦尔国家历史遗址

解说设施的目标

- 使游客能更好地理解和欣赏设施的用途和资源。
- 通过教育和活动来促进资源和设备的智能化使用。
- 帮助游客形成保护和利用自然资源的责任感。
- 给游客带来一种对自然和人造资源的欣赏感受以减少对不可替代资源的蓄意破坏行为。
- 帮助游客增加对人类在自然或历史环境方面所扮演的角色的认识和理解。
- 帮助游客了解、享受、欣赏并培养他们对环境的尊重。
- 形成对生态的认知和理解，尤其是对正在参观的场地而言。
- 使游客产生对景点历史及考古方面的兴趣。

注意事项

- 解说设施使用的先决条件在于设施能够被有效利用。
- 频繁使用的解说区域可能需要大量停车场、公共厕所和其他服务设施。
- 用于解说设施的无障碍性是必要的且必须提供。见第6章，无障碍需求。

设施

- 自然中心——在必要的情况下需要用来展示植物、动物和其他自然资源环境。需考虑足够的工作人员在何地可以对它们进行操作。通常只有非常大的项目可以提供独立的自然区域。一般来说，自然中心采用与游客中心或项目办公室结合在一起的形式。

图 7.2　雨棚——危地马拉考古遗址

- 历史和考古设施——用来解释某地过去的活动。当位于过去活动发生地时它们通常最有意义。
- 博物馆——应建造在具有意义的景点。它们将自然中心的特征和其他能够解释景点历史的展品结合在一起。这些展品甚至比建造自然中心需要更多投资成本和维护费用。

导览游径和自助式导览游径

导览式游径大部分解说项目的重点，应该被列入游客设施设计当中。

图 7.3　解说中心和公园管理处——宾夕法尼亚州霍普韦尔国家历史遗址

图 7.4　有向导的自然参观——特立尼达拉岛莱特自然保护区

要求

（1）在游径中应在恰当位置展示自助导览手册并辅以道路标记，这可使游客更好的认知与享受游径。该系统应在所有季节使用且不需要训练有素的工作人员进行定期服务。

（2）宽度——在沿游径分布的兴趣点处提供足够宽的区域。该类游径必须具有无障碍性。在设计无障碍游径时，其表面必须坚硬、牢固和平滑（没有沙子、黏土或卵石），否则可能导致游客滑倒。

（3）让游径变得有趣，但是不要无中生有。

图 7.5　信息展示——意大利比萨

图 7.6　赫尔希植物园的轮椅使用——宾夕法尼亚州赫尔希

（4）自然游径应尽可能隐于自然环境中。

（5）不要将频繁使用的公园区和自然游径连接在一起，否则自然游径会成为一个交通要道而最终失去其自然属性。

（6）可将休息区设置在路程较长的游径边上，亦可与展品有效地结合起来。

（7）铺面材料取决于道路的使用量——多使用木屑、柏油路和混凝土。

（8）游径应该是闭合的环路体系，并且通常是8到3.2km长，具体距离应视情况而定。

导览车或自驾游径

这类游径可有效地诠释这个区域的风景，而这种旅行是观赏此地特征的最有效形式。自驾车的游览方式经常用于大型公园的主干道和专为机动车游览设计的道路当中。关于机动车游览路线设计详见第27章。对该类游览布局还要补充的有解说标志或在合适位置的标记。

- 自行车、游船和索道——可以建造在合适的位置中。设计标准基本上可以和道路规范相同。
- 解说场所和路旁展览——应该安装在易看到地方，该类设施应简单形式以防止遭到破坏，并需定期维护。

俯瞰风景和瞭望塔

可考虑有效利用公园其他必要的结构，如水塔。

- 篝火场地——能有效地在容纳150个场地以上的公园露营区内使用。篝火设施应该位于不干扰非参与者的地方。从简单的篝火圈到正式的露营场地，有很多不同的尺寸和复杂性。这个空间也应该提供教堂服务。（详见第14章，露营区的使用）

露天剧场

图 7.7 路旁展览——稳定的铁炉结构 宾夕法尼亚州霍普韦尔国家历史遗址

图 7.8 露天剧场——城市公园 宾夕法尼亚州中南部

位置

（1）周边150m之内有充足的停车场地。最好是这些停车场地也可供日常或特许停车使用，创造出高效率的资源使用。

（2）至露营地的步行距离尽量保持在300m以内。

（3）必须有适宜的视觉景观区和与营地的声音隔离区。

（4）能使用游客中心的临时停车设施。

（5）必须保证残疾人可顺利通行。

设计

（1）剧场规模取决于项目计划类型、潜在的日使用人数和夜宿设施的距离。大约1/4至1/2的露营者将会参与（根据夜晚项目的质量和距野营地的距离而定）。

（2）方向——屏幕必须是在夜晚暗处，且朝向东面。

（3）投影仪位置——大多数距离屏幕12m，观众较多的时候需增加距离。

（4）必须提供可通行的就坐空间——总通行面积建议为整个就坐区域的10%。

图 7.9　在野营地的露天剧场——宾夕法尼亚州法国溪州公园

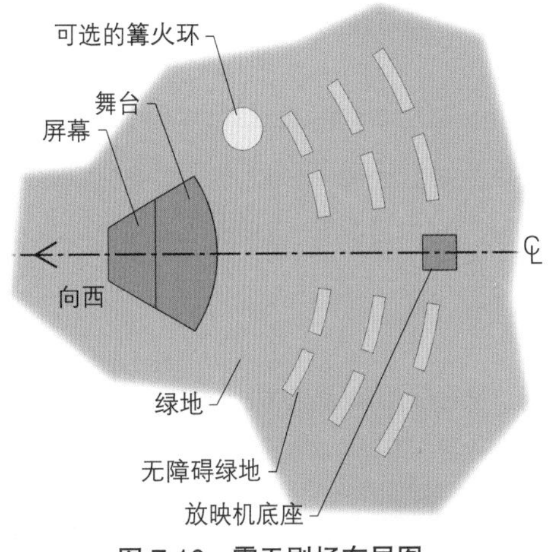

图 7.10　露天剧场布局图

（5）观影斜坡是为了在大项目中取得合适的视觉效果必须要做的重要土方工程。

（6）必要设施

a. 提供正常容量的观影长凳

b. 设计标准的无障碍通道

c. 舞台——小型剧场（50个人左右）的舞台可为平地；更大规模的舞台则需要升高

d. 屏幕（最好为背面投影）和投影仪

（7）建议设施

a. 照明——在步行道两旁以及坐席区域设置

b. 自动饮水器

（8）公共设施

a. 电力——必要设施

b. 水——建议设置

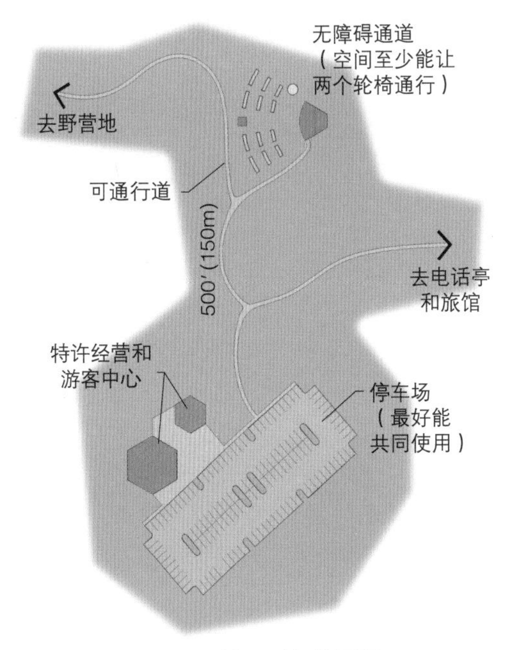

图 7.11　露天剧场位置图

环境教育中心

图 7.12 环境教学站—英格兰东部的鸟类保护区

一些政府机关和私人非营利组织已经开发出了用来帮助关于学校环境教育项目的设施。这些设施可为年轻人提供深度训练。另一个主要功能是帮助教师运用自然教学的方法教授学生。教育中心可提高社会的环境意识。通常情况下，该类教育中心的建造、维修和运营费用十分昂贵。

游客中心

多数大型公园、游憩地和旅游场地需要一些游客服务点，可提供各类地址、设施以及项目信息。最简单的游客中心可在主要办公区内加设一个咨询台。一个展示景点自然资源和文化遗产的大型游客中心可使该旅游地获益匪浅。大部分情况下，教育化设施应该和管理活动结合使用，在低使用期间允许管理、教育、行政人员提供内部人员教育、培训。游客中心应该位于主干道上并尽可能接近入口处。

示范农场

主要的公园系统，特别是那些服务城市人口的公园应该考虑发展示范农场。该类农场对成人和孩子都有吸引力。工作日期间，三至七岁的儿童和他们的父母老师在一起构成了主要的客户群体；周末，家庭和老人成了主要。农场在适宜的时节里会有较高的使用率，通常为美国北部乡村4–11月和南方的冬天。学校放假期间的工作日农场使用量会有减少。示范农场在有充分解说时才能产生效益。旅游活动和农业活动不会完全混合在一起，规划当中要充分考虑解说人员和农场员工之间的关系。农场解说规划中需要考虑的因素还有充足的项目人员（包括维修人员和解说人员）、现有土地和建筑的可发展性、停车场（汽车和公交车）、公共厕所、食物和其他特许运营项目如纪念品和动物喂养等。

图 7.13 宾夕法尼亚州霍普韦尔国家历史遗址的 Period 庄园

第8章　游径和通道

游径和通道分为以下几种常见的类型：徒步道，自行车道，骑马道，越野滑雪道，水上游线（包括独木舟、木筏、汽船），越野车道，摩托车及雪地车道。这些游径主要分为机动车道和非机动车道两类。本章主要涉及的是徒步、骑自行车、骑马以及非机动驳船等四种游径。第18章船舶类水上活动中主要涉及的是机动类的水上游径。第21章冬季使用区中将会涉及越野滑雪和雪地摩托。第10章非公路车辆将会讲到摩托车道以及越野车道。

非机动车游径

概况

游径可以有利于提高公众健康、环境体验以及鱼类与野生动植物资源的有效利用。与此同时，游径也能够提供一种令人享受的、安全的、对环境较为敏感的通道，为徒步、骑马、骑单车以及划船、越野等游客来使用。游径为使用者提供发现自己能力的机会，同时也是一种体现户外精神最好的方式。

游径分为以下两种，一种主要是直接可进行活动的道路。另一种则是将发展区域与兴趣点连接起来的有效通道。

图 8.1　大量使用的公园道路，英格兰中部

在设计任何游径或通道时都需要考虑以下几个重要因素：

道路线型，地形，地势，植被，美学价值，兴趣点，道路交叉口，其他潜在危险和潜在目的地。

游径和通道按照使用目的进行分区是非常必要的，例如机动车不能在原始生态地区内行驶，雪地车与滑雪者之间是相互冲突的，滑旱冰的人与步行者之间同样也无法共存于同一空间。

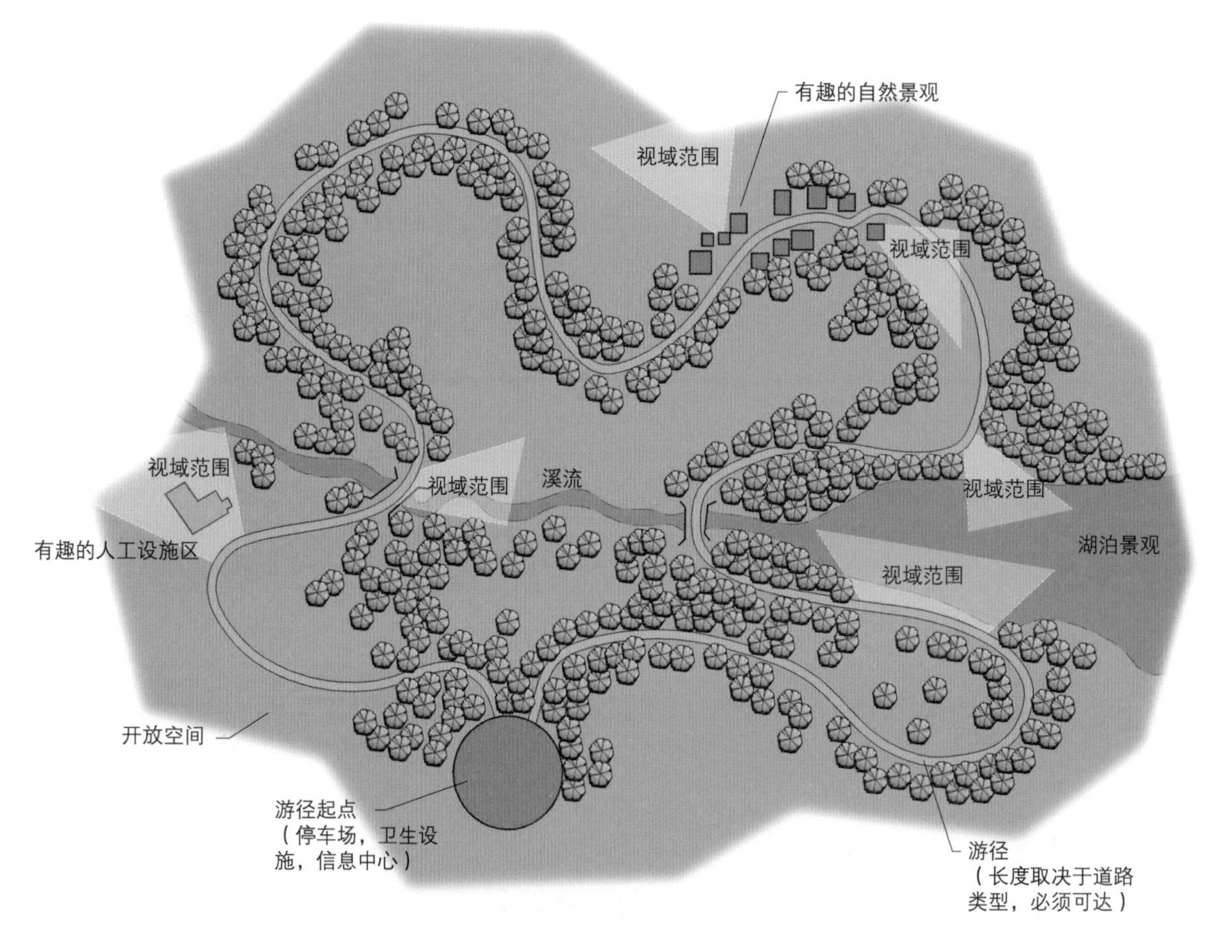

图 8.2 概念性游径 / 通道总平面图

在完整的游径系统当中，公园或是游憩区可以看作是游径的起点或终点。其他公园或休闲设施成为这种游径系统的补充。一个由公园或游憩地设定的游径起点通常能为使用者提供安全建议、使用导则和游径信息。

游径的使用常常受到一系列持续的季节性变化的制约，在任何游径或通道的规划当中必须要考虑到这些变化。

图 8.3 低使用率的通道，来自科罗拉多河的一处原始地区，美国亚利桑那州大峡谷国家公园

图 8.4 春季花卉展示——加利福尼亚南部

出于卫生和安全等原因，徒步者和骑马者尽可能不出现在同一条道路上。游径规划需要考虑精确的道路宽度，对于服务和应急车辆来讲，最少不能低于2.4m。如果游径要作为应急救火通道，那么其最小宽度应该比2.4m更大。另外，越野车道应该区别于其他非越野车道单独设置。

平面布局

游径应该利用远景或近景的视角、穿越山脊或峡谷、开放空间和森林覆盖空间以及水体等来产生各种各样的体验。

规划建议：

图 8.5　多重功能的游径与服务型通道——瑟顿地区公园，佛罗里达州科利尔村

图 8.6　欧洲大量使用的公园路

- 多样化的道路线型
  ——避免“同质”
  ——利用自然和人工材质
  ——多样化的植被种植
  ——不同道路等级
  ——越野车道规划必须认真研究所有合理的流域避免对其他设施使用者的不利影响，特别是对于那些需要安静的使用者来讲。（详见第10章：非公路车辆）
- 道路应该适应场地。不要轻易更改地形，所有的建设都应该做到在视觉上几乎看不出变化。
- 考虑所有的感官：视觉、触觉、听觉（包括令人愉悦的声音和令人生厌的声音）以及嗅觉。
- 避免笔直的线条（或单调无变化的线条）。
- 避免一些土壤条件差的地区（如潮湿地区，易腐蚀地区等）。
- 避免过度使用。

图 8.7　林荫路，华盛顿特区

图 8.8　徒步道

图 8.9　过度使用的游径　阿萨怀特自然保护区——特立尼达岛

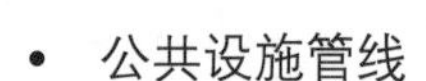

- 公共设施管线

  ——尽可能避免公共设施管线。但是在城市或郊区，公共设施管线所在的区域或许是仅有的未开发空间供游径建设。

  ——除道路管线外，道路设计时要尽量垂直穿越设施管线并利用植物和地形进行视线的遮挡。

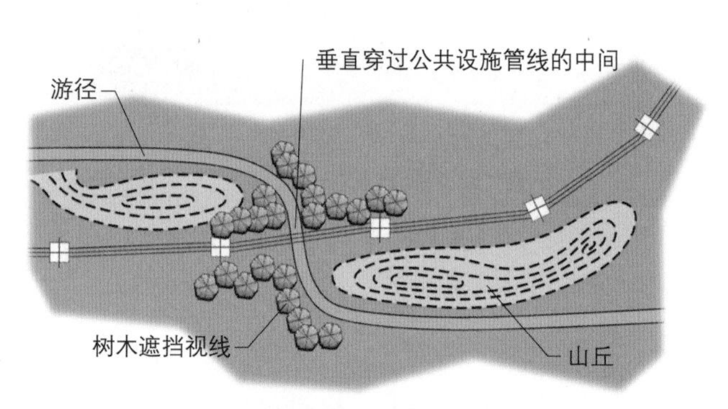

图 8.10　游径穿越公共设施管线的最优方式

道路排水

道路排水是游径和通道建设当中最重要的项目之一，也是最容易被忽视的一项。如果没有很好的排水，道路将会遭到损坏。

道路的积水量必须在可控的范围之内以防止道路受到积水的侵蚀，并且要在旅游季节期间确保它可以使用。

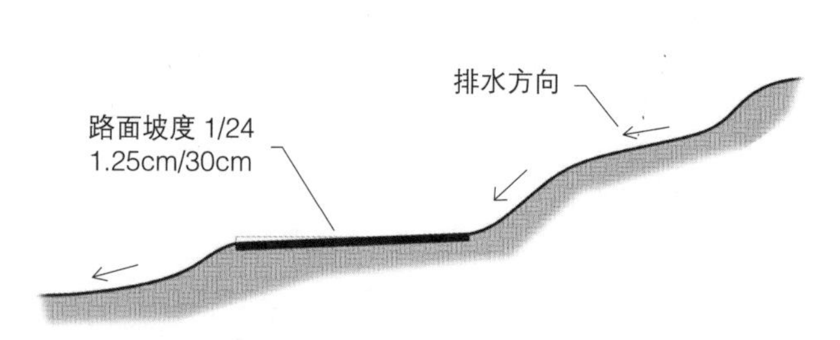

图 8.11　径床（用于所有使用率较低的游径）

- 面状排水是最适当的一种排水方式。通常水体从地势较高的斜坡上流下并穿过路面排至地势低的另一侧。
- 止水槽和排水沟在横穿陡峭山体的道路设计当中是必须要设置的，它们可以用自然材料制成。
- 尽可能避免潮湿地带。如果必须穿越这样的地区，在道路设计时要特别注意。穿越潮湿地带的道路和游径要花费大量的建造费和维护费。在设计时，游步道可以采用45cm边长的大型石板或架高的木栈道建造。

- 在所有自然排水中必须考虑的是100年一遇的洪水。排水结构必须不显眼，并在终端部分设计成锥形，同时尽可能使用自然材料建造。
- 确保道路不会变成排水的通道。

跨河桥

游径使用者尤其是对于游憩者而言，通常喜欢看到自然水体。设计时需要格外关注临近水体的游径，特别是对于跨越水体的道路而言。最好的跨越方式是减小视觉和外界物质干预水体环境，在所有游径尤其是越野道设计中，可使用马匹或不易察觉的桥通过浅滩。

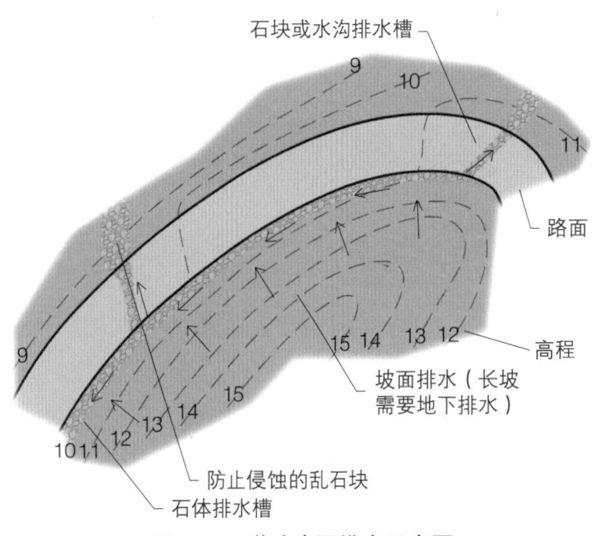

图 8.12　道路表面排水示意图

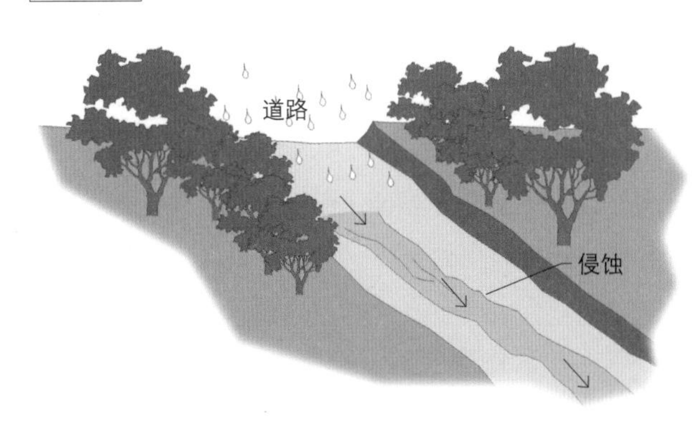

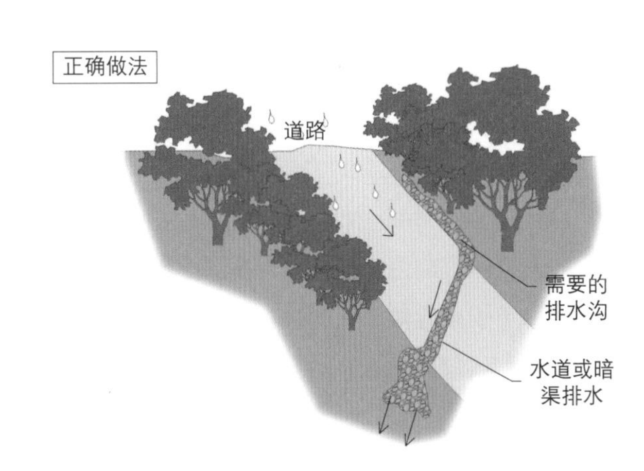

图 8.13　陡峭的游径需要特别的排水设计以防止雨水侵蚀

徒步道

使用者特征

短途的登山或户外徒步似乎对所有年龄的人群都具有吸引力。然而长途登山或徒步旅行更趋向于年轻人或受到更多教育的游憩者。

游径或通道的使用本身就是一种活动，并且已经成为游憩或锻炼的主要空间。55岁以下人群中，近80%的人从某种程度上来说都会进行登山或徒步活动。大约65%的65岁以上人群仍参加锻炼活动。在所有这些游憩徒步者当中，仅有一少部分的人在外过夜。（详见本章后半部分对于长距离游

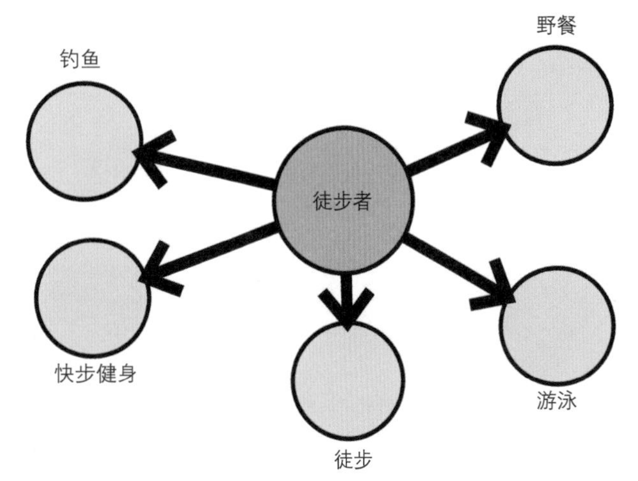

图 8.14　登山徒步的活动同使用者本身一样是多种多样的

径和夜宿规划。)

使用者意见

登山者认为登山游径应该提供：1. 尽可能多的美丽风景；2. 突出的大块岩石地以便观察周围景观。3. 森林中自然的通道，具有不同的光照，环境色彩，氛围及观察视距。

概况

登山道尽可能应该只为登山者使用。在多数情况下，机动车和骑马不能与非机动车使用同一条道路。步行道可以通过设置一些障碍来阻止非步行者使用，例如在道路中铺设原木、设置阶梯、狭窄的跨河桥等。

道路长度

游径通常分为短途道（愉悦的步行）、运动道、长途环状跑道以及越野道。在可能的情况下，除越野道外，其他类型的游径应该是可以回到起点的环状类型。

- 短途游径：郊区或城市中的短途游径通常设在自然环境中，连接家和学校、公园、城市中心或是其他设施场所。通常步行时间为30分钟至2小时，长度为1.1到5km。
- 健身步道：通常为一个固定的长度（1.5–3km）并具有视觉吸引力。
- 长途环状步道：10到20km，一天的徒步距离。
- 越野道：30km或者更远的长度。尽可能减少道路交叉口，并设有住宿设施。

路旁营地

越野道应该每10–15km设置过夜休息点。这些休息点需要饮用水，卫生设施和垃圾箱等后勤设备的支持。并且应该远离主要园路，以提供给露营者一处私有安静的空间并且能够隔离任何噪声源以供独处。露营区设置时至少要距离最近的停车场1.5km，以防止它们成为徒步场地而受到干扰。需要留出服务型机动车道（详见第14章，露营区的使用）。

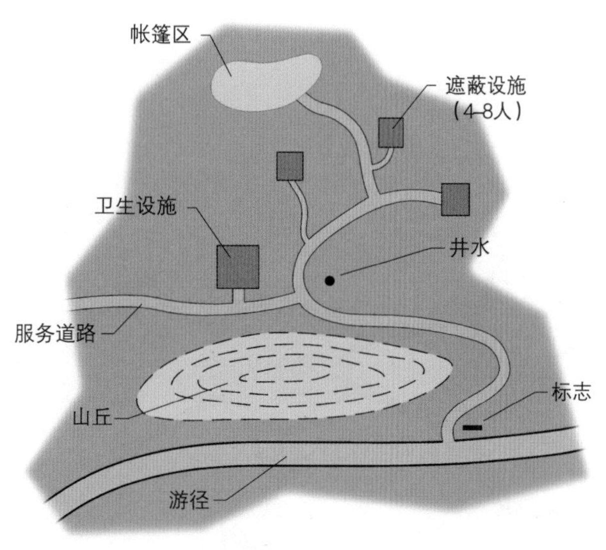

图 8.15 徒步道一侧的露营地平面

在开放季节，由于频繁降水，徒步道上的遮蔽物是特别需要的。遮蔽物应该与乡土环境融合在一起。

坡道

徒步坡道可以防御和控制道路风化侵蚀，通常适用于登山游径。坡道的最大角度不应该超过10%。当场地坡度必须大于10%时，坡道的长度和陡度应该利用实际合理的工程来判断，不能用公式和武断的限制标准来定义。这种场地应该由多个短的缓坡组合而成，陡峭的场地数量应该保持最小化。为了避免陡峭的坡地，可以考虑徒步道沿着山坡的不同等高线进行建设。尽可能避免180度急转弯，因为急转弯会导致距离过短和受损较快等问题。

图 8.16　温暖的南方气候区的开放遮雨棚

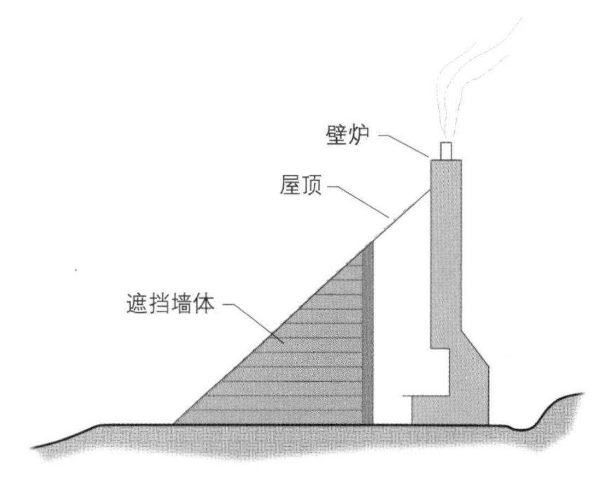

图 8.17　徒步道遮蔽设施

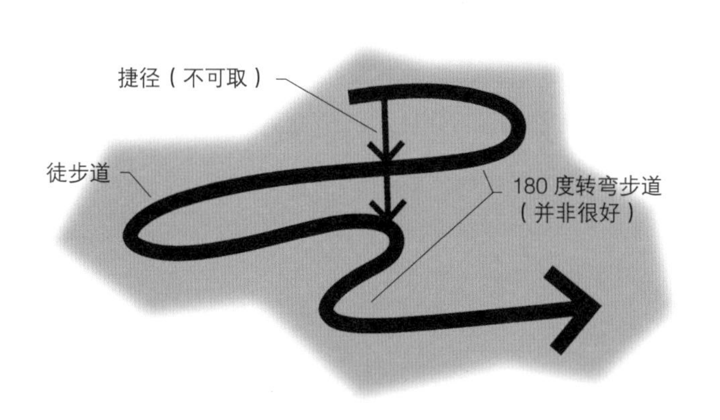

图 8.18　180 度急转弯会使距离骤减

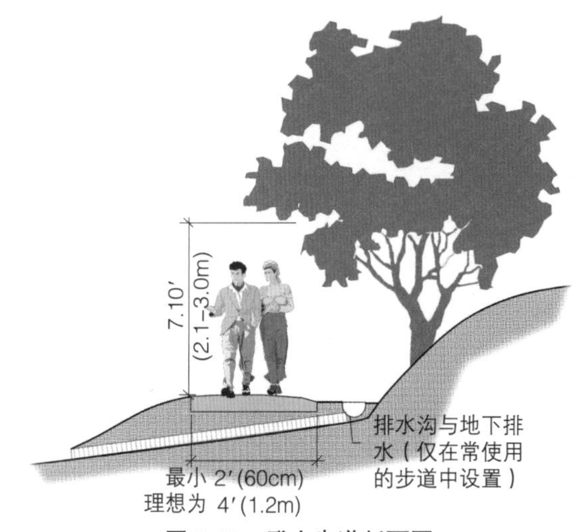

图 8.19　登山步道剖面图

徒步道宽度

徒步道宽度是由其不同的使用功能决定的。游憩区中经常使用的短徒步道通常比远离经常使用区的步道要宽。

- 路面宽度：最小60cm；1.8–2.4m宽的适用于愉悦的步行体验或较陡的区域；2.4–3.0m适用于健身步道和服务入口。
- 林中空地宽度：道路每边最小0.3m。
- 林下净空：最低2.1m。

为徒步道设置的两边空地应该保持最小宽度。植被移除后应使原生长地保持平坦。移除所有危险的材料。在徒步道的起点可以设置一些阻碍物，例如倒下的原木干和大型石块等，这些阻碍物可以阻拦机动车和骑马者的使用。冬天可通行的徒步道应该相应地设置更高的林下空间，高度取决于当地积雪深度（详见第21章，冬天使用区）。

路堑边坡与填方边坡

路堑边坡可能与山坡一样的陡峭，但没有严重的侵蚀危险。大部分土壤将被修整成坡度为0.5∶1或0.75∶1的边坡，1∶1是最大的边坡角度，1∶1的边坡需要设置充分的横档护坡。在填方边坡中，需要注意的是建立一个静止角度，以确保一个稳定的坡度环境并可以在其上种植植被。在平缓起伏的山丘中，这个角度通常为2∶1或3∶1。

图 8.20 多元目的的登山 / 骑车道路

铺面材料

铺面材料是徒步道建设中成本最高的一项。在一些地方特别是偏远地区的步道设计时尽可能使用当地或附近的自然材料建造。基本上路面铺装这最后一步应该做到防止路面侵蚀，鼓励自然覆盖。使用率高的游憩地区或综合使用地需要用压实的碎石、混凝土、沥青或者其他材料进行路面铺装。

标志物

精确的标志在游步道起点、道路交叉口和道路方向不易辨别的地点设置是十分重要的。道路标志应该包括各观赏点间游步道的英里数以及整个游步道的长度。沿着游步道经常出现的英里标志对登山者有所帮助，并且也对设施的经营和维护有一定作用。

观景视野

有选择的修建与清除植被可有效提高观察视野，特别是在林间下层植被稠密的地区。

健身道

这种类型的道路目前已在大众使用中掀起新一轮的热潮，游憩设施的制造商也开始关注于此。游步道和健身道路逐渐开始为老年人群服务。这些健身站或被道路隔开，或呈组团式聚集。在这些健身道路的规划与设计当中，可达性将成为主要的影响因素。

自行车道

自行车作为一项高参与度的游憩活动已经持续了至少30年，并且在这期间，平均每年卖出将近一千万辆的新自行车。越野自行车的大量增加似乎是近来的一种趋势，在最近几年已到达一个顶峰。随着高能耗的持续以及身体健康的意识增加，步行和骑车将毫无疑问地继续成为最受欢迎的游憩活动。有将近40%的16-24岁人群，26%的45岁人群和9%的65岁以上人群认为步行和骑车是最好的活动方式。

使用分类

自行车道的开发方式很广泛，包括与其他机动车共行和仅允许自行车通行。以下是美国通用的分类方式：

自行车专用道（类型1）：这是自行车骑行最安全的类型，它将自行车者与机动交通完全隔开，步行、骑

图 8.21 直排轮、步行和自行车的混合型道路——南佛罗里达州

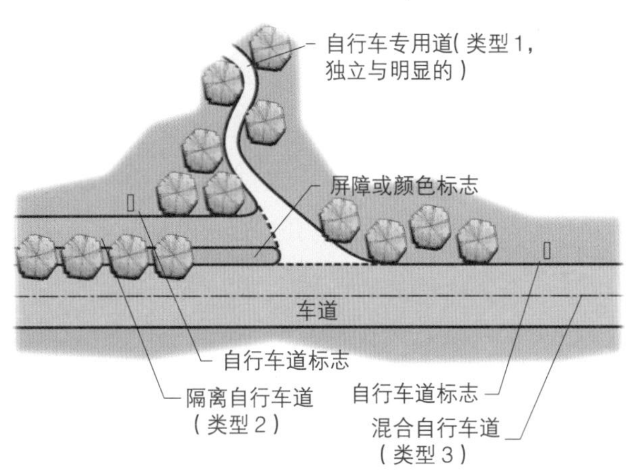

图 8.22 自行车道的使用分级

马与机动车驾驶之间的冲突得到限制。自行车专用道通常位于公园或居住区内，用于连接购物中心、学校、风景区以及居住区。小道上每天每（1.6km）约有50-80个骑车者在这类车道上骑行。

隔离自行车道（类型2）：对于自行车使用有着严格的限制区域，这类车道属于机动车和自行车共行的车道。这类车道为自行车使用者提供心理上的安全保护，在车道上会设置有物理隔离带，例如植物隔离带、护栏或者低矮的路边石带。

混合自行车道（类型3）：混合车道在路面上单独标有“自行车道”的标志。这些标志帮助警告机动车使用者可能会有自行车使用这条马路。这是一条成本最低的道路，但对于自行车骑行者来讲，在车辆频繁且狭窄的偏远地区道路上骑行也是最危险的。

隔离自行车道与混合自行车道都依靠现有的车行道设置，与机动车共行同一条道路或是沿着机动车路的一边行驶。这两条道路应该与新建设或改造的车行道结合，并成为主要的交通路线。在进行类型2和3自行车道规划时需要与相关运输部门紧密联系与合作。

总体布局

图 8.23 类型 1 的自行车和步行道——南佛罗里达海岸

图 8.24 多重目的的登山自行车道——挪威

车道周围应当设计有令骑行者感到有趣或兴奋的视觉体验。与此同时，应当考虑沿道路增加解说信息。当游径或道路承担健身锻炼的功能时，应当设计具有一定挑战性的路面。

选址

在对等级1的自行车专用道进行区位选择时，应当考虑利用废弃的运河航道、铁路、公用设施管线、公用设施廊道等。规划工作需要与道路所及地区的运输和公共事业官方人员紧密合作。

道路长度

在平坦地区，自行车者骑行的平均车速可以很轻松地保持在每小时16km。自行车运动者能以每小时27km的速度骑行，以平均速度每小时55km进行长达30–80km的剧烈运动。道路应该设置不同的长度或宽度类型。5–8km是最短长度，一般来讲，30–80km是最合适的。旅游道路可以更长，并且可以嵌入青年旅舍和野营地以供过夜住宿。

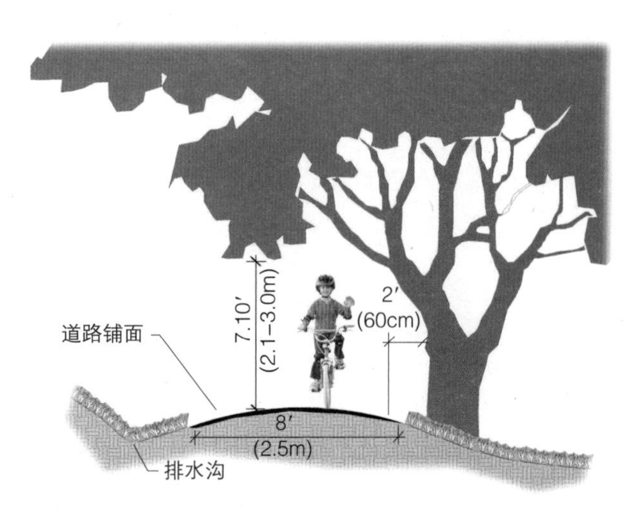

图 8.25　双向自行车道道路剖面图，8 英尺（2.4m）的铺面道路同样可以通行维修和巡逻的机动车

斜坡

自行车道应该尽可能地沿着等高线设置。车道坡度不应该超过10%，4%–8%的倾斜度只能发生在短距离间。从根本上说，要尽可能使车道保持平缓。当长距离的倾斜坡面无法避免时，可以在当中设置更多较宽的水平路面，这样可以使能力较弱的骑行者较容易地下车和休息，减少他们遇到的危险。在更陡的坡度上，可以提供足够的空间让人们推行自行车至坡顶。

道路宽度

双向车道合适的宽度是2.7m，最小宽度是1.5m。最小宽度的双向车道常设于不经常使用的地区。曲线的道路在没有坡面的情况下应当加宽1.2m。为了增加多样性，分岔路应该绕开巨大的砾石、树木和描述性标志物等。宽度低于2.4m的道路不允许通过服务性车辆。

林间空地

垂直空间：必须移除低于2.1m以下的所有障碍。移除低于3m的障碍也是可以的。植被应当定期（每月）进行移除工作。

水平空间：移除所有超过路缘最小60cm内的障碍物。在道路转弯处移除1.2m内的障碍物，以增加驾驶空间的安全距离。

转弯半径

在道路平面布局时需要注意避免尖锐的角度和过短的转弯半径，特别是在高速行驶的区域要格外关注，即休闲骑行小道或是定距骑行场地。一辆骑得很慢的自行车可以在直径3.6m的空间内掉头，转弯半径为1.8m。在排除高速运动的情况下，允许的最小转弯半径是3m–4.5m。转弯应尽可能倾斜。

排水

铺面自行车道与普通建造道路是相似的，具有相同的综合条件和排水方案。可以根据道路建设的排水系统来设置。从本质上讲，排水系统越好，自行车道的使用时间就越长。

路面铺装

自行车道的横断面设计同人行道的相同。推荐使用的铺面材料有沥青铺装或混凝土铺装。其他选择有自然土、水泥和压实砾石。通常使用的道路剖面是10cm或更大的碎石与细料（石粉）的填充和碾压。

标志物

利用公路管理局指定的标准自行车道标识和标志。

安全措施

必须采取一定的安全措施以保护自行车者的骑行安全。最低限度的措施包括重新以正确的角度排列道路上的排水槽，加宽转弯道路等。

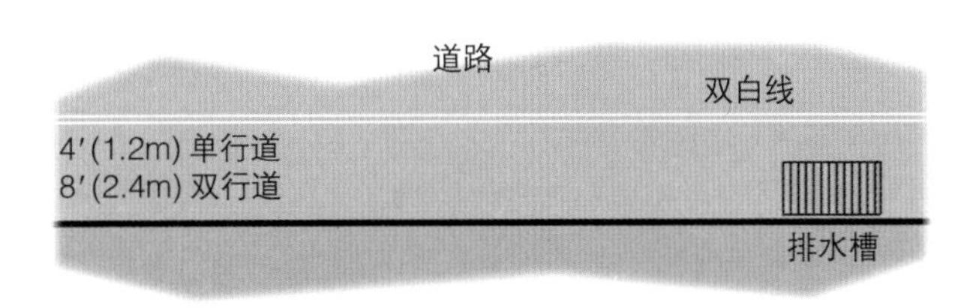

图 8.26　自行车道的安全措施

自行车租赁

外地居民经常使用的道路在设施设置上应该包括自行车租赁。各类道路设施的特许经营（包括自行车租赁、轮船租赁和餐饮服务）可以联合发展以获取更多的经济利益。自行车租赁点应该设置在有充足的步行交通或机动车停车场附近以确保有足够的客源来维持租赁点的运营。

骑马道与配套设施

马术活动参与者的特征

骑马通常来讲是一项短时运动。有50%的骑马者会“骑行几个小时”，1/4的骑马者会选择1天的骑行远足。

大多数的骑行是靠近家的，但是最近骑马野营地已经逐渐开始流行。骑行者多数是女性，是男性的7-8倍。因此，在骑马区的卫生设施设计时应当主要偏向女性进行设计。

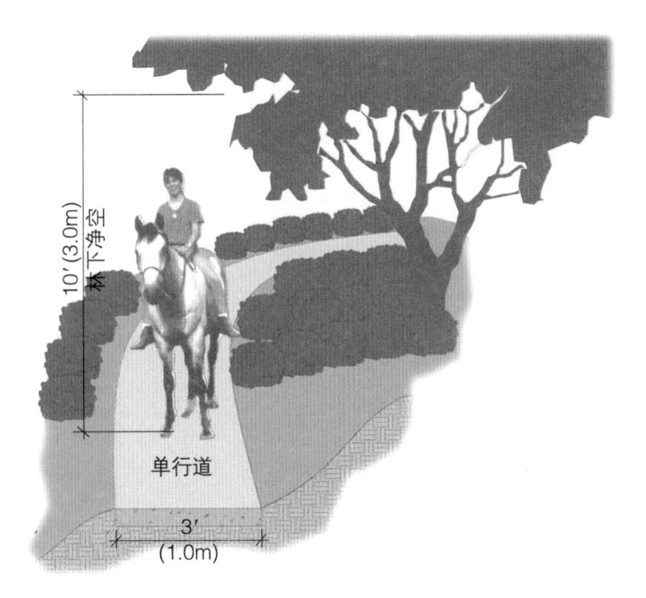

图 8.27　单功能型骑马道路剖面

马道设计

参见徒步道总体线路设计标准。从路面维修和运作的角度来看，道路宽度最好在2.4m或更宽。

骑马活动的特殊考虑因素

- 马道以环形最优，长度10-15km，半天；15-30km，一天。
- 两天或者更多的旅行通常是具有目的的旅游。车辆出入口需要靠近过夜点，这样可以保证食物和水能够供应给马匹。如果饮用水和牧草在过夜区内是可获得的，那么车辆通道就不必强制设置，但是车辆通道的设置可以方便维护车辆的使用。在几天的旅行当中，骑行者可以自带充足的食物喂养他们的马匹。如果是目的地型旅游，则需要特别安排往返的汽车和拖车。

- 在游道入口处需设置充足的汽车和拖车停车场。
- 需要为驾马奔驰设计一段较短直线跑道1km，与游道相邻的开放直线场地也可达到这一目的。为确保安全需要定期检查地面上所有看不见的洞或者洼地。
- 之字形的路必须比步行的“之”字路角度更加大、缓。
- 马道的坡度可以允许在15%范围以内。
- 道路铺装应该利用自然材料。在经常使用的地方采用沙、木屑和石油的混合物，这些材料必须是环保材料并且不污染周围土地和水体。在市场上也使用化学类的道路稳定剂。

多种使用功能

允许徒步使用的骑马道仅限于徒步者数量较少的情况下设置。由于马的排泄物、想要尽快走完游径、道路侵蚀加剧，马因为步行者而受惊吓以及人因为马而受到惊吓等一系列原因，马和徒步者是不能很好地共行在一条道路上。同样，徒步者和骑马者对于游径的长度需求也是不同的。

但是从使用时间上来讲，同一条马道可以在不同时间段作为不同用途来使用。马道冬季可以用来滑雪旅游或穿着雪鞋在雪地上行走。雪地机动车同样可以在这里进行，但是要考虑到对越野滑雪和雪地行走者的噪声影响。

马场

大多数成功的马场依靠寄养马匹作为其主要收入来源。马匹需要一个地方来骑行，游径便成为最好的选择。这项活动可以租赁马匹或马车进行经营。但由于较高的保险成本，马匹租赁很难成为维持马场经营的可持续经济来源。

对于任何一个想要成功经营的马场来讲，它必须与一个骑马游径系统联系在一起。更多元更全面的游径设计可以为马术中心带来更好的成功契机。

第9章　特殊使用设施

有许多闲暇时间活动并不属于传统概念上的“公园，游憩和旅游”。这一章会涉及其中一些安静的无环境污染的活动，包括悬挂式滑翔运动，滑翔伞运动。也会涉及滑板运动，特技自行车运动，直排轮滑，飞盘高尔夫，登山，深潜，浮潜，狗狗公园和各种机动飞行器模型（这些活动会产生噪声，其中许多还会带来严重的场地侵蚀问题）。

悬挂式滑翔运动

悬挂式滑翔运动是一个使用无动力固定翼飞行的游憩活动。目前有三种以上的飞行器可供使用。本章只涉及传统固定翼型的飞行器。

概况

在有合适条件的地方，悬挂式滑翔运动可以成为传统休闲设施的一个具有吸引力的附加运动，不仅对于滑翔者本身，同时也使许多其他游憩资源的使用者成为观众。现代形式下的传统悬挂式滑翔运动与大众概念中的胆大冒失的活动截然不同。标准的悬挂式滑翔运动要求参与者在美国悬挂式滑翔运动协会（USHGA）的详细审查下，通过飞行评估后才可进行活动。协会的设备认证程序和它的标准操作流程使目前悬挂式滑翔运动保持了良好飞行安全记录。场地被评级为1，2，3，4级（与划船类似），第四级是供高级飞行者使用。

场地需求

悬挂式滑翔运动需要两块场地，即起飞和降落空间。二者在物理空间上通常不相连接。

（1）起飞区

需要考虑起飞场地的俯瞰、滑雪斜坡和指挥区。场地的选择与风向和风速直接相关。

悬挂式滑翔运动需要一个迎风的高位场地起飞。最合适的是有多种面向不同方向的起飞点来增加飞行可以进行的天数。最大和最值得开发的起飞点就是迎着盛行风向点。另一个可供选择的起飞场地是有着较少道路的平坦区域，通过快速地冲下开敞区域或者道路，可以获得充分的起飞风速。

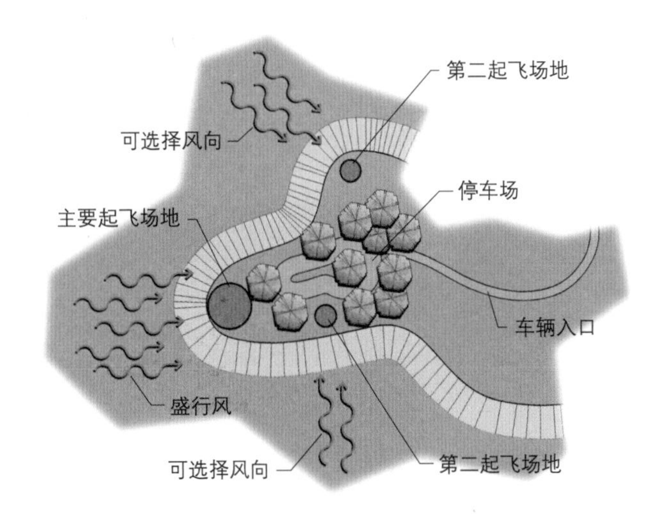

图 9.1　悬挂式滑翔伞起飞场地

最小独立起飞场地需要一个20%的斜坡，宽15m的无障碍通道延伸到坡底部约60m长。

最大起飞斜坡是一个垂直落差，宽15m的无障碍通道延伸到坡底约30m。

垂直高度小于90m且最小高度为30m的通常被认为是训练坡度。

空气运动越过坚硬物体时会导致乱流，这将会引起安全事故。因此，在悬挂式滑翔运动者飞行区域前需要有大约1.6km的相对通畅且无干扰物的区域，包括其他小山或者山丘。这个可以通过从平台或者相对平坦

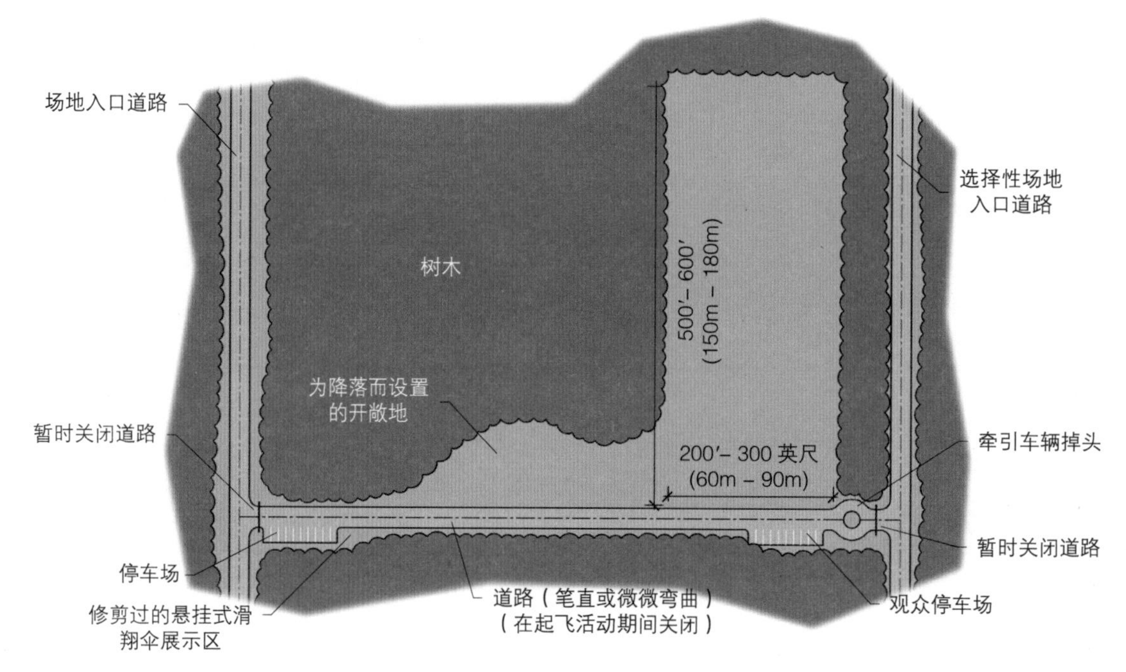

图 9.2 起飞地道路

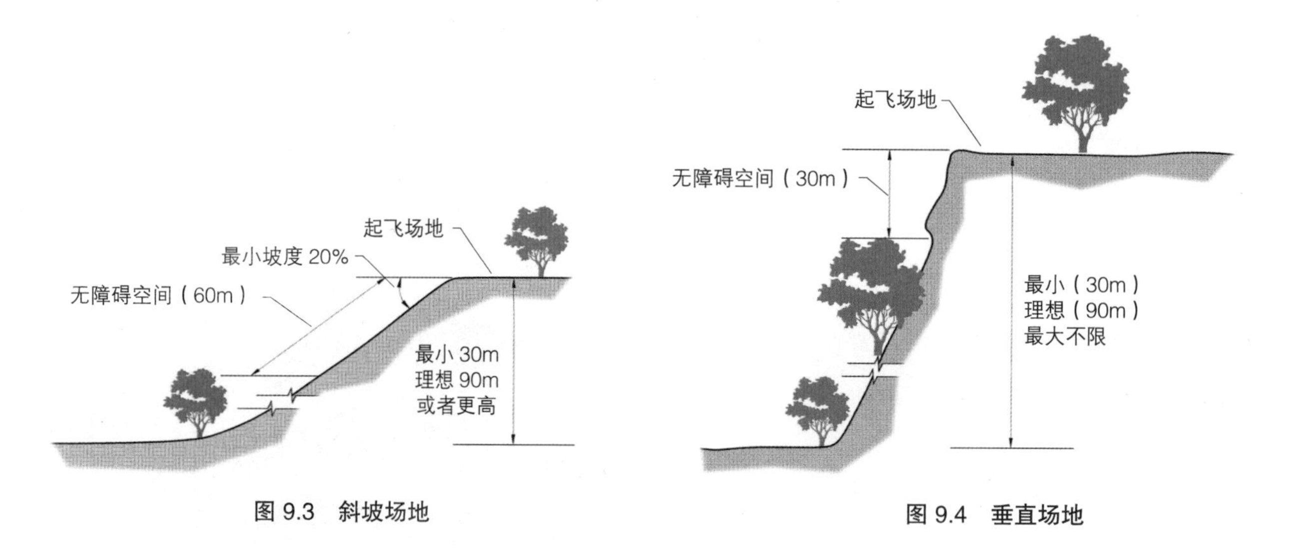

图 9.3 斜坡场地

图 9.4 垂直场地

的场地，借助飞行器驱动起飞来轻易实现。

起飞场地90m内至少能够进入和停泊一辆汽车/卡车。每个参与者一辆车是必要的。在起飞地点和起飞区域之间运行的接驳车需要设置其停车场地。接驳车辆的供应是每个客流量大的场地重要的运营设施。

每个起飞场地都需要一个小型的（有卫生设备的）公共厕所（可以是不分男女的拱顶或混合式厕所）。根据需要也可在主要降落场地设置。

（2）降落场地

降落场地需要一块从起飞场地可以轻易看见的，且没有障碍物干扰的空地。这块空地附近没有电线、建筑和大树。理想的降落地：最小约60m×150m。第四级降落场地可以为45m×90m这么小。

有观众眺望的空间则更理想。如果有条道路从旁经过，会使人们将车停靠在路边来观看活动。这些观看用的空间在设施规划时必须要考虑到。

起飞区至少要为每个飞行者提供一个停车位，降落区至少要为每2.5个飞行者提供一个停车位。另外，在起飞或者降落区每2.5个观众至少要有一个停车位。

（有卫生设备的）公共厕所是必需的（最好是抽水马桶）。可用野餐区标准来确定固定的设施单元数量。

滑翔伞运动

这项生长于美国的运动非常受欢迎。由于多方面原因（其中责任问题是一个主要原因），它可能已经达到了其最大使用限度。它从高点起飞（或被拖拽起飞–详见“划船”一章），可充气的顶盖可以控制飞行器来借助风力移动并至降落区域。它很轻，所以在徒步旅行或登山时可以随身携带。

图 9.5　滑翔伞——佛罗里达，基韦斯特

在美国，滑翔伞运动由美国滑翔伞运动协会（APA）管理。它在沙滩社区广受欢迎并且靠特许（免费）设施运行。

场地需求

基本需求与悬挂式滑翔运动相似，这两项活动可以兼容并存，滑翔伞运动可以利用与悬挂式滑翔运动相同的设施。

（1）起飞

为了拉升起飞，需要一个开敞的空间使牵引机动装置可以持续在某个速度下沿特定路线行进几分钟——通常情况下会选择船来进行牵引。陆地静止起飞的滑翔伞与悬挂式滑翔相同，需要一个高的迎风起飞点。

对于静止起飞来讲，滑翔机需要一个最小30%坡度，面积约15m × 75m的无障碍空间。

（2）降落区域

为了拖拉滑翔伞，需要一个平坦畅通无阻且没有障碍物的场地。滑翔伞拖拉支撑所需面积大约为30m × 805m。对于高位静止起飞，15m × 15m的空地，附近没有电线和高的障碍物是必须的。滑雪缆车可用于在起飞点和降落点之间移动人员和设备。

安全问题需要特别关注，特别是特许或无人控制操作。其中特别关注的是雷电（触电），设备故障，培训不足（工作人员和参与者），这些都是导致活动终止的因素。

滑板/直排轮滑/特技自行车

概况

滑板（包括轮滑和特技自行车）已经摆脱了早期的坏男孩形象。滑板已经被迅速当作了一项主流游憩活动。许多地方和一些州已经将其作为公园和游憩区域中的专门设施。亚利桑那州的凤凰城有三个公园将滑板公园作为其组成部分，并且正在积极地寻求更多发展。在整个美国，滑板公园设施的提供似乎已经成熟。一

图 9.6 滑板 – 英格兰东部

图 9.7 掩埋式滑板公园内的滑板运动——华盛顿州

般来讲，设施是合理平等的，50%的参与者是玩滑板，23%的人是直排轮滑，20%的人玩特技自行车。

这些百分数是基于每项活动设备的费用，并因地区而异。目前，大多数的参与者都是8至16岁的男性，只有2%–5%的参与者是女性，但女性参与者的比例似乎在增加。到了高中，参与人数下降。只有极少数人在高中下课后会玩滑板或者花样自行车，并成为生活中的一部分。

有两种常见的途径来给这些特别想玩滑板、轮滑及花样自行车的人提供设施。分别是地上（通常是部分可以移动的坡道）和地下（集中于某地喷灌混凝土形成的坡道一般不可移动）。大多数情况下，美国的东部地区是选择地上设施，而美国西部则试图固定地上和地下斜坡。

图 9.8 花样自行车有相对较少数量的经常性参与的青少年练习者伯尼塔斯普林斯滑板公园—佛罗里达

图 9.9 地上滑板公园——纽约，曼哈顿，哈德逊河公园

我们需要什么类型的设施?

滑板公园通常由被称为障碍物的斜坡构成，包括轨道、楼梯和平台、间隙和平坦地面空间。最常见的三种滑板公园的类型是：

（1）木结构：是建设成本最低的一项选择，并且常在平坦、排水良好的表面。它们在设计上非常灵活，最容易修改和重塑，但需要一些维护，特别是保证斜坡表面的坚固和避免斜坡的支撑结构腐烂。

（2）钢结构：比木结构更加昂贵，也更加结实，但形状塑造上受到更多限制（基本与木结构的滑板公园相同）。相对于木结构来讲，钢结构需要相同或更多地维护，尤其是金属框架的油漆/保存和保持木甲板的牢固。

（3）水泥：最昂贵的建造类型，通常建于地下，形状流畅。良好的排水必不可少。结构是永久性的并且无法轻易改变来满足不断变化的需求。维护量较少，直到混凝土表面开始损坏或者碎裂。

图 9.10 掩埋式滑板公园——华盛顿州

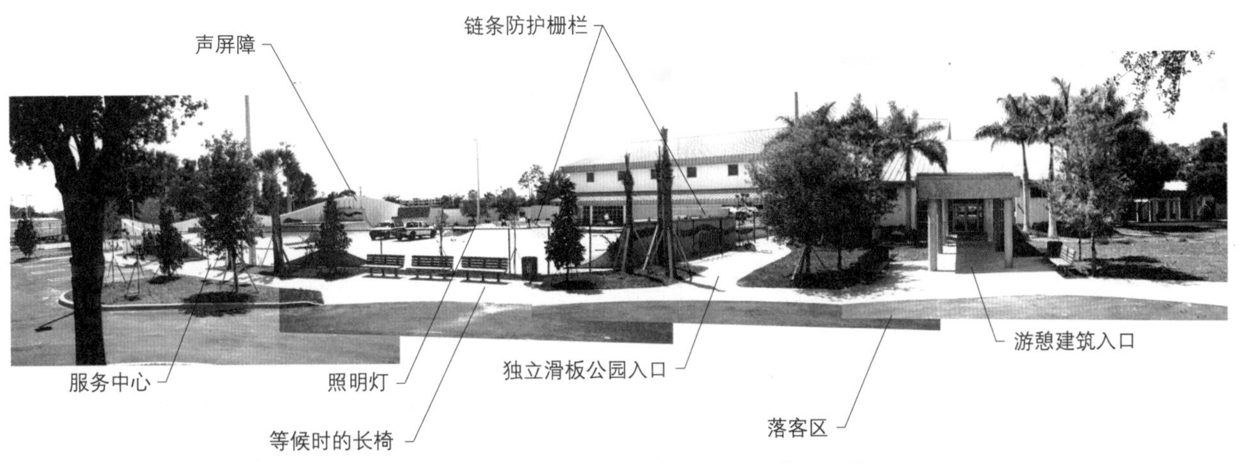

图 9.11 伯尼塔斯普林斯滑板公园——佛罗里达

管理

公园围栏在限制上述三类滑板公园的出入上发挥了重要作用，能够阻止障碍物的失窃并提供使用管理。一个受管控的、用围栏围住的区域有时是很必要的，它是降低设计成本的重要因素。

设计和布局

考虑到之前描述的三类公园，滑板公园的设计和布局是决定公园成功的最重要因素。一个有经验的滑板公园设计师或建设者应当对最新的、最受欢迎的活动设施了如指掌。像其他任何“公园”中的设施一样，最好针对什么样的设施是当地参与者所希望的进行民意调查。

选址

滑板公园的另一个成功因素在于它的选址。由于大多数参与者是18周岁以下的青少年，一个安全的、可达性强的选址对于滑板公园来说非常必要，当他们把孩子送下车的时候能够提供给父母或者养护人安全感。

图 9.12　哈德逊河公园内的滑板公园

护具

护具问题很重要且不容忽视。参与者喜欢自己决定护具是否使用。对于一个使用者来讲有用的护具，可能对另一个使用者造成妨碍。在滑板公园内从参与者的立场出发，最好的政策就是一个"开放性护具管理"的政策。

照明

充足的照明能够去除阴影，确保夜晚的使用安全。

天气条件

在给定位置的滑板公园内，其设施的设计应该能够承受场地发生的恶劣天气条件，即东北地区的降雪，墨西哥海湾区和大西洋海岸的飓风，等等。有经验的滑板公园建设者应当熟悉该地区应对这些自然条件的最合适的材料。在一些地区，由于大量的极端恶劣天气，需要一定的室内设施，如：美国的阿拉斯加。排水对于前面列出的三类滑板公园都很重要。此外，排水不应损害滑板公园的质量。因此，排水应避免建在主要滑行活动的区域。

人员配备

滑板公园的人员配备十分昂贵。如果滑板公园与其他设施相联系，则人员配备是必要的。关于配备人员的选择，至少应包含一个对该项运动熟知的专业人员。

观众和参与者的休息区

- 自动售货机是非常划算且重要的，必须对他们定期提供货物。他们可以显著帮助滑板公园资金的运营和维持。（见照片－自动售货机区）
- 在自动饮料售货机和其他自动售货机附近必须设置垃圾箱。
- 给参与者提供休息和观看的遮阳桌椅，应当避免放置于滑板公园的交通流线处。在自动售货机附近可放置一些野餐桌。
- 遮阳区需要考虑到观众和参与者的舒适性，亦可成为一个有防水遮盖物可供避雨的区域。
- 厕所——应当设计有相对更多男性设施的男女厕所，这样溜冰者就可以在不脱下冰鞋的情况下使用厕所。
- 户外临时存取柜是需要的。

图 9.13　自动售货机区，佛罗里达——博尼塔斯普林斯滑板公园

滑板公园入口

- 人行道和道路应当将人们引导至具有识别性的入口。
- 配备等候座椅、垃圾桶以及车辆接泊区，相对于车行道，应当稍向后移。
- 自行车，儿童滑板车（或译为小型摩托车），摩托车停车场。该区域应很容易从公园内看见，以防止失窃。

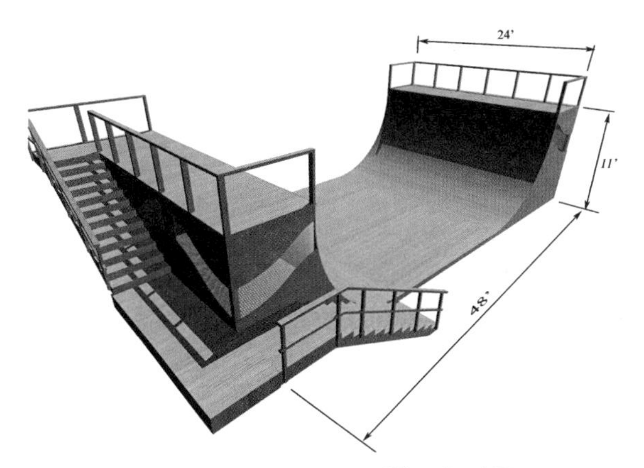

图 9.14　大型单板 U 型等距场地图

图 9.15　坡道式、小型单板 U 型滑冰场地图

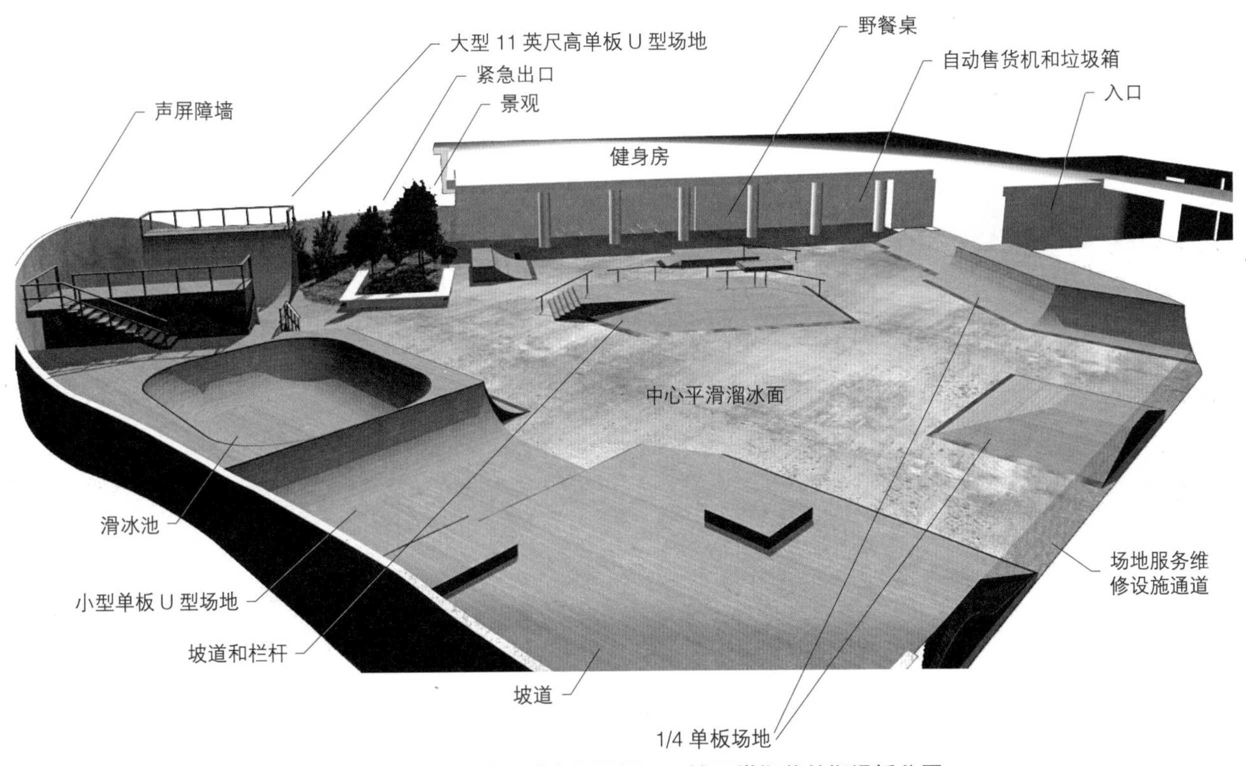

图 9.16　滑板公园场地设计布局图解——博尼塔斯普林斯滑板公园

- 停车场特别强调能够为驾驶员和其他在车内等候的人提供遮阳区域，并对滑板设施有良好的视野。

滑板公园设施特征

（1）标准

目前针对滑板公园内不同材料的使用，尚没有国家层面的滑板公园建设标准或者指导原则，除了现有的国家级ASTM（美国材料试验协会 American society of testing materials）标准。各市当局，如果有必要的话，可以强加某些建筑标准来适应地方标准。滑板公园和跳跃斜坡及障碍物目前通常被归类为户外场地设备。它们也会被CPSC检验。

（2）责任

大多数州均制定了相关法规、明确限定了提供滑板公园的政府责任，例如，佛罗里达州316.0085法规。这样促进滑板公园设施的建设。从全国范围来看，大多数保险公司现在都包含了为公园内滑板公园设立的保险项目。此外，CPSC有滑板公园运动的安全性与其他运动安全性之间联系的数据。

（3）收入

通常，滑板公园会是一个收支平衡的商业投资，其运营的收入与设施运行和维持的花费基本持平。

飞盘高尔夫

这项技能型的游憩活动——飞盘高尔夫大概起始于1970年代。和滑板运动一样，飞盘高尔夫项目变得越来越受欢迎，有几百个高尔夫球场可供使用，主要集中于公共土地。球场主要集聚在东海岸北部。

飞盘高尔夫相对便宜，排除土地征用费外，球场成本只有数万美元。

飞盘高尔夫球场和它的起源——高尔夫球场相似，有18个洞，需要停车场和厕所设施。一个球场需要6到7.3hm^2，每个洞平均75m。球场应该前九个洞是单程（顺时针）而后9个洞是相反方向的单程（逆时针）。

图 9.17 在远远高于北极圈的斯匹次卑尔根岛屿的挪威海岸上也有单板 U 型场地

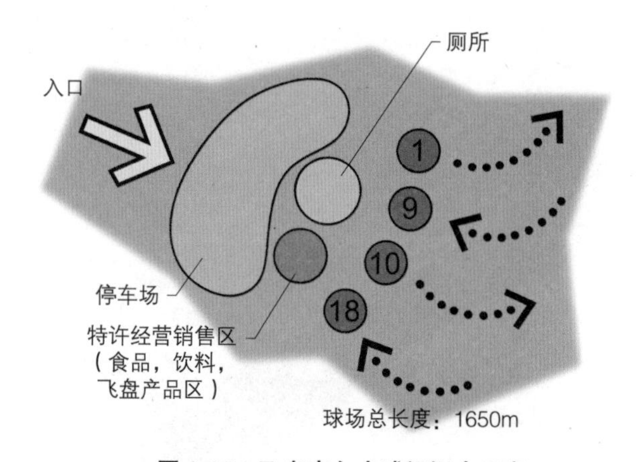

图 9.18 飞盘高尔夫球场概念示意

概况

（1）必要设施：

- 要使球场远离相冲突活动，即，儿童游乐区，野外餐桌，运动场，停车场等。
- 发球区表面最好用混凝土，沥青，夯实碎石等。
- 球场表面（平坦球道）应当覆盖草或者木头，地膜。
- 垃圾箱和垃圾车工具。
- 厕所
- 自行车和机动车停车场。

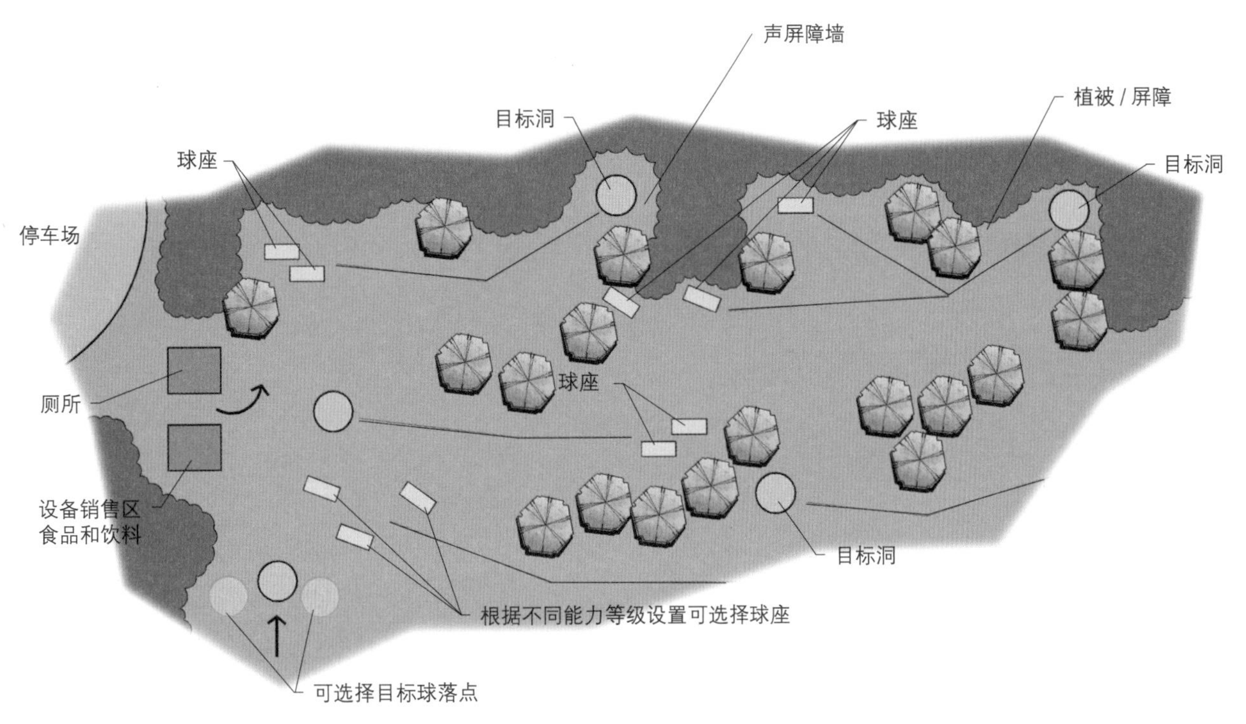

图 9.19 18 洞球场起点 / 终点局部布局

（2）理想设施：

- 整个球场周围有人行道环绕。
- 一个有座椅的避雨区，能够给未开车的人提供重要帮助。

图 9.20 1号洞球道（通常植草，但在这个树木繁茂的地区，表面通常有覆盖物）

发球区

（1）必要设施：

- 发球区约为1.5m x 3.0m，表面为混凝土、沥青或砾石。
- 球洞编号。
- 每个球洞可以有一个以上的发球区，这样球场就可以被更大范围地使用，增加参与度和满意度。建议配备三个，并给发球区命名，例如：高级玩家，休闲玩家，初学者。
- 对于休闲玩家标准杆数在20杆左右，对于高级玩家标准杆数在55杆上下。

（2）理想设施：

- 每个发球区都有球洞信息。
- 每个发球区都有长2.8m条凳且遮阳的等候区。

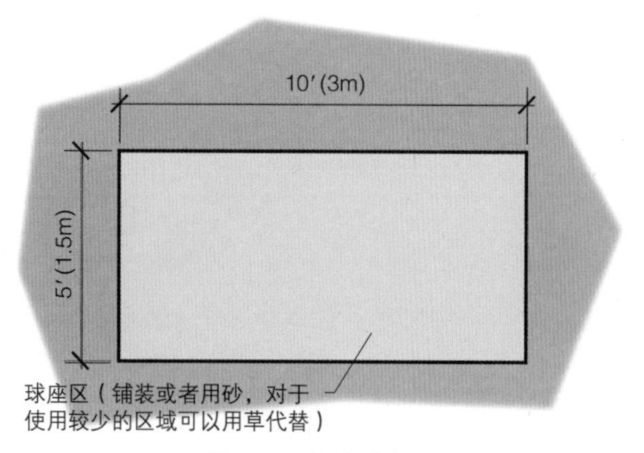

图 9.21　标准球座区

图 9.22　有砂砾基础的球座区，并且标有球洞信息

- 垃圾箱

目标洞/洞/旗洞

（1）必要设施：

- 目标洞距离发球台直线距离大约为60m到105m，每个球洞应在发球台不同距离处设置。
- 必须包含球洞编号。

（2）理想设施：

- 如果目标洞周围磨损严重，可将目标洞移动。这些移动很难，所以应将移动控制在最低限度。
- 一些飞盘高尔夫手期望有一块直径9m的空地。熟练的选手喜欢有障碍物。

（3）更优化的设施装备：

- 在比赛中应当在球场提供计分板。
- 记分卡

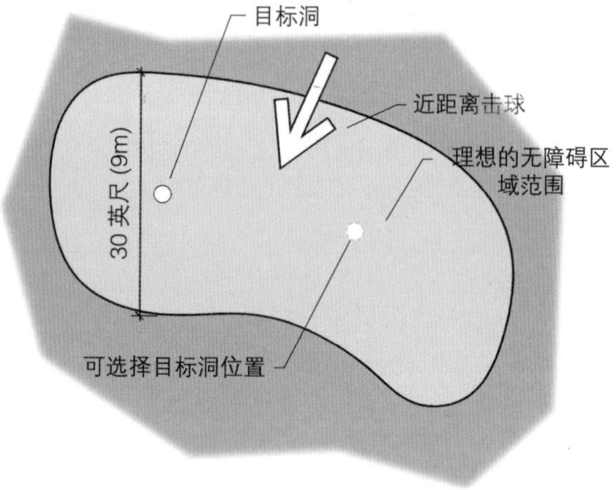

图 9.23　可选择高尔夫场地

登山

在可控的人工构造条件下，登山活动变得很受欢迎。这项活动需要以下两个条件之一：（1）天然攀岩墙或者（2）悬崖或者人工攀岩墙。应当清楚了解这是一项危险的活动。在不减少参与者享受挑战同时，必须对他们加以尽可能最大限度的保护。

天然攀岩墙

（1）必要设施

- 可供攀岩的墙——大多数好的、天然的攀岩墙体都不位于传统公园内。
- 停车场——在攀岩处顶部有额外的小型停车场
- 厕所——可以采用组合式不分性别的厕所设施。

图 9.24　目标洞（目标洞前树木会成为有效障碍物）

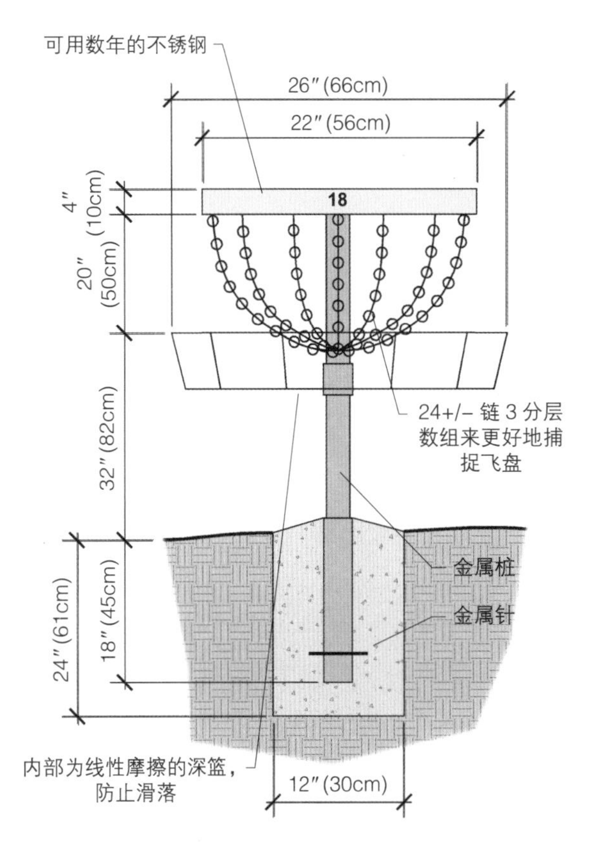

图 9.25　典型飞盘高尔夫目标洞

- 观赏区（停车场附近）。

（2）理想设施

车辆可以到达山顶的通道。

人工攀岩墙

（1）必要设施

- 攀岩墙有不同难度级别。对于攀岩者来讲，越高和越难的墙体可以带来更大的挑战和享受。
- 1.8m高的安全围挡。
- 30m x 30m的攀岩墙。
- 停车场——数量取决于可能的使用者和观众数量。
- 厕所——男女通用——冲水马桶
- 安全带和安全绳（见右图）

（2）理想设施

- 夜间照明
- 观众观赏区

图 9.26　位于露天环境下的轻便型人造攀岩塔

- 管理设施/收费亭。

浮潜（用通气管）和深潜（用器械）

浮潜和深潜活动广受各年龄层欢迎。它们可以在任何拥有水下景色的地方进行，无论是自然的还是人工的。唯一的要求是那里有一些有趣的东西看，通常是植物或动物，特别是鱼。该类活动需要两种设施。

水下设施

可以是天然的，例如：石头，暗礁，珊瑚树，沿海植物，珊瑚礁，等等。或者人工的，例如：旧沉船，废弃的碎石，水底的金属物体，等等。这些形成物和人造物体给鱼类和其他海洋生物提供了一个集中有利的栖息地。设施越大，就越有机会形成更加自然、有趣的系统，更能吸引浮潜和深潜。

岸上支持设施

必须有一种方式来获得这些可能与海洋或海滩相关的水景。

（1）（停泊游艇的）码头

许多观赏区仅可以通过船只到达。这就需要有船坞停泊区供潜水和浮潜者的相关潜水设备及船只停靠。船只数量取决于水下景色的人气。这些设施设置在一处或者分开设置在几个地方。

- 每两个人有一个停车空间
- 岸上需要设置厕所设施，最好潜水船只上也有。
- 解说系统对景观特色和出行流程进行描述。
- 销售区。
- 最好给潜水船只配备排水设施。
- 锚地容量：最好预先确定锚区或者锚的位置。

（注：site anchoring 锚地：亦称“泊地”，“停泊地”。在水域中指定地点专供船舶抛锚停泊、避风、检疫、装卸货物以及供船队进行编组作业的地方。）

图 9.27　商业游船设施上的深潜装置

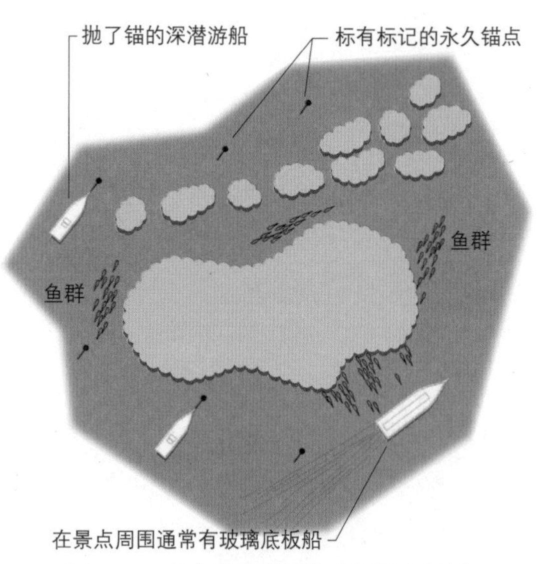

图 9.28　拥有锚定系统的水下观光区域

（2）海滩入口

水下观赏，即浮潜，也可以从岸上完成。通常需要增强现存景观水下部分，图9.30展现的是，如何有效使用岸桩上的结构来改善水中栖息地。

图 9.29 从岸边浮潜

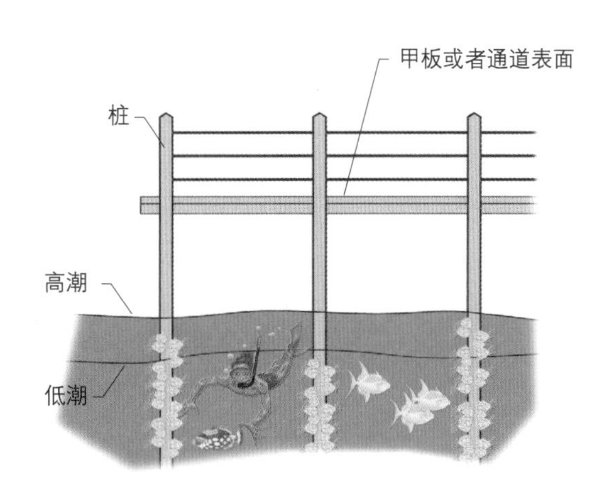

图 9.30 人造浮潜设施

图 9.31 从岸边浮潜

图 9.32 模型飞机场地内三翼飞机展示区

模型飞机，模型船，模型汽车等

模型飞机

通常位于市域内大型综合公园，或者那些噪声不会造成干扰的地方。

（1）需求：

- 停车场——在60m范围内，或者更靠近使用区。
- 准备和等候区。
- 无障碍的、平坦的空间供起飞和着陆（草坪或者沥青）。场地半径45m，最小半径22.5m。

- 安全屏障，最好在飞行区和周边场地及观众之间设置栅栏，高度至少1.2m。
- 厕所设施最远应在距离使用场地120m以内。可以设置男女共用或堆肥型厕所。

（2）理想：

- 观众区（如果通常有观众）
- 小型会所（如果有充分使用）

这些设施也可为小型模型火箭使用，若场地有铺装的话，也可供远程遥控模型车等。

远程遥控飞机

（1）必要设施

- 停车场——可为砾石铺面。
- 有铺装的准备区，待飞区，飞机展示区。
- 有铺装的通道（滑行跑道）
- 有铺装的跑道最小为30m x 30m；理想面积是45m x 45m。在模型飞机设施中应把跑道和其他场地用栅栏隔开。
- 观众区
- 控制塔
- 电力
- 厕所，可男女共用。优选冲洗型厕所，但堆肥型亦可。
- 安全屏障将观众和参与者分隔开。
- 大约300m x 300m的无障碍区域。当飞机紧急迫降时，没有会损坏它们的大型障碍物。

（2）理想设施

- 小型会所——前提是会有充足数量的使用者。
- 水源供应和污水处理
- 设置观众俯瞰平台可以更好地看到起飞和降落。
- 设置一些同时也适合发射各种尺寸的火箭，及服务于远程遥控汽车玩家的设施场地。

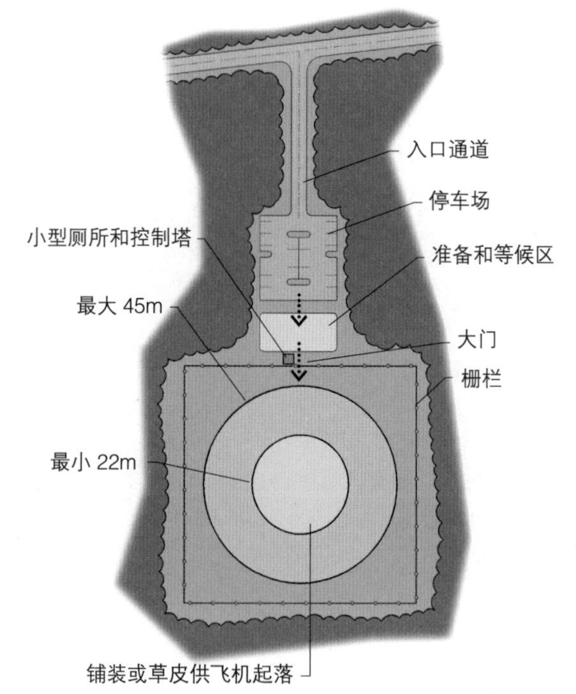

图 9.33 遥控模型飞机区

模型船

利用社区的一些取土坑发展成为湖泊给模型船使用。

（1）模型船类型

- 马达驱动
- 风力驱动（帆船和破冰船）

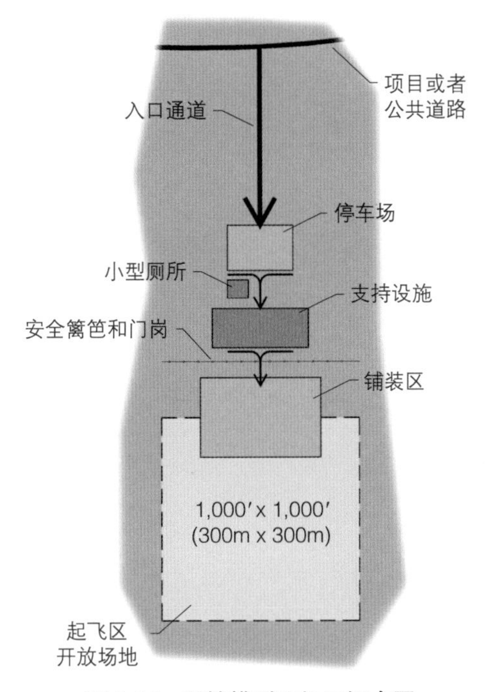

图 9.34 遥控模型飞机区概念图

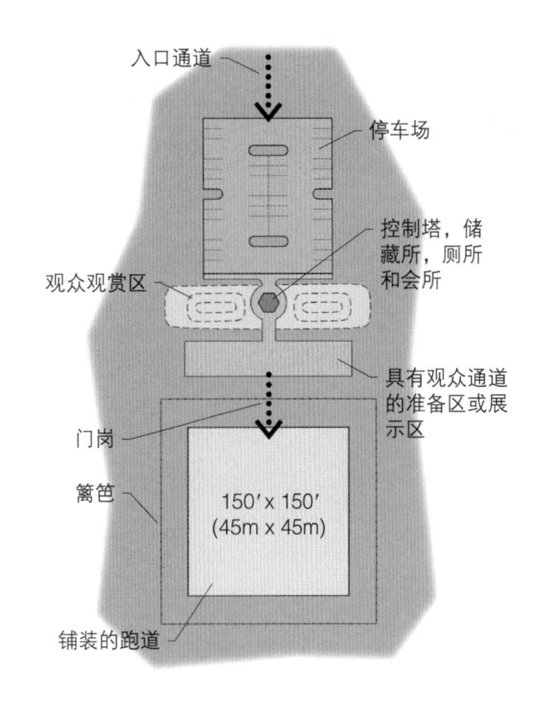

图 9.35 建议遥控模型飞机区域整体规划图

（2）设施需求

- 船舶下水区
- 参与者的模型控制地点
- 模型准备区
- 观众观看区
- 停车场（空间数量取决于使用量，一段时间内的使用可以从10次以内到很多次）
- 厕所——如果参与者数量较少，最好是男女共用。
- 湖周围可从水中拿起模型船的地点。
- 为参与者和观众提供无障碍设施。

（3）可能需要的其他设施

- 会所/会议室——可以与其他团体共享。
- 野餐桌
- 夜间照明（用于日落后的航船）——在南方特别有用，因为水不结冰，而且冬季白天时间短。
- 有遮阳区或一块场地可以搭建个人便携帐篷。
- 模型展示区
- 音响系统（仅在大型场地）

遥控模型车使用区

利用垃圾填埋场是一个不错的选择。需要的仅仅是一小块0.4–0.8hm^2的空间加上停车场和其他需求的辅助设施。大小取决于参与者和观众的数量。模型电机的噪声可能会成为一个问题。选择在某种程度上可以

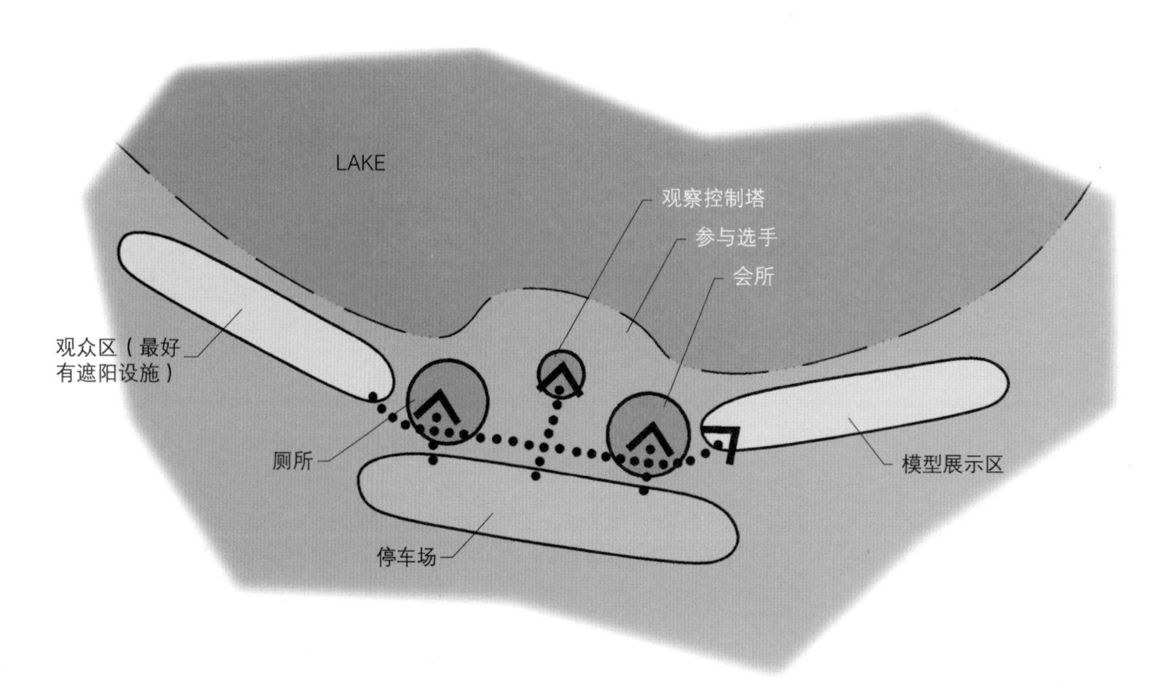

图 9.36　有选手和观众参与的模型船湖面区域

减少或者更好地消除噪声的活动地位置成为场地选择的主要因素。电机上的新技术也许会使噪声不再成为问题。另一种减少噪声的方法就是将活动设置在较小的室内设施内。

（1）模型车类别：

- 汽车
- 4x 4赛车
- 摩托车
- SUVs和其他OHVs赛车
- 坦克和其他军事装备车
- 卡车
- 农业设备用车
- 工程机械车
- 任何可在地面上移动的东西

（2）设备需求

- 车辆行驶的空间——适合于模型设备的使用
  –摩托车轨道
  –构筑物场地
  –短程赛车场

图 9.37　少年模型玩家在控制他的 OHV 汽车模型

图 9.38　遥控模型车公园

–爬坡

–平坦铺装区域

–椭圆形赛道——可以是铺装的或者泥路

- 模型展示区——能够同时满足参与者和观众的可达。
- 参与者模型控制区——通常是一个凸起的平台，或者是一个宽的、升高的人行道。
- 参与者准备区/修理区
- 噪声屏障——如在噪声盆地范围内有与噪声不相容的设施场地时需要。
- 厕所——男女共用也许是更理想的选择。
- 参与者停车场。
- 给参与者和观众提供无障碍设施（除非场地提供了观众设施）。

（3）可能的其他理想设施

- 会所
- 观众座位
- 给观众提供停车场（如果该场地很受欢迎，则提供停车场是必然的）
- 遮阳设施
- 夜间照明（如果预期夜间有显著的使用需求）
- 遮阳的模型展区
- 音响系统（仅当场地较大，使用量较大时配备）

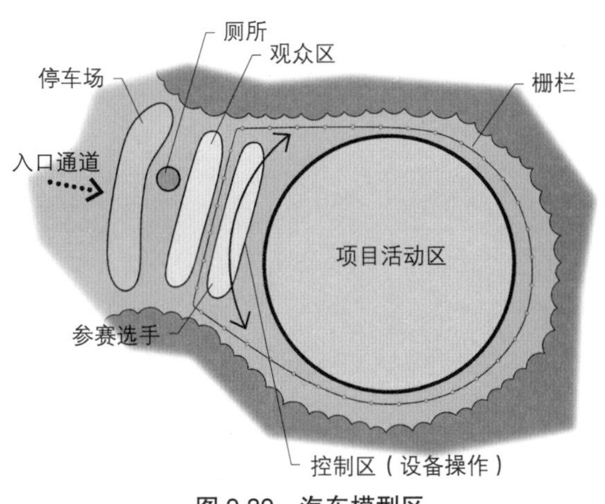

图 9.39　汽车模型区

图 9.40　跑道内模型准备 / 修理区

狗狗公园

概念

狗狗公园是一个封闭的空间，在这里狗狗们可以解除束缚，尽情奔跑，并与其他狗狗互动。公园内至少应该有给小狗提供的水及给主人提供的座椅。

空间需求

最小：1.2hm^2

理想大小：2hm^2

最大：和理想大小相同即可。

设施需求

- 围栏：理想高度1.2m；最大高度1.8m，但由于成本和美观性欠佳不建议该高度。
- 狗狗饮用水源
- 入口——如果该场地面积有几公顷，应提供步行和可能的机动车服务。理想入口为双开门，防止狗狗跑到围栏以外。

图 9.41　在有围栏的狗公园内，狗狗可以不受束缚

图 9.42　狗狗饮水设施

图 9.43　在有栅栏的狗狗公园的入口及标识

支持设施

- 条凳
- 场地内设有厕所或者在距离场地90m最远120m范围内配有厕所。
- 有狗狗公园准则的标识
- 在所有入口处设狗狗排泄物清理区，同时在各入口提供垃圾桶来处理粪便。

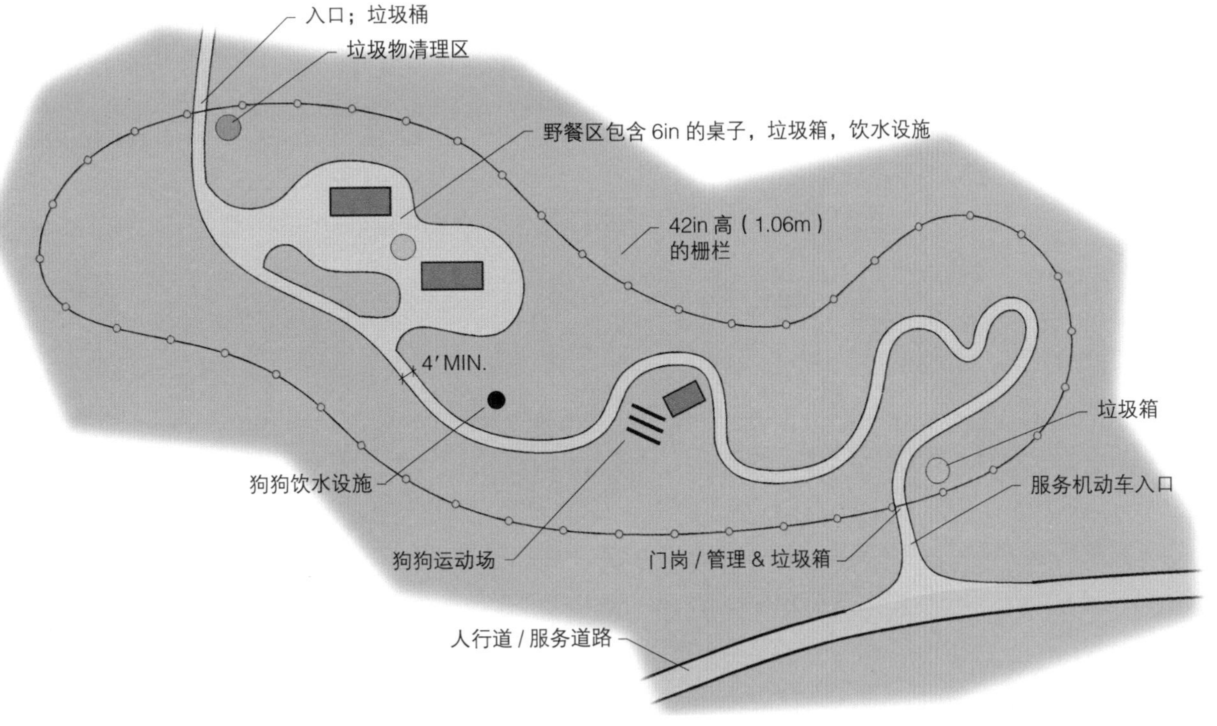

图 9.44　狗狗公园概念示意图

第10章　非公路车辆

机动车辆

概况

无论观众还是参与者，许多人都喜欢创造性地利用机动车进行一些活动。这些由机动车参与的活动便成为游憩活动的焦点，如汽艇、雪地摩托、越野、沙滩车、摩托车、运动型多功能车、沙滩车、沼泽地车、驾车观光、飙车、公路赛车，以及遥控机动模型（包括直接遥控与远程遥控）。该类型场地开发和设备支持，需要保证其安全操作和运营，且不能破坏资源也不会危及使用者和观众。遥控机动模型的内容在第9章，特殊使用设施中涉及。

大多数的机动设备会产生噪声，且可能造成对自然资源的破坏。正是因为这两个负面影响，大多数自然资源保护者或管理者都反对机动设备出现在自然资源型公园和游憩区。

由于摩托车、雪地车、汽艇、四轮驱动车辆以及其他机动游憩设备持续大量的销售，必须将该类游憩活动以及设施考虑在户外游憩系统当中。这些设施可以为公共或私人使用。

在美国，伴随城市蔓延的人口持续增长以及环境问题的产生，导致全国范围内缺乏合法或适宜的非公路车或机动车用地。城市此类用地更加有限，有限的设施与场地常常不能充分解决环境问题，也不能充分适应社会需求。

使用者兴趣

机动车的使用者会对下列一个或多个项目感兴趣。1.测试驾驶技能 2.测试设备 3.放松 4.欣赏风景。

影响场地的因素

- “噪声”在机动车辆设备运行中是最重要的影响因素，也是场地中最大的问题。

  ——如果非公路车辆的场地位于资源型公园中，则应将其与自然资源尽可能大的分离，在视觉和听觉上减少对公园其他使用者的干扰。

  ——将其与野生动物的栖息地分离，且几乎不影响栖息地。

  ——将其与需要安静的场地分离，例如住宅区、图书馆、办公室等。

  ——该类场所用地面积取决于非公路车的类型和数量以及预期使用者数量。
- 就像大多数的游憩活动一样，其潜在使用者离设施所在地的距离越近，则场地获得更多设施和使用者的可能性就越大。
- 场地中最好有一些地形的变化，其中包括一些平地或丘陵。
- 需设置到达该场地的道路和入口。
- 必须为参与者和观众提供充足的停车位。
- 需要有明显的指示或标示、解释讯息以及使用细节与环境问题。
- 卫生设施必须按照一般资源项目来设置。

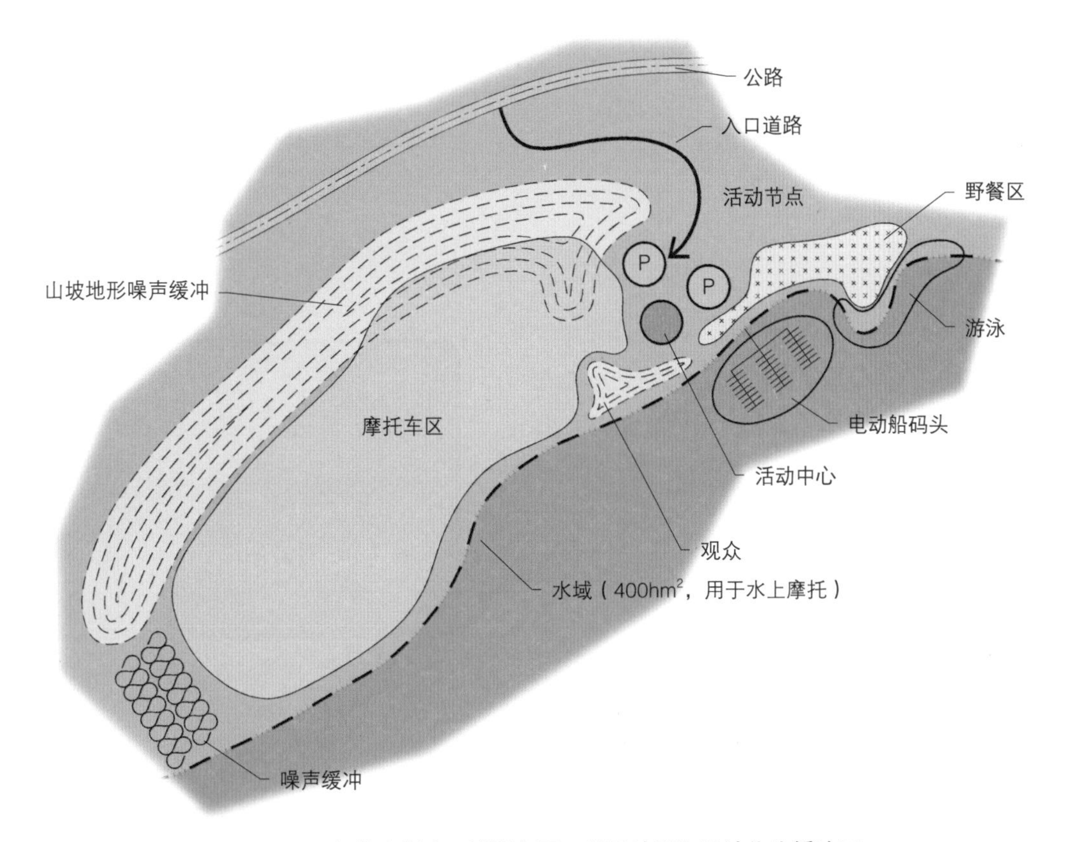

图 10.1　理想的摩托车/越野车区，利用地形和设计作为缓冲区

- 任何活动区旁均需设置观看区，如爬山、越野活动。
- 对于任何非人行活动的场地，需要保证土壤的稳定性。
- 必须提供公用设施，包括水、电、电话及污水处理。
- 冬季活动可以利用最典型的非公路雪地车。
- 其他需考虑的设施场地：

  ——儿童游戏区，通常与大型活动区相连。

  ——游泳（泳池或天然浴场），通常设置在大型使用场地。

  ——遮阳：自然树荫或人工遮阳。

  ——野餐设施：需要入口通至全地形车和摩托车场地，有遮阳设施最佳。

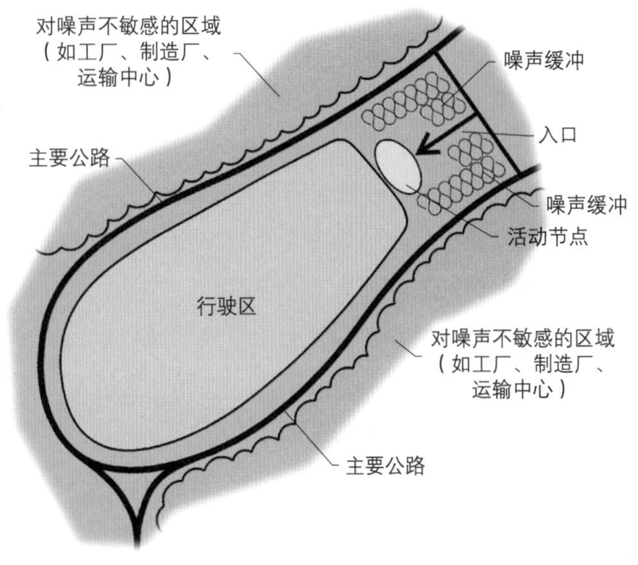

图 10.2　利用周边土地性质作为缓冲区的越野场地

游径

大多数使用者的主要活动是越野骑行与驾驶，包括休闲性越野与竞技性越野。成功的越野机动车道必须要有足够的长度、频繁的弯道和多等级的变换。也可以采用共享车道或多用途的车道，特别是在主要的道路上可以加设侧回路以供不同车辆的需求。该类游径基本上遵循与徒步道和骑马道同样的标准，但与后者的主要差异如下：

- 车道可能会密集的使用。
- 比徒步道更容易发生路面破坏，因此必须更加注意潮湿或较脆弱的地方，特别是被过度破坏的地方。
- 具有特殊景观的地方应该增加支路引导人们到达，增加兴奋与神秘感。
- 道路需要经常定期维修。
- 考虑到车辆的转弯半径，之字形车道需要小心设置。
- 单向与双向道路系统：主要的分歧在单向或双向路径系统的可取性上。从逻辑上说，单向系统较为安全，但用户数据显示，在这样长的道路上没有什么特别的，其中原因是因为在这个长的道路上，使用者可能会从多个入口进入，也可能选择了错误的方向。全国越野车保护委员会强烈建议采用双向道路系统。在双向道路系统中不同的行驶方向增加了体验的机会。单向的道路系统只有在竞赛场地或活动中使用。
- 道路的设计必须满足预期的用途，例如单用途（机动车辆、雪地摩托、越野、沙滩车）或多用途。
- 道路上需要使用标准的标识系统。
- 正如所有资源导向型设施一样，越野公园应该设有完整的标识系统。详见第13章。
- 在陡峭的山坡行驶常会造成路面严重侵蚀，所以必须特别注意以适应这种路面。
- 驾驶者常常需要获得公用设施的通行权，该类道路在法律上不能开放使用，因此在游径系统中需要首先考虑同该类公司的联系。
- 许多地区的公园需要让车辆行驶更加的灵活自由，通常会设置一些障碍物以达到这样的效果，这些障碍物应尽可能自然地出现在场地或游径当中。
- 活动节点：高达几百英亩（公顷）的大片土地是

图 10.3　不同难易程度的道路符号标识

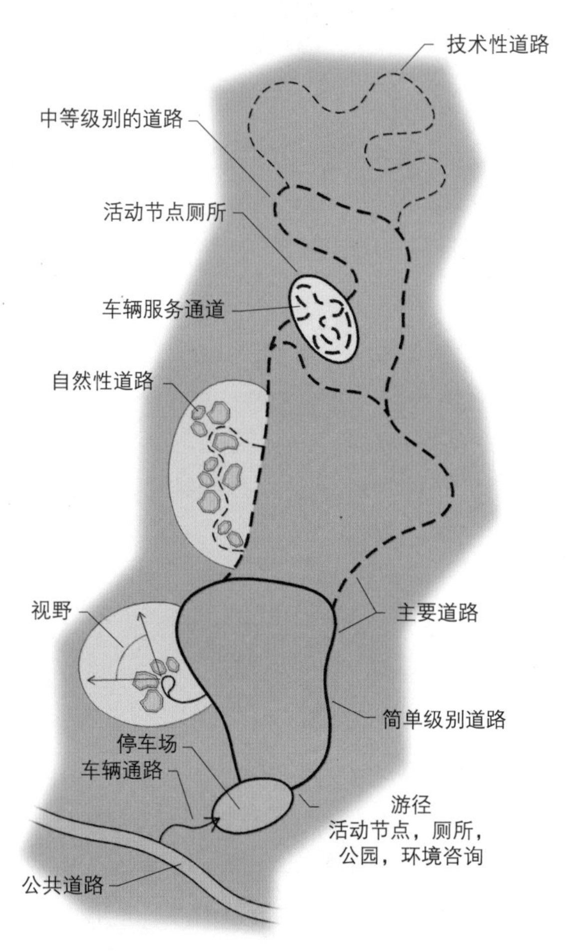

图 10.4　道路概念性平面图

机动车游径系统的一笔财富，这些土地适宜自由骑行和有组织的活动，许多驾驶者喜欢竞技越野，这片土地通过一些节点的设计可以为竞技越野活动提供场地。

全地形车

全地形车可以去任何地方，较短的单向环线系统是最好的，有些团体偏向于双向系统，在未来设计中应该首先进行使用者调查。

道路要求

- 长度：大约30km或3-6小时的时间。
- 铺面：铺面可以分为潮湿地区或粗糙地区，尽量保证所有路面不起灰尘。所有的潮湿地区必须非常仔细地设计以阻止区域内各种形式的环境破坏。
- 道路线型：应具有变化性与挑战性，应避免75%以上的坡度。曲线型道路最少具有3-4m的转弯半径。
- 道路宽度：2m的单向道路以及3m的双向道路，3m的游径如果不是太陡也可以作为服务/公路巡逻使用。
- 林下空间：垂直空间为2.5m，水平空间为道路两边宽度各加0.3m。

图 10.5　加利福尼亚南部全地形车洲际公园的坡地区域

四轮驱动车

四轮驱动车分为两种类型：运动型多功能车（SUV）和更坚固的越野驱动车。

主要道路大多为适合越野车的双向车道。

游径类型

主干道需适合所有类型车辆，且最好是双向车道。

原野型道路适合坚固型四轮驱动车和专业者使用，该类型道路适用于低容量使用。

对于道路系统来讲，单向系统是最好也是最安全的，并且其建设成本相对较低，对于环境的影响最小。然而许多非公路车辆运动团队认为双向的道路才是最优选择。因此，该类游径的类型需要结合使用者需求制定。

游径要求

- 长度：取决于地形，最低的需求为80至160km。可以利用现存泥泞的道路、过去的运货道路和公用设施通道等来降低成本。如果非公路车辆有可在公路系统上行驶的通行证，则不必再设置一个专门的循环道路系统。拥有多重管辖权的公路必须是个双向的道路系统。
- 标识：主干道需要有道路安全信息的标志，对于原野道路除了要有警告标志，更要标记与安全有关的问题，以及提供解释性的信息。需使用标准的道路标志。详见图10.3。

- 铺面：粗糙。
- 道路线型：与公共道路不同，主干道最大坡度为40%；原野型道路可允许短距离设置60%以上的坡度。
- 宽度：干路或主路—最低2.4m的单向系统，原野道路可为最低1.8m，双向道路所需的宽度与标准乡村道路是一样的，为5.5m宽。
- 林下空间：垂直空间为2.4-3m，水平空间为道路两边各加0.6m。

图 10.6　加利福尼亚南部四轮驱动车可提供给 8 位乘客

越野自行车与越野摩托车

使用者的兴趣

骑摩托车的人热爱旷野。对他们而言，这样的活动不仅是一种快乐，同时也是一种对紧张生活的逃离。此外，大多数车手喜欢具有挑战性的、有趣的游径。

越野摩托车骑行通常对体能要求很高，尤其是在崎岖的地形上骑行。基本上，该类游径有些类似于“四轮驱动”，它们其实是可以适用于所有四轮驱动车和全地形车。该类游径应看起来不做任何修缮，但必须保护骑行者的安全且保护场地环境不被破坏。

图 10.7　越野摩托车游径

道路要求

- 长度：80到160km，这取决于路径的崎岖度以及潜在驾驶者的能力，最长不超过6小时的路程。
- 铺面：游径必须可以抵抗水土流失，泥坑是可以接受的，但必须满足所有环境保护和约束条件。要注意溪流沉积物，设置构筑物如桥等通过溪流。凹凸不平的土地、小石块、卵石和小木块是可以被接受的铺面材料。
- 道路线型：坡度可至100%，但在极其陡峭的路线旁必须有较缓的替代路线，在路线中分散设置一些容易的路段。许多扭曲转弯的路段更受欢迎。
- 道路宽度：1m路肩不是必要的，这取决于土壤条件和道路表面。
- 林下空间：水平扩展1m左右；保持最小值；垂直2.5m。可保持最小值，但要保证空间不受干扰。

机动车和非公路车公园

该类公园利用资源导向型环境为机动车驾驶者提供游憩场地（参见图10.1），这类公园可以位于几乎任何噪声都不构成问题的地方，或该噪声可以通过良好的设计来控制，或在带状开采和遭到其他严重扰乱的地区，且可以帮助恢复土地。当然，该类区域需要认真的评估，并在必要时接受治理，以确保土地不会因为开发而受到污染。

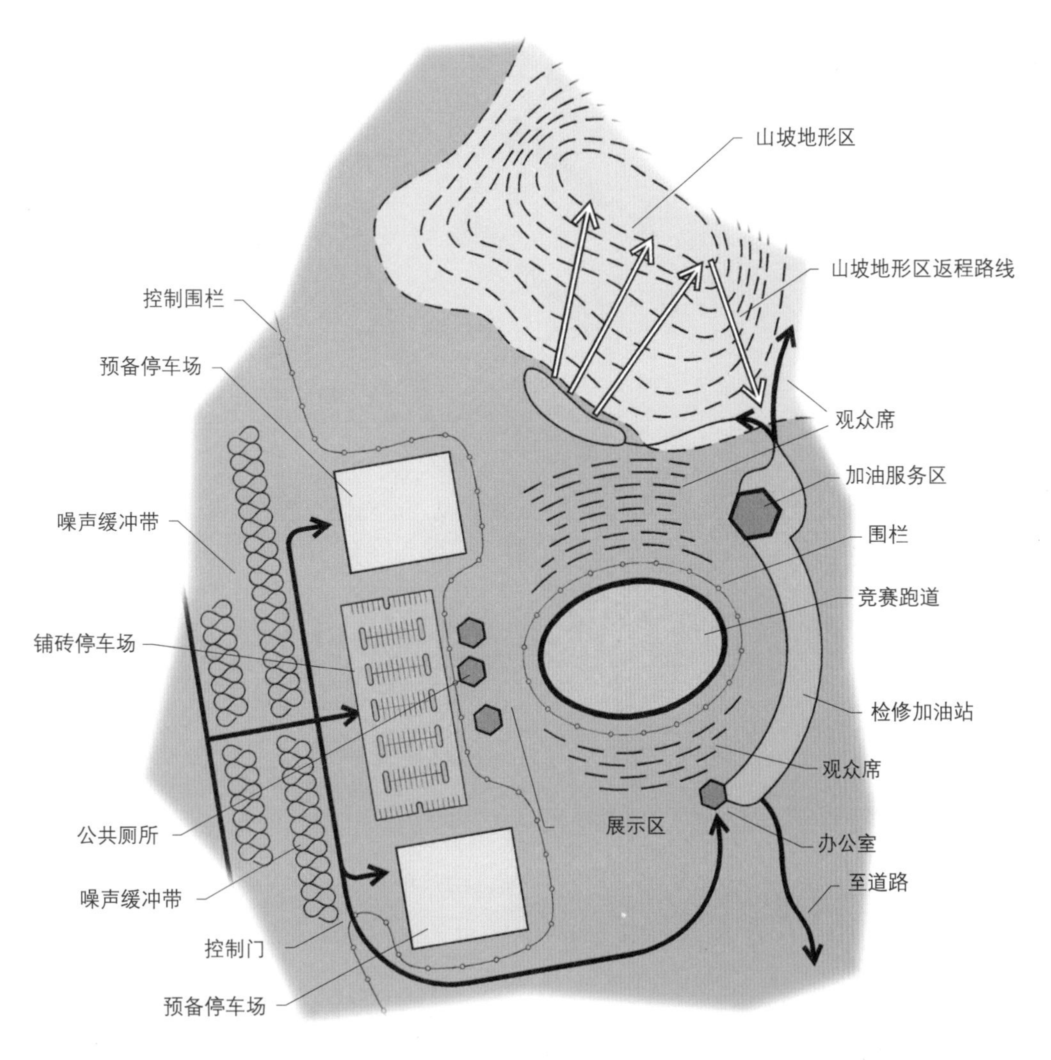

图 10.8　机动车公园平面图

应当理解的是，使用机动车辆进行游憩活动的人作为公园使用者，他们具有相同的使用需求。 除此之外，“机动车或非公路车公园”应该考虑一系列典型的非公路车（OHV）设施，如OHV训练区、全地形车、雪地车（在下雪的地区）、赛车、四轮赛车、越野轨道、迷你自行车、模型飞机、模型车、火箭模型以及摩托车等。当然，除上面提到的机动游径和典型设施外，还需要一些特殊设施，包括加油站、车库、活动需要的大型临时停车场、游客观赏区、消防和救护设施等。

一个机动车公园必须位于盆地区域，这样许多活动中产生的噪声则不会打扰到周围地区。高速公路之间、工业区或在封闭的盆地地区是适合的建设地点（参见图10.1和10.2）。

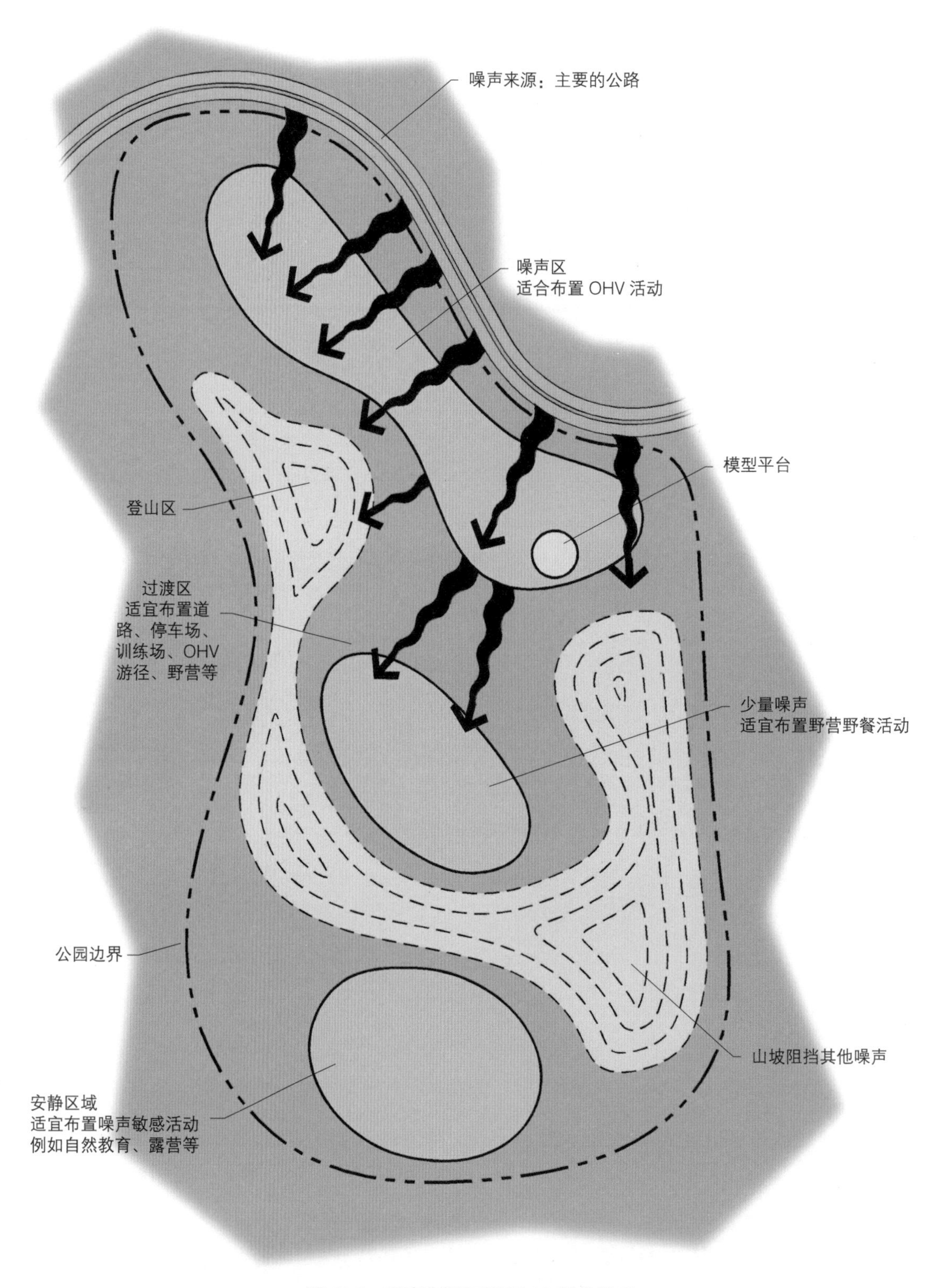

图 10.9 噪声来源与活动区布置的关系

越野车停车场

越野车停车场的理想布局与标准停车场有明显的不同（第11章图11.9直角停车场）越野车停车场布局如图10.11所示。一个理想的越野公园每个停车位需要90m^2（其中包括最小的行车通道、人行交通、美化面积）。该面积相当于每公顷停放98辆汽车或卡车和拖船车的停车场，或标准汽车/卡车和拖船车停车场地的约1.7倍。它是参观者停车场地的2.5倍。

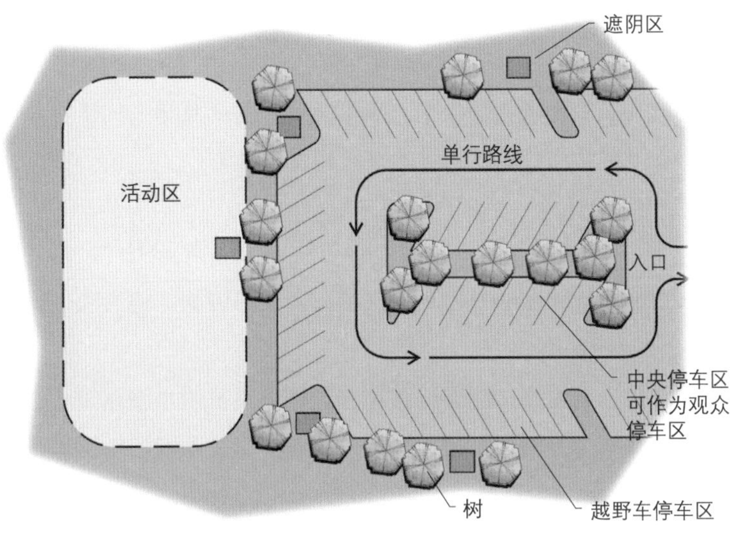

图 10.10　越野车停车区细部

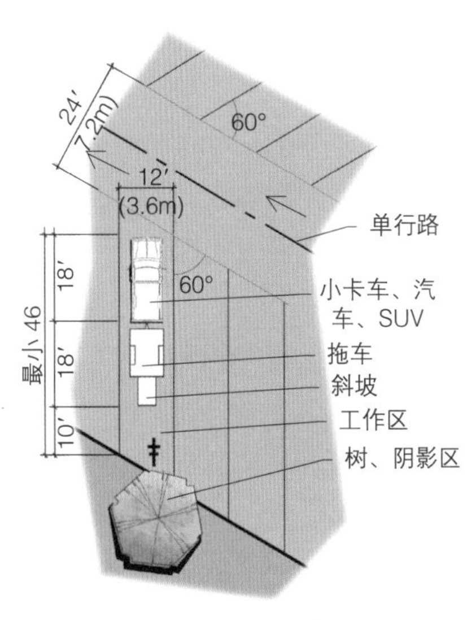

图 10.11　越野车停车区布局

各类越野设备

一些特殊类型的越野车需要个性化的设计考虑，如沙丘、沙滩越野车、轨道、沼泽越野车和汽船等。

沙丘、沙滩越野车

一些专门建造的车辆，如全地形车，可以去任何地方，特别是松散的沙质土壤地区。沙丘和沙漠环境极为脆弱，容易损坏且需要一个很长的恢复期。因此，必须在这些环境内建立标记清楚、易于辨认的游径。指

图 10.12　雪地摩托停车场，挪威

图 10.13　自制沼泽车

定的“自由行驶”区应位于植被较少的地区，并且应有不明显的屏障保护。规划有游径的区域将会设置多样的地形，且可以种有大量受到保护的植被。适当的自然和人工结合的障碍、解释/信息标识以及集中的规章制度是越野车公园所必需的。

沼泽越野车

沼泽越野车是可以自供电的四轮机动车。该类车主要是设计建造用于潮湿、遭受水灾、地形泥泞的路面。私人拥有的沼泽越野车可用于旅游、狩猎、钓鱼、露营和观赏野生动物。特制的沼泽越野车则是为了在专门设计的泥浆轨道上竞赛而建造的。旅游经营者利用沼泽越野车运送游客进入沼泽地区，该地区禁止传统车辆驶入。

非公路车场地设计时可以在有需求且适宜的地方设置沼泽越野场地。该类场地目前有着极大的争议且很难维持场地长期的环境质量。为了克服这一点，场地内活动必须按游径的设计和管理来进行。

汽船

汽船是平底的，船上带有浅壳油轮与后置式动力螺旋桨。汽船承载量可以从一人或两人的单人船只到二十人或更多乘客的旅游船。汽船在浅水沼泽和沿海湿地旅游中是很受欢迎的一项游乐设施。但汽船在行驶时非常嘈杂，会打扰到野生动物，尤其会影响到水鸟的栖息。

为了维持长期使用汽船的机会，我们在保护资源的前提下，需要设计精心且管理良好的水路系统。必须采用良好的、高水平的、高速的螺旋桨和发电机系统来满足游客需求，同时还要保护野生动物和相邻地区不受干扰，这是一个非常艰巨的任务。

学习驾驶越野车

学习操作非公路车和学习驾驶公路车并没有什么不同。

需要了解以下内容：

- 如何操作车辆
- 安全驾驶/骑乘的规范
- 如何成为一个对环境负责的驾驶者
- 如何做到最小限度的维修，机器上的设备有哪些

图 10.14　小型旅游汽船

图 10.15　青少年非公路车（OHV）训练

非公路车训练基地应考虑纳入所有主要的非公路车辆。唯一的问题应该是，场地设施的设置要到什么程度?

训练道需要保证车手的安全，可以训练驾驶礼仪和环境意识。训练区应该设计有足够的空间供相应等级的车手训练。不到1hm^2的安全区需要限制一定数量的车手。

设计准则

场地名称：必须清楚地指出该区域的目标，并且可以鼓舞使用者。此外，“游径”的设计或“环路”的设计将会优于一个“直跑道”的设计。

总体设计：紧凑曲折并带有少许起伏的环路设计可以训练技巧和控制速度。

边界围栏：围栏是重要的场地设施，它可以避免闲杂人等的进入或离去，同时可以增加安全性。

出入口：单一的出口或入口会降低交通错误的发生，也可以让训练者有更好的监控。

方向标识：大而粗的箭头符号可用来提供清晰的方向。

游径标识：路线的指引应该让所有的驾驶者都可以看到。标识除了提供方向和确定道路情况之外，也应该促进驾驶者对于土地伦理的理解。

长度/宽度：可提供约1/4英里长的环路。允许观察者看到整个环状区域。道路宽度大约2.4m，足以容纳越野摩托和全地形车。

铺面：道路铺面对于一条训练道路来讲起着决定性的作用。沙子、动土、砾石都会让没有经验的驾驶者觉得疲劳和感到困难。不论是观察者、附近的社区居民还是观众、甚至是车手本身，都不希望出现过度的尘土。

第11章　道路与停车

到达大型公园、休闲与游憩设施的主要交通工具为轿车、卡车与客车。车辆在场地内的通行与停车空间将会是开发设计当中一个主要元素。各类车辆的尺寸与速度均有差异，且这种差异在未来几年中会继续存在。旅游大巴和和老年人群体在未来的旅游发展中将会持续增加，与之相应的游览设施也将会受此影响进行调整。

在一定的资源地内可以有多种交通方式，如有轨电车、单轨火车、传送带系统、巴士、无轨列车、直升机、游艇以及气垫船。在多数情况下，道路是经济效益最高的一种运输方式；然而，在道路系统建立前，应该以人可获得的体验为出发点对道路选线进行彻底的、周详的考虑。需要注意的是，几乎所有的非传统的交通工具（非汽车/巴士）都需要相当高的投资资本，更重要的是需要负担持续运作与维护的成本。

除非向使用者收取特殊交通使用费，否则任何公园或休闲项目都不太可能设置除正常轿车或大巴车以外的其他形式的交通设施。

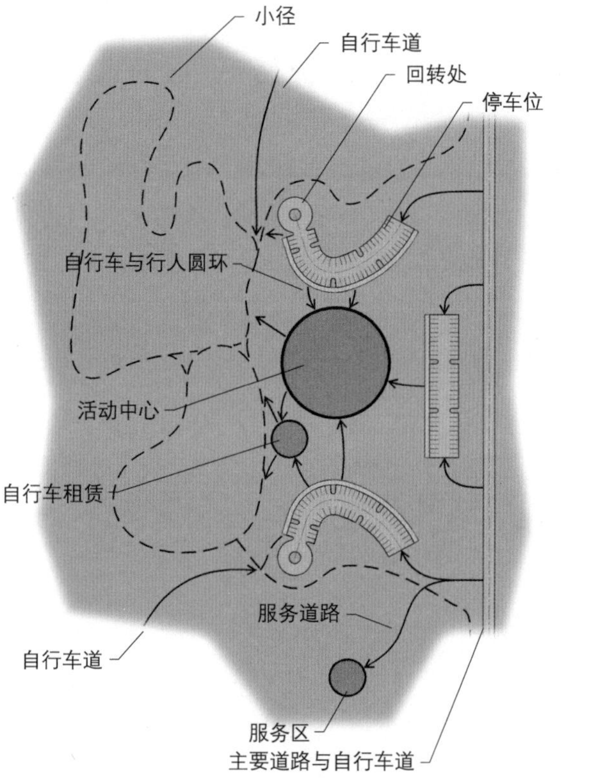

图 11.1　公园交通系统

在资源地内所有的道路与停车场应当设置在优美适宜的环境中，主要的填挖方与植被砍伐必须最小化，道路与停车位应顺应实际地形设置。

不同类型的交通路线（汽车、行人、自行车、骑马等）应当进行区分以避免冲突，尤其是汽车与行人。

道路线型

与一般道路相似，公园道路必须提供安全、有效且合理的交通设施，此外在抵达游憩设施的途中还须提供给驾驶者愉快的享受。

道路是一个线性元素，可为驾驶者提供一个迅速改变视觉体验的机会。因此，在规划道路时不仅要考虑安全、有效、合理等因素，还要设计一系列良好的视觉体验，需对视觉感受进行远近距离的详尽分析。

为了舒适的视觉质量，需要水平曲线与垂直曲线的配合。最佳的道路线形应出现在水平与垂直曲线的配合上，道路的水平曲线应当稍开始于垂直曲线之前，结束于垂直曲线之后。在视觉感知中道路应该被视为一个不断改变的3D曲线。一般来讲，应避免短距离起伏明显的地形与垂直坡度过大的场地。

在以资源为导向的场地中，道路在景观中是一个强烈的视觉元素，必须要考虑其对周边土地使用带来的视觉影响。

图 11.2　从俯视的角度看到的山谷中适宜地形的道路，挪威

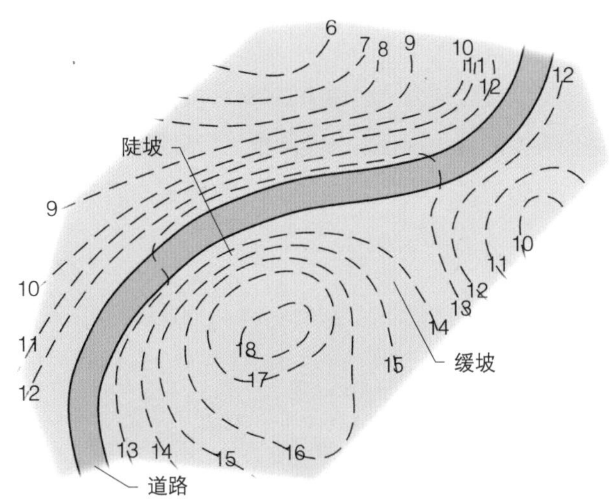

图 11.3　坡度的转变

道路线型的选择应该使道路建设对土地的影响降低至最小，道路线型应当做到以下几点：

1. 顺应地景形状，例如：海岸线、河流、港湾、山谷、山丘。以保持自然空间的完整性，有利于形成一个良好的视觉景观。

2. 永不跨越山丘或山脊，但可以斜角度穿越山丘鞍部。

3. 使岩石断裂成不规则形状，保有岩层的地质特点，某些情况下可具有教育解说上的用途。

避免填挖稳定的山坡。

4. 在填挖方时，于坡面顶部或底端提供一个过渡的平面带。

排水

造成道路破坏的主要原因在于不良的排水，道路首先要有足够的排水量才可保证不受破坏。因此所有被道路截断的径流必须从道路上排走，通常可在道路下方建立充分的排水结构以帮助径流排出，路下排水渠最小尺寸是45cm，该大小可使暗渠容易清理，通常是一个长柄铁锹把手的大小。

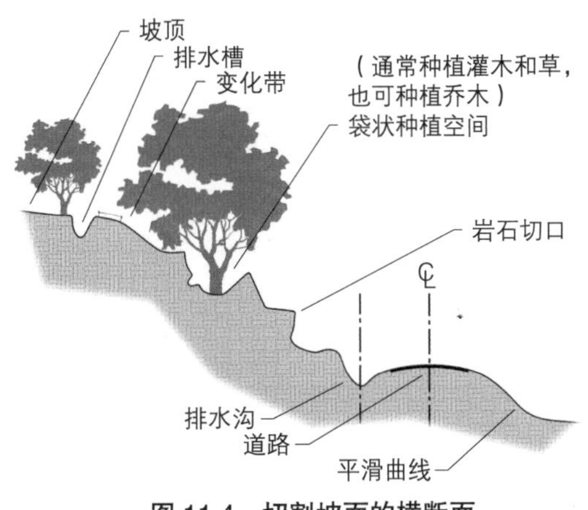

图 11.4　切割坡面的横断面

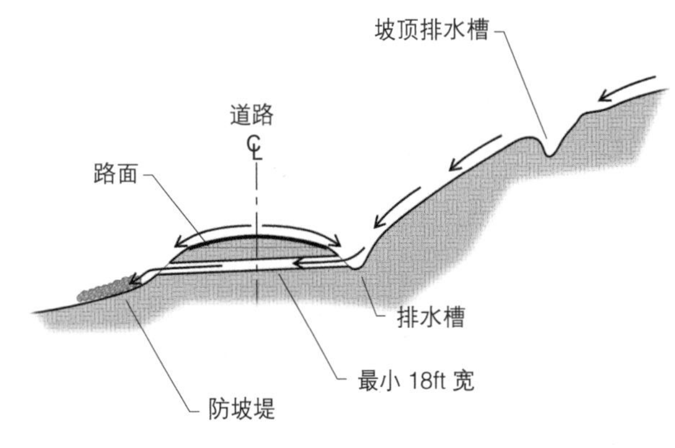

图 11.5　道路排水

停车

停车空间应位于活动区域旁120m之内较为合宜，停车在120m以外的距离则是被用在特殊场合，如没有其他替代方案的海边小径或一个陡坡。如果停车空间不能提供在一个合理的活动距离内，就该慎重考虑，提供替代的运输工具（电车、巴士等），特别是为残疾人士考虑。

图 11.6 挪威风景旅游区的拥挤的汽车和公交停车场

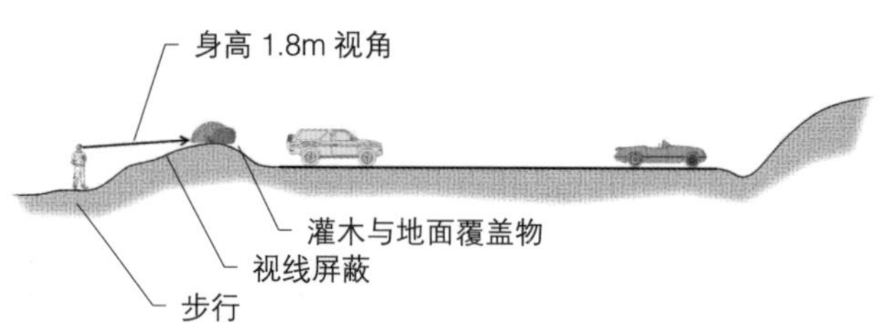

图 11.7 停车空间屏蔽

需要注意的是车辆的大小与形状会随着时间而改变，这点需要在进行车辆设施的设计上进行考虑。停车空间应该与道路和活动区域隔离，直角停车是对空间使用最有效率的停车方式。它比60度停车所占用的空间少10%，比45度停车空间少了20%以上，停车场的最小停车规格应是6m长与2.7m宽，树冠较大的树在停车场的位置应如图11.6所示。

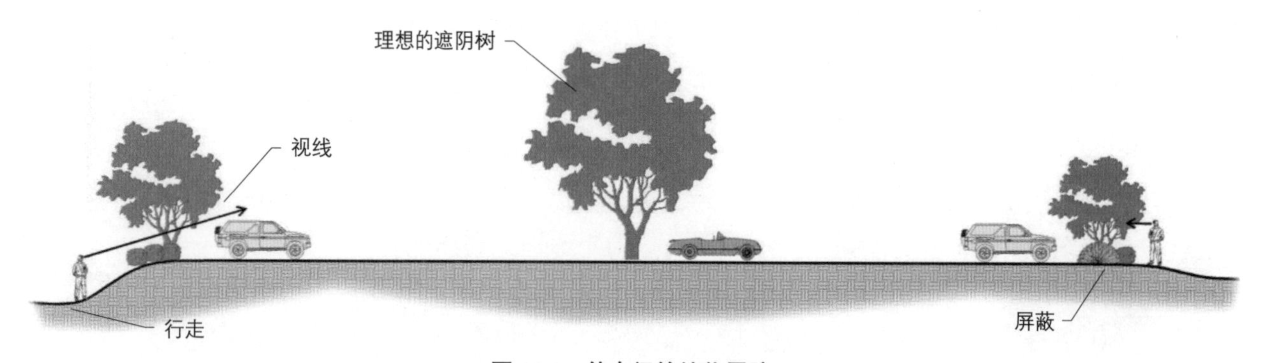

图 11.8 停车场的植物屏障

在无障碍停车位中，需要提供无障碍标识，2.4m宽的无障碍停车空间以及1.5m宽的人行通道。

1. 汽车：90度停车的单元面积为28m^2；约计每公顷250辆。
2. 拖车：单元面积为56m^2，每公顷175辆。

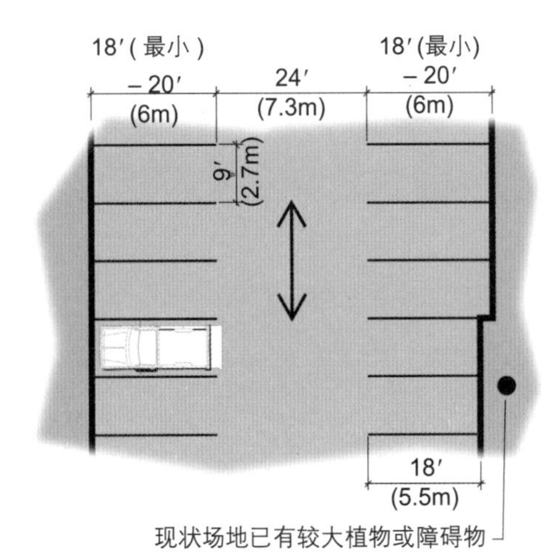

图 11.9　直角停车位

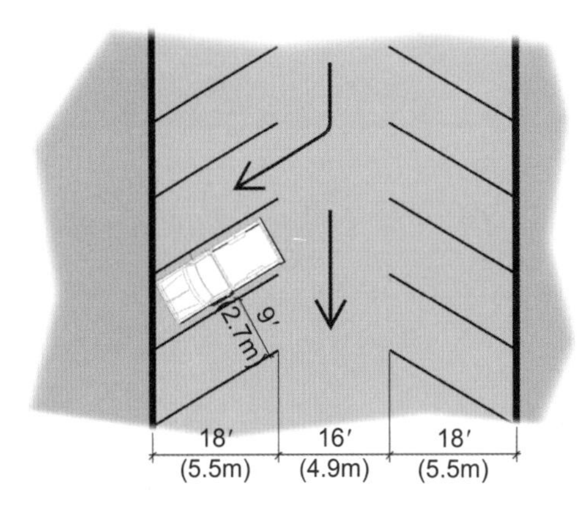

图 11.10　60 度角停车位

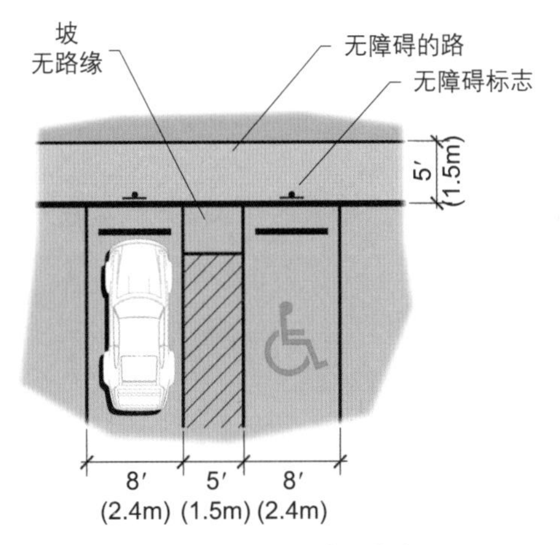

图 11.11　无障碍停车

图 11.12　佛罗里达州柯里尔县哈帕斯公园的停车位

对于拖车基本上有两种停车方式:(1)穿越式:容易使用但需要较多的土地以及建造成本。(2)倒车式:60度角倒车;较难使用但所要求的空间与建造成本较少。

3. 理想的停车坡度最大不超过5%,10%坡度的停车位需要谨慎设计。最理想的停车位应基本水平,坡度不超过2%。

预备停车场在现实情况中常常存在,一般在高峰期如节假日或暑假期间提供使用。在平日活动中,若预备停车场空置或未停满,则可作为游客额外的活动空间来使用。资源有着最大的承载量,如果没有这些额外提供的停车位与额外供游客使用的地方,将会影响到游客体验的质量。

图 11.13　停放多种类型车辆的停车场,
佛罗里达州鲨鱼谷公园

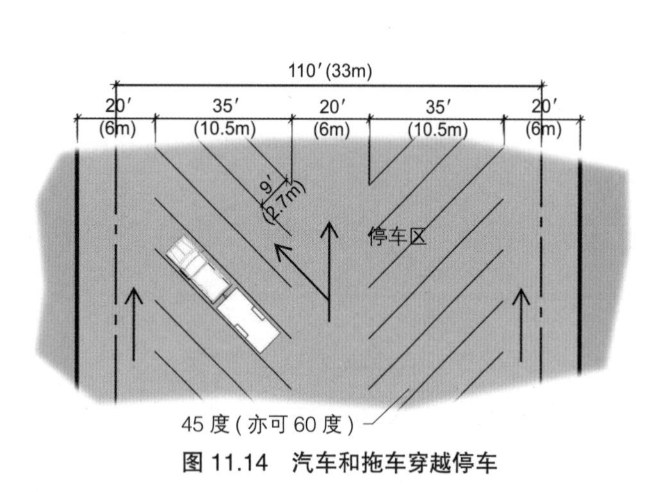

图 11.14 汽车和拖车穿越停车

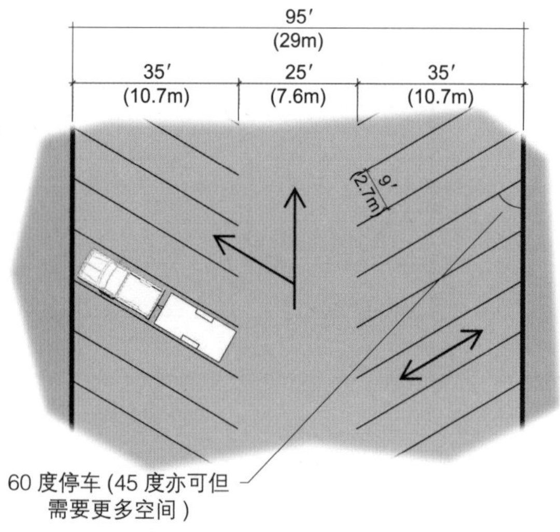

图 11.15 汽车与拖车直进 - 倒车停车

环境敏感型铺面

传统的道路与停车场地切断了土地与环境的连接，造成了完全来自降雨的地表径流，增加了河流流量，同时也降低了土壤含水层的补给，增加了地面侵蚀的可能性。一些道路与停车场地全年并没有较高的使用率，对于这些区域，应当考虑采用可透水设计。目前有以下三种处理办法：

1. 建造一个砾石基础层，并加入泥土覆盖作为表层。这是最原始的开放空间维护方式，不适宜建造在高强度使用地区。频繁使用的场地可以铺设道路并在周边设置草坪停车场地。见图11.16。

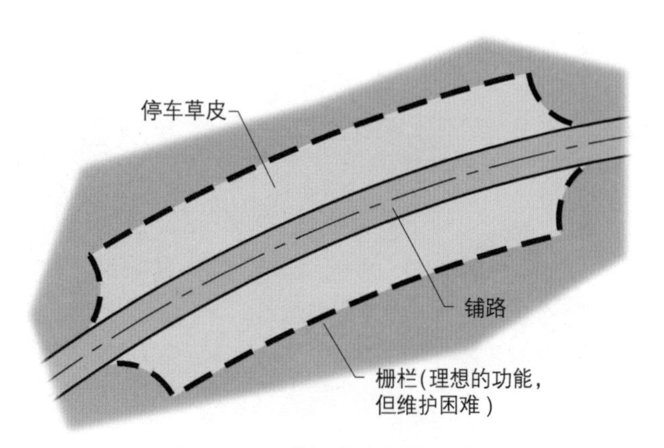

图 11.16 草坪停车与铺面道路

图 11.17 瑟顿公园 佛罗里达柯里尔县

2. 安装可渗透的铺面材料。

3. 使用开放的网格铺装，并在每格中种植草本植物，见图11.18。

道路工程

项目红线内的道路系统（内部交通）的设计应当考虑游客的安全性与场所的美观性。内部道路并非高速通行使用，时速一般不超过40km。在建造休闲道路时，首要的原则是道路必须适应该地的自然形状，且不受其他休闲活动与不良干扰而设置的。填挖方需尽可能达到平衡，潜在使用者的类型、数量、目的以及道路养护人员的能力都需要全面考虑。

道路设计应满足减少后续维护的需求，如控制草坪区域的面积、限制需要养护的观赏植物数量、减少路面修葺的频率等。

控制门应设置在所有进入场地的道路上，使得经营管理者得以有效的控制进入人数。该类入口型道路可分为主要入口道路、次要入口道路和其他特殊用途道路（包含单行道）。所有道路需注意路面排水，以避免路面湿滑或水体侵蚀而造成破坏。

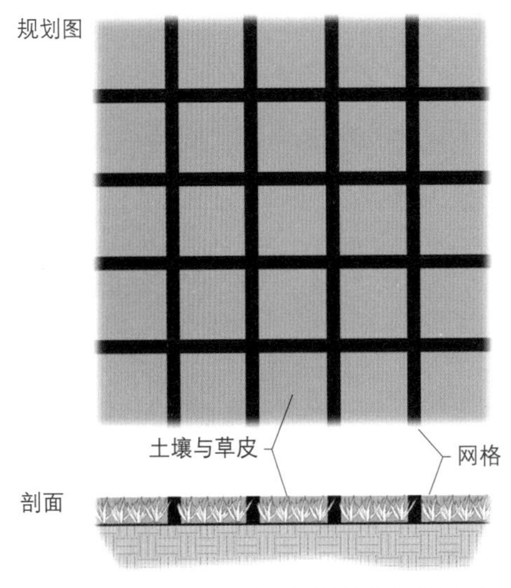

图 11.18　开放网格混凝土铺面或其他不易腐蚀材料

设计标准

	宽度（m） 一条车道	宽度（m） 二条次要车道	宽度（m） 二条主要车道	停车线（m）
路面 —包含路肩 —不包含路肩 路缘石之间距离	4.9 3.7	7.3–7.9 6.1	8.5–9.1 7.3	3 2.7
路面	3.7	6.1	6.7	2.7
路肩	0.6	0.6–0.9	0.9–1.5	0.6

（转弯处的道路宽度应随需求增加，特别是露营车与拖板车）

视线距离

- 内部道路交叉口左右各90m宽的距离。
- 内外道路系统交叉口左右最小各120m的距离。
- 其他地方（非交叉路口）的视线宽度为55m。

道路线型

最小半径	15m
最小理想半径	25m
路口	15m 理想半径 10m 最小半径
断头路	12m 最小半径
回车道	15m 理想半径

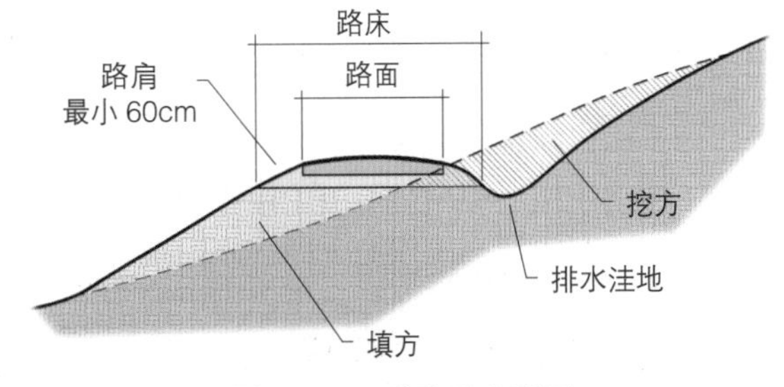

图 11.19　道路垂直断面

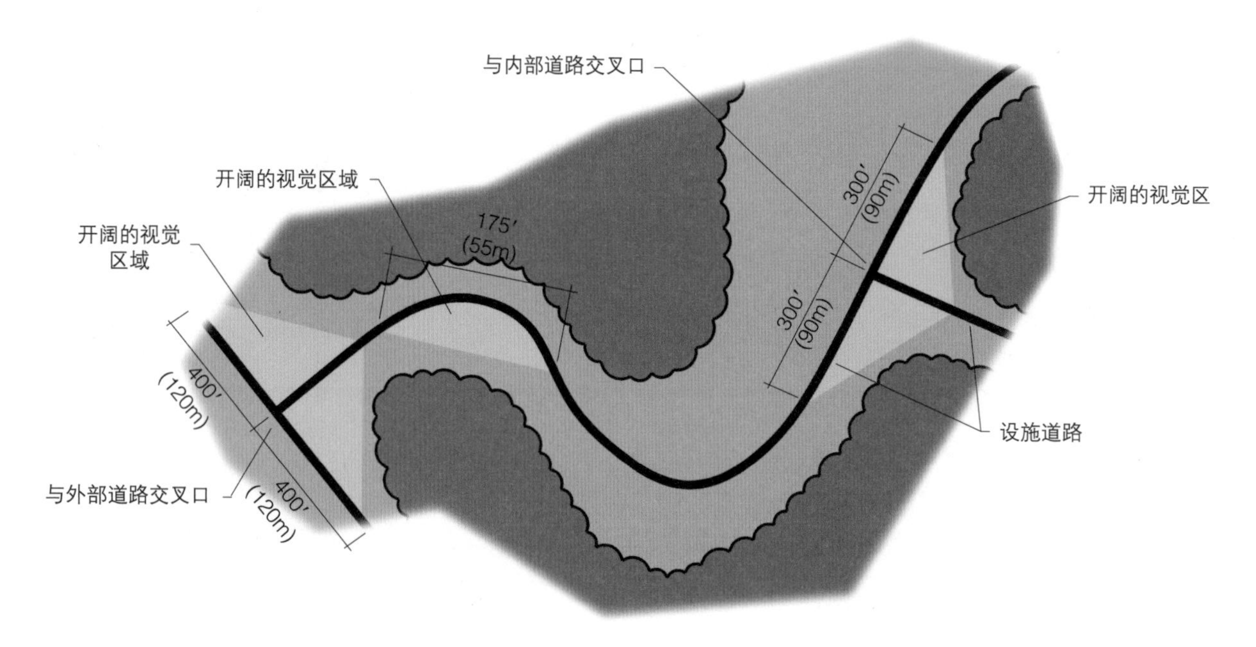

图 11.20 视线距离

道路坡度

可接受最大值为9%。允许较短的一段超出理想坡度最大值，但要谨慎考虑不同种类的交通工具，如轿车、皮卡、拖车以及服务车辆，如垃圾车等。

观景点

在具有良好的视觉感受的地点，特别是与停车场分离的区域，靠边停车的方式较为普遍。

岔路

岔路口全长最小30m，15m的两车道宽加上中间7.5m的缩减路段。

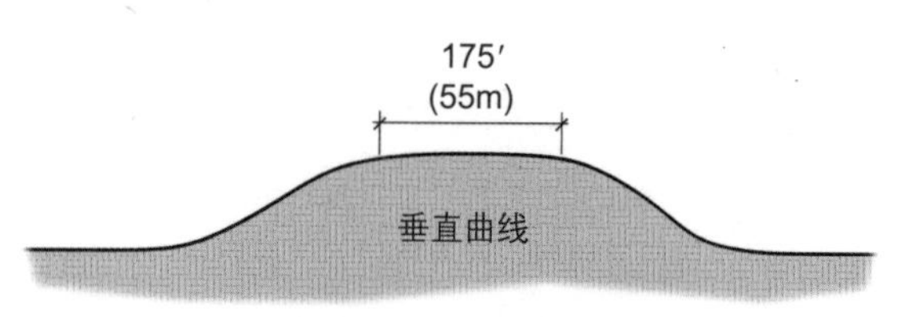

图 11.21 视线距离

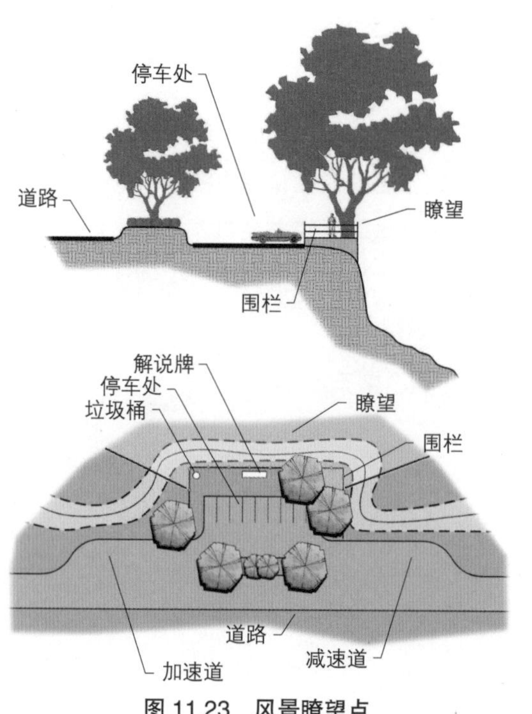

图 11.23 风景瞭望点

图 11.22 风景眺望地，澳大利亚 Karingai

栅栏

栅栏应设置在防止未经许可车辆进入游憩区的地方。从安全、防止地形与植被恶化的角度来看，控制交通流量是极其重要的。栅栏应当尽可能隐蔽但仍提供必要的控制作用，若使用的是木质栅栏则需要进行防压与防腐的处理。

栅栏也可以分隔双向汽车，但随之而来的是需要长久维护。此外还需要定期监督以确保安全通行。

路面铺装

道路铺装必须足够支撑预期的使用量。

在活动区域的道路需要一个稳定防尘的道路铺面，低强度使用的道路可以采用砾石铺面（每年整修一次），高强度的道路可使用石油或柏油铺面。混凝土是一种很好的维护成本低的道路铺装材料，但通常在大多地区需要较高的建设成本。

地下通道

一条穿越游憩场地的主要道路会阻隔所有非机动交通，包含野生动物迁移。可以通过设置涵洞来达成部分缓解的效果，包含野生动物、行人通行以及输送水。

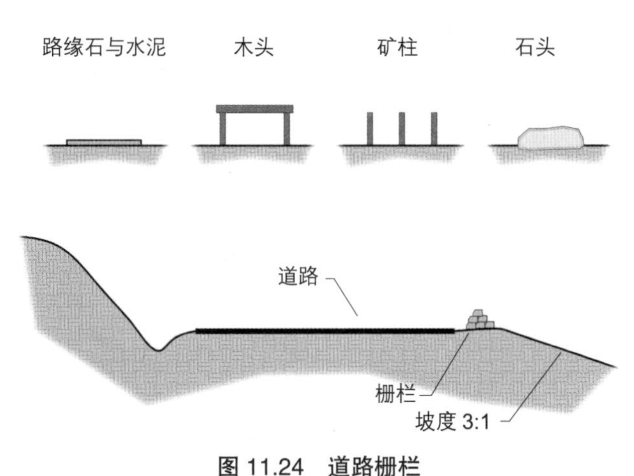

图 11.24　道路栅栏

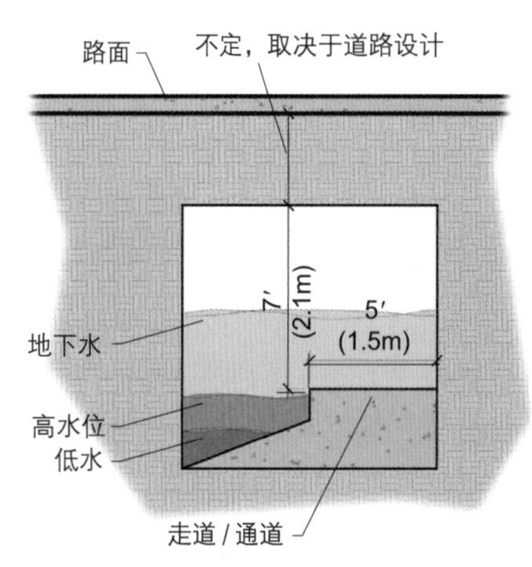

图 11.25　涵洞与地下人行道组合

多用途的涵洞应该符合以下标准：

（1）通道的形状应保证水位在一定高度，可使鱼类在低水位时通行。

（2）步行道最小净高为2.1m，最小宽度为1.5m，供行人使用，如果使用马车通行则需要更大的空间，一般设置1.8m宽×3m高。

（3）道路表面至涵洞的深度，可因道路设计而变化。

（4）需设置足够宽度的排水结构，排水结构总宽度包括现有径流与步行道。

（5）涵洞步行道的建造必须与涵洞连成一体以避免冲蚀的发生。

（6）步行道路面必须有纹理，以免湿滑导致行人滑倒。

路边处理

“路边是道路最主要的一部分”，“路边建设可以加强并展现自然文化之美”，……“最吸引人的景观是在穿过道路之时”。

目前高速公路的通行与设计完全是人工建造，与周边的自然环境有着极大的反差。因此，在这样的条件下，应当利用植物种植来实现以下几点目的：

1. 稳定土壤，减少或阻止侵蚀。
2. 引导交通，减少路旁分散驾驶者注意力的不利影响。
3. 遮蔽令人反感的景观。
4. 抵挡降雪（稳定沙土）。

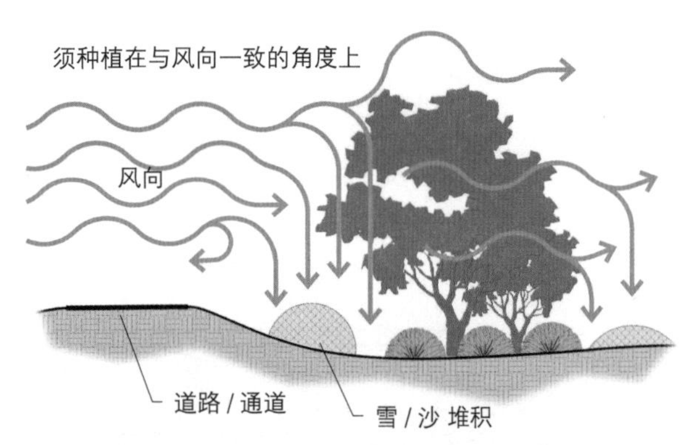

图 11.26 植物可以是一个有效的屏障，抵挡尘、土与雪

图 11.27 植物很容易稳定沙运动，Al–Hassa，沙特阿拉伯

5. 由生硬的几何道路到柔软的自然环境转换
6. 增加视觉景观，创造可选择的视野，打破单调的道路视觉感受

种植材料包括乔木、灌木、野花以及青草，同时应该尽可能接近周围现有的植被。

并非所有区域都需要种植乔木和灌木，在草地等开放区域，最常见的是重建自然的草地，在部分草浓密的地方，可有选择的修剪或者移除植被以打开视野创造再开放空间。

图 11.28 巴西胡椒树遮挡视线，佛罗里达州 41 号公路

图 11.29 从外部看 41 号公路，佛罗里达州

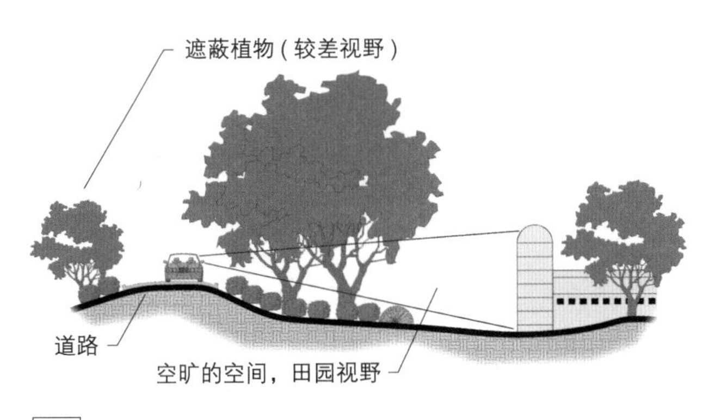

或

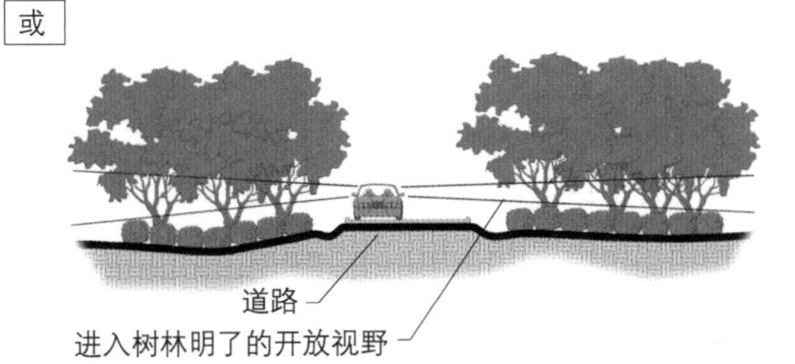

图 11.30　视野是重要的，因此需要清除部分道路植被

道路两旁的植被环境必须持续维护超过一年以上，否则道路的视觉价值将会因杂乱生长的植物遮蔽而降低。

入口

入口的主要功能有

1. 控制
- 收取进入费
- 发行许可或分配露营地
- 管理访客人数
- 保护游客与环境
- 第一时间提供援助
2. 信息
- 方向
- 沟通
3. 设计因素
- 必须提供足够的备用空间以满足预期使用人数。
- 入口处的设计必须使游客在这瓶颈状的区域内快速且高效的通行。

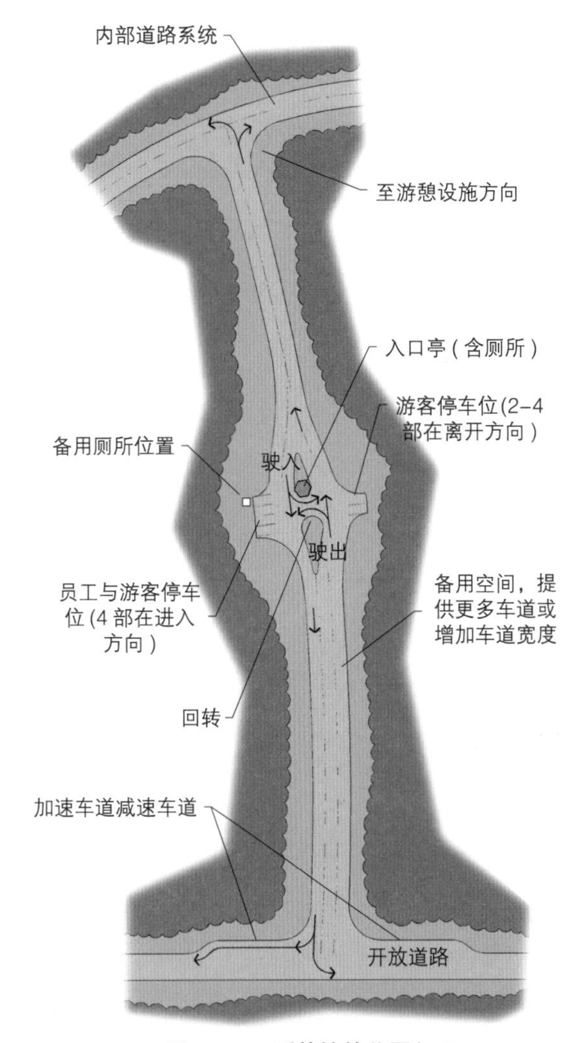

图 11.31　受管控的公园入口

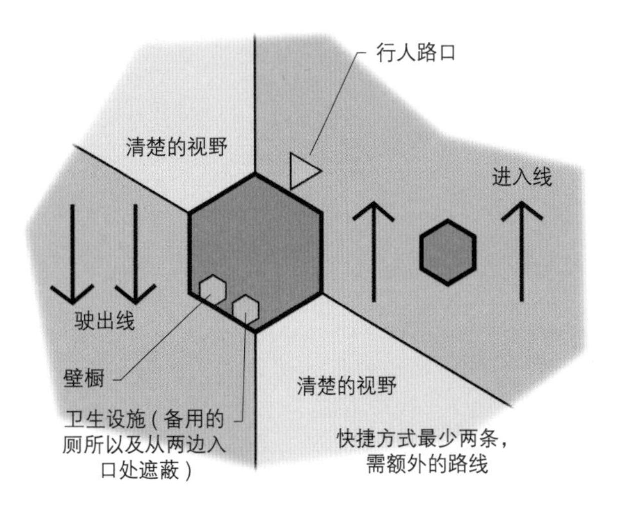

图 11.32　园区入口处

- 需提供电子设备、手机（如果讯号良好的话可提供手机帮助）、公共电话以及专供工作人员使用的卫生设施。
- 与污水管道尽量连接。
- 需设置员工停车场地。
- 游客停车位为三个及以上。

第12章　公用设施

图 12.1　大峡谷中的设施

概况

公用设施是所有休闲场所建设中必须设置的一项。在项目规划的早期，公用设施概念是为了节省大量时间和金钱。很多成功的项目证明，如果前期工作如选址、美学、容量等准备不足会对整体项目产生危害，同时公用设施的缺乏也可能会影响项目的成功。

项目早期规划阶段的调查十分广泛，包括了场地在内的很多因素：

（1）地域范围、服务人数和现在及未来的公用设施增长模式；

（2）评估现在及未来的公用设施需求；

（3）如果场地外现状设施容量是可用的且项目在生命周期内的成本可以持续供给，则应积极考虑场地外公用设施服务。场地内的设备长期运行和维修成本应等于或小于场外设施成本；

（4）公用设施的整体安排应该最好和使用需求对应；

（5）公共线路的挖掘非常昂贵，所以在规划早期就应该考虑，而且要做足够的地下调查；

（6）当循环水用于非消费目的时，应该事先做出可行性评估与在何地使用。

水供应

应该进行可用水资源的评估。通常来讲，最有效节省成本的方法是利用现存的市政设施。第二优选的用水来源是井。挖井的操作成本低且水质较好，但同样也可利用湖水和溪水。事实上，在特定情况下，利用湖水和溪水确实是唯一可行的办法。最好的供水系统选择是基于环境和使用周期成本，其中包括维修和操作成本，而不仅仅是初期成本。在详细设计阶段，应该考虑所有可能的节水技术，如自关水龙头、减小淋浴头水压和使用低耗水设备等。

使用地表水需要经过处理和消毒，而且要通过国家批准，符合公共卫生标准。饮用水存储量依赖于水源量和使用方式的变化。一般来说，储水量应该够3天的最大用量。水质较好的饮用水储量应该足够一天使用。储蓄水的最低运行水位应该使自来水压不低于20磅/平方英寸（14060kg/m^2）。通常，相对于充气保持压力系统，建议使用高程储蓄系统或重力系统来维持气动压力系统。这样即使断电，水压也会暂时保持。

利用地形建设高位蓄水池可降低建设成本。

高位储蓄结构常常会干扰项目的景观，例如蓄水池和储水管，尤其在自然型场地中。在休闲型场地中，这些蓄水池的地理位置非常重要。

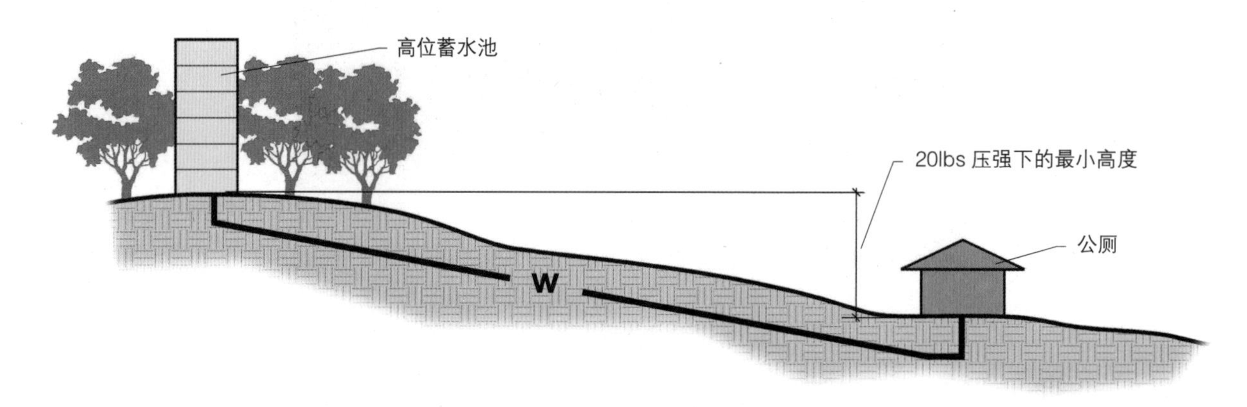

图 12.2 建议使用重力水系统

谨慎选择场地是非常必要的。应最大限度地利用树木和其周边地形，根据地形进行挖掘，保留较低场地。为增强蓄水池的美观，应该选择能和地貌相协调的颜色。

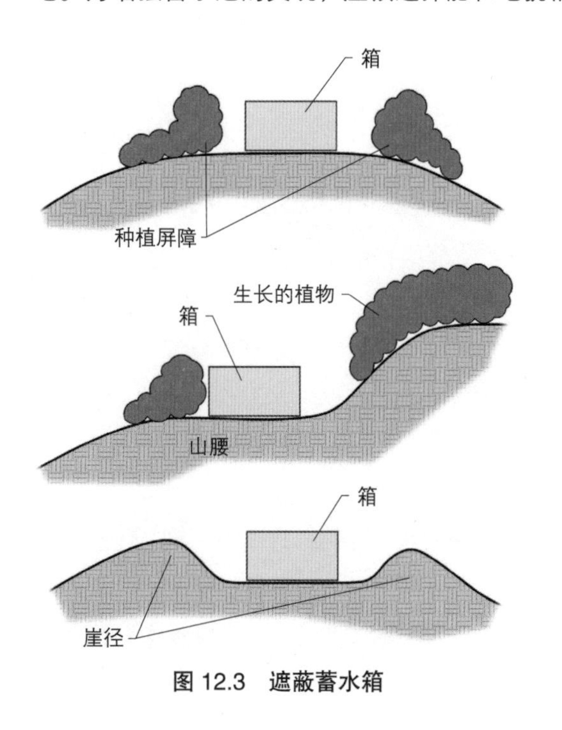

图 12.3 遮蔽蓄水箱

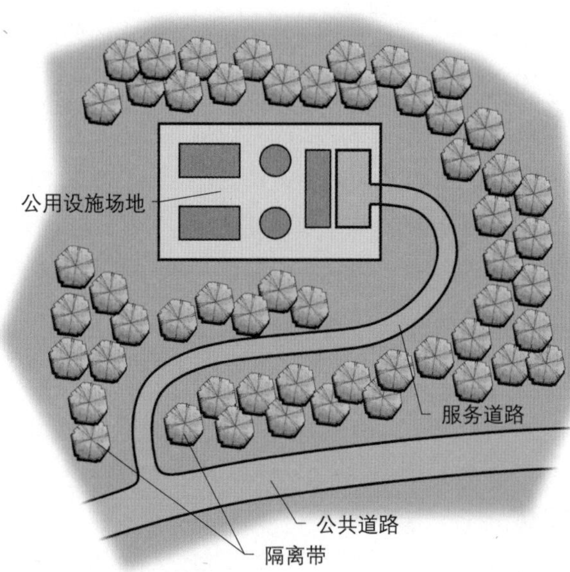

图 12.4 公用设施场地应该被隔开

如果没办法设置重力蓄水池，也可以使用液压气动压力系统把水直接压入水分配系统进行分流使用。

储蓄池门口应该设置安全门和充分的视觉屏障。蓄水池应该位于有栅栏的安全场地以防止受到损害，场地应该远离公路和人们的视线。公路最好呈弯曲形状，这样在转弯处就会无法看到水池。

在那些容易发生火灾或有重大历史文物的地方，也应该提供足量水、管道和其他灭火设施。应事先评估灭火需要供应的额外水量并且要和当地机构进行协商。

无论气候多冷，一旦设置有冬季使用的游憩设施，储水池的管道则应合理分布以防止水冻结。通常把管道放置在冻结线以下。

图 12.5　宾夕法尼亚霍普韦尔国家历史遗址消防水带和消防水接合器

图 12.6　挪威 斯匹次卑尔根岛 地下管道分布

卫生

一个休闲设施场地就像一个小社区，但与社区不同的是，休闲场地的人口具有流动性，污水流量具有一定的季节性。

卫生用水处理后的废水再利用对游憩设施发展起关键作用。没有这些污水处理能力，游憩场地就无法前进和发展。应当和当地健康部门和环境部门讨论决定污水处理系统类型，该类型需要征得当地部门同意。

注意：调查表明几乎所有公众都希望游憩场所中使用冲水厕所。

设计所有污水管道时应使其重力流越大越好，管道方向还应沿着公路系统方向，其必须和饮用水管道分离，因而经常被设置放在公路对面。

如果无法沿着公路方向设置管道，那么应将其放在公路线上方。

出入孔是用来确保雨水不进入系统，应使用封闭的井盖。

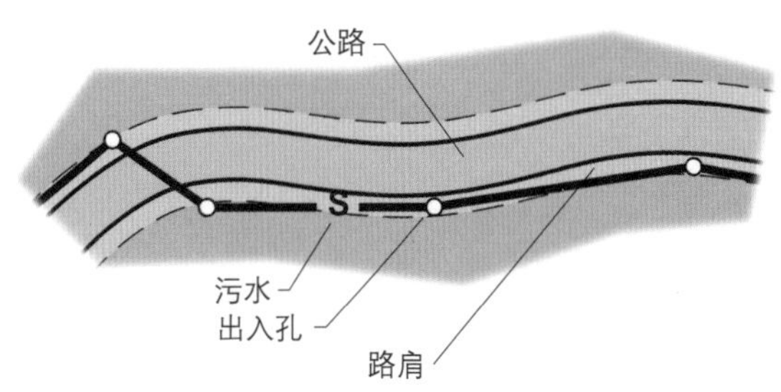

图 12.7　在可能的情况下，公用线路应放置在路肩上，这样易于环保和易于进行维护

机械处理系统

所有被国家机构批准的污水处理系统必须由专业特许工程师来设计，以下是一些设计建议：

可以考虑与区域范围内的废物处理系统相衔接，即使其初期成本可能比其他系统高，但它是经济可行的“资本”基础。为此，预计要加入20年生命周期的收集和运输设备。

建设污水处理厂可能要开发主要设备，处理厂应在使用区下游方向以便借助重力收集。将污水处理厂建在合适的地方是非常重要的，虽然这样做的成本高于在一地同时建两个以上处理厂的成本，但后者的设备资源、人事、资金方面操作和维修需求将会更多。

污水处理和管理技术应该提供先进的处理和消毒措施，使排出的水能够再次利用。

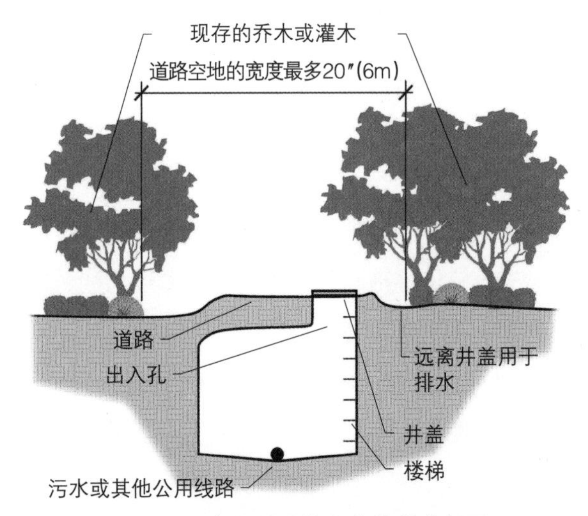

图 12.8　在公用设施上方的道路剖面

自然处理系统

在特定资源设备环境下，可以利用水产养殖、水生生物（植物或动物）来进行污水处理。植物可以移除废水中的养分和污染物，定期收集植物作为肥料或土壤调节剂，动物食物和厌氧消化时可以作为一种沼气资源。因为夏季游憩设施的特性，这种系统较适合游憩设施场地。水葫芦就是一种非常合适的植物，但是要注意确保不要让植物进入自然水道。这种植物在10℃的水中就可以生长，当温度达到21℃它生长旺盛。从环境角度来说，希望能找到替代性植物。植物生长的地方要能让根充分吸收水分，水需要的滞留时间是4到15天，需要的空间是1到6hm^2。

图 12.9　位于宾夕法尼亚的法国希腊风格的国家公园的小型污水处理厂

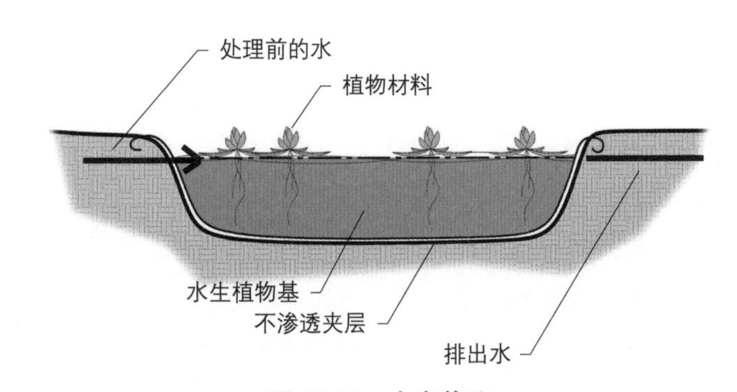

图 12.10　水产养殖

请注意此种方法虽是理想方法，但是要获得国家同意非常困难。无论排出水质量多高，政府很难同意将该处理水排入自然水体中。

土地处理系统

如果有合适的土地，则通过土地处理是很好的选择。虽然还不确定这种方法能否被政府接受。但是从成本来看，还是值得探索。这种技术已经被成功使用了115年，污水排入土地来滋养植被，同时污水被植物净化，这里介绍三种普遍使用的方法—灌溉、坡面流和快速渗滤。

（1）灌溉（这种技术在干旱地区非常有用，干旱地区需要灌溉促进植被生长）

通过喷灌、漫灌和沟灌的方法给观赏种植、农作物、高尔夫球场或森林（造林）灌溉，在应用土地处理前，有时要对液体进行消毒。这个过程是由土壤类型和深度决定的，其受到地形、底层地质、气候、植物材料和土地可用性的限制。斜坡应小于15%，以减少意外的径流和侵蚀。需要用到典型的设备是管道、泵、阀门、闸门和喷嘴。每天每百万加仑（378×10^4L）需要的场区为20到200hm^2。如果国家或有关当局同意使用此方法，则污水的施用量将受到国家标准的限制，一般来讲每周施用量为1.2到10cm，每年允许的施用量是0.6到6m。允许土壤深度为0.6到1.5m，每小时土壤通透性为0.15到5cm。很多州已经制定了主要处理和次要处理使用前的标准。

（2）坡面流

需处理的水从高坡流过植被后，径流在坡底被收集再利用或排入河中。其他标准和灌溉方法一样。

（3）快速渗滤

一部分被处理后的污水被排入一定量的沙土中，每天每378×10^4L需要1.2到22.7hm^2的土地。一般来讲允许每年6到122m的施用量或一周0.1到2.3m的施用量。需要土壤深度是3到4.5m或更深，每小时需要的土壤渗透是1.5cm以上。

（4）礁湖

礁湖是大型水库，大小一般为几英亩，还有几周的滞留期。其能通过生物方法处理污水，通过氧化处理湖水可以增强礁湖的污水处理能力。需要的空间大小取决于污水量、污水类型、地理特点（温度可以影响生物活动）、合适的环境条件和排出要求。总之，排出的处理水可用来喷灌植物、高尔夫球场及其他景区。礁湖处理污水具有美学特点。

其他可选择的污水处理系统

还有许多其他的污水处理系统可以用于特定的设施或单元设备。大多数替代性污水处理系统需要用的能源、水和资源都比大型中央处理系统要少。这样的系统往往更具有效率，而且成本也低。但要慎重考虑其在环境角度和技术角度能否行得通。以下是一些替代性系统。

净化池系统

根据当地土壤环境，基本系统中的某些部分可出现不同类型。净化池由配水箱和不同种类的污水处理（疏散）场地组成。

（1）净化池和土壤吸收沟

大多数常见的场地内就具有这种系统。它只针对特定土壤类型起作用。它需要土壤有一定坡度（不超过10%）。所有州和地方政府规定了此系统要求。在沟系统下，废水从净化池流入配水箱，再流入多孔管道，最后经过碎石、沙砾土壤流到地下水。

（2）净化池和土壤吸收床

此系统和沟系统类似，此系统仅利用一小块区域，大部分领域属未挖掘区。此系统在空间有限的地方适用。它要求一定坡度（2%到5%的坡）。

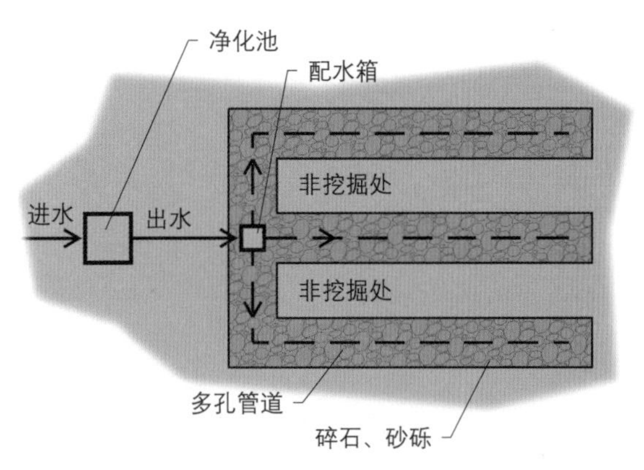

图 12.11 净化池和土壤吸收场地（沟）

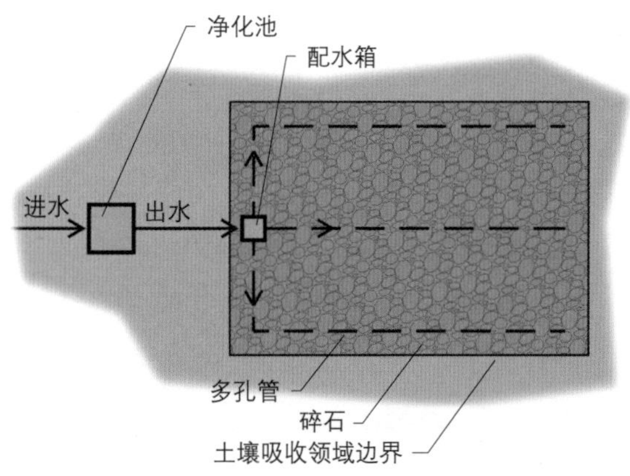

图 12.12 净化池和土壤吸收床（床）

（3）交替吸收场地

另一种类型是使用交替吸收场地，此系统中，一块场地不工作而使用另一场地。这种交替模式允许一块场地休息、更新自身，延长场地寿命，如果其他场地失败，还有替换场地可以使用。需要阀箱和两个配水箱，阀箱把污水引入合适的待使用车场地。一般每隔6个月或12个月开关一次。这样的系统适合用水多的地方。

（4）配量投加系统

这种净化池使用泵和虹吸把可控量的液体压入多孔管，因此所有管道几乎同时排出水。这种系统很好地利用了整个场地。此过程可以把液体洒向场地，喷洒在空中的时间可给场地提供变干的机会。

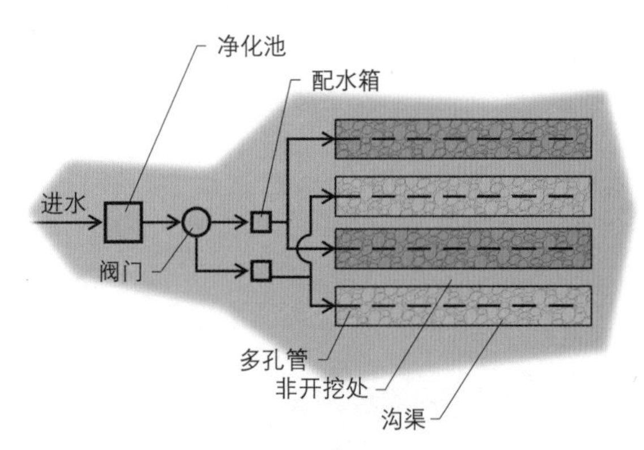

图 12.13 交替吸收场地下的净化池

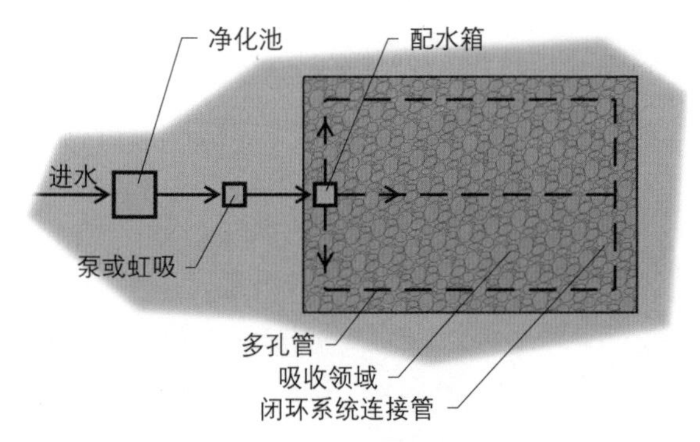

图 12.14 配量投加系统

（5）坡地净化池

此类型使用坡地（10%–15%）作为吸收场地，泵把水压入波状吸收场地的多孔管中，跌水箱控制水流速，首先填满最高的沟，再填其他沟。有时使用塑料填充代替跌水箱来控制流速。

（6）渗水坑净化池

对于空间受限，但土壤质量较好的区域来说，可以使用渗水坑来进行污水处理。从净化池出来的水流入一个周围是砖石的坑。该系统允许液体渗透到墙壁、预铸罐孔或岩石周围的土壤。这样的坑需要定期清洗，以避免堵塞。

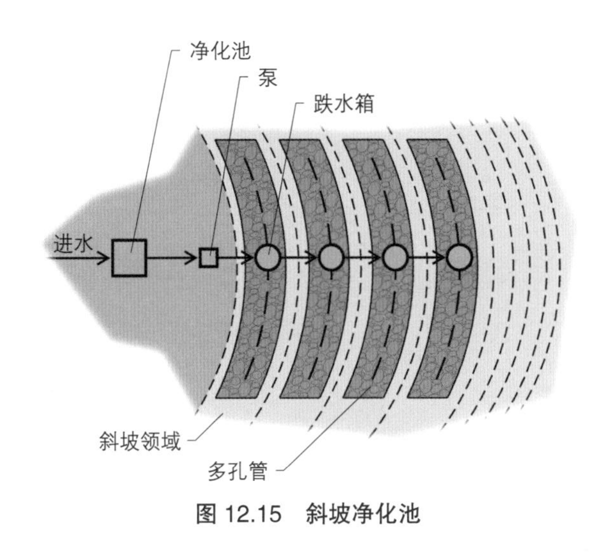

图 12.15　斜坡净化池

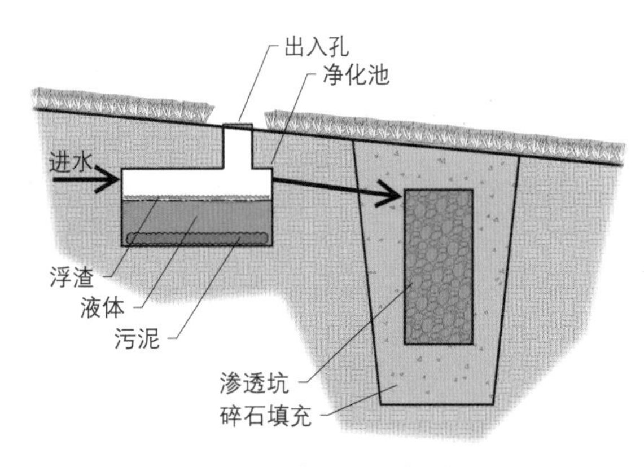

图 12.16　渗透坑下的净化池

有氧系统和土壤吸收场地

有一些土地并不适合使用净化池或渗透系统，可用有氧池来代替。在此池中，空气将进入污水中。尽管这样的系统需要更多的监控和周期性维护，但比标准净化池系统处理程度更好，在污水进入吸收场地前，会得到更高程度的处理。当然，这样的系统需要的能源消耗也会更大。

净化池/沙地过滤/消毒和排出

在特定土壤环境下，可以把处理后的水排入土壤。净化池把污水排到沙地过滤池中。过滤池可以设置在土壤表面，但出于美学和使用考虑，一般设置在地下。污水从上部沙子中的多孔管流入，被沙子过滤，进入地下排出管道后进行消毒。

地下沙过滤池不应安装在遇到基岩地区或在表面1m内有季节性高地下水位的地方。地下沙过滤池尺寸应该根据每天的负载率和水流体积来确定，一般过滤池的负载率为每天每平方米48.3L。地下排水分布管道周围至少要5cm厚，大小为2到4cm的砾石，这些砾石下面还应有15cm厚的砾石层，砾石层下覆盖有大小为0.3mm × 0.6mm）厚60cm的干净沙子。

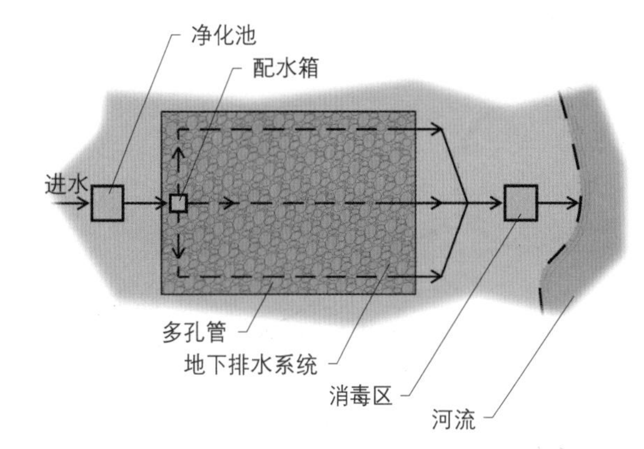

图 12.17　净化池 / 过滤池 / 消毒 / 排水

改良的沙堆系统

当前美国的土壤条件（高水位的岩石或紧土）不适合处理系统，污水排放到地表水（河流或沟）是不可能的。沙堆或蒸散床系统有时会被使用。这样的系统可以与有氧池和净化池一起使用。

（1）沙堆系统中，水从储水箱流过覆盖着耕地的沙堆中的多孔塑料管，经过沙石流入土壤，土堆上的植被有助于水分蒸发。

（2）蒸散床的变化与砂床内塑料或其他防水材料有关。床上可以积成堆或水平。由于管道阻止水流入土壤，液体得以蒸发。植物有助于蒸散系统。此系统下的土堆可以设置在需要的地方。

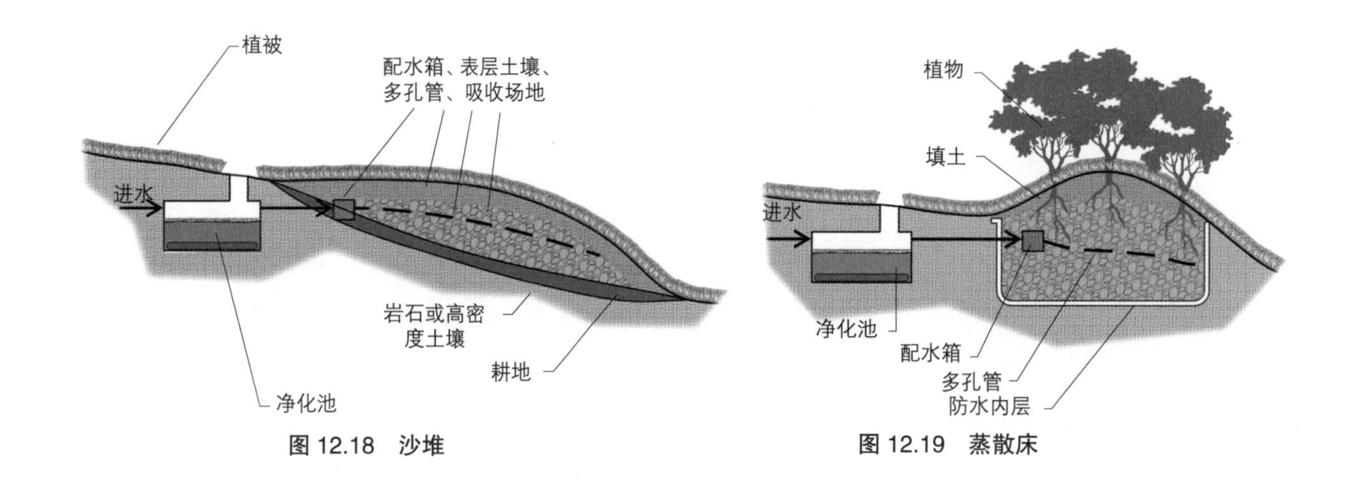

图 12.18 沙堆　　图 12.19 蒸散床

土壤聚合床

如果多个设施彼此接近，可以使用集群系统方法。可由同一个共同的处理系统服务几个这样的设施。

也可以和其他方法混合使用，每个建筑分别和它所对应的氧化池或净化池连接，通过垂直距离较小的重力系统，把液体连接到一个共同的吸收场地来进行处理，这种集群也可以使用其他的替代处理系统，如沙堆，高压式下水道和礁湖处理。

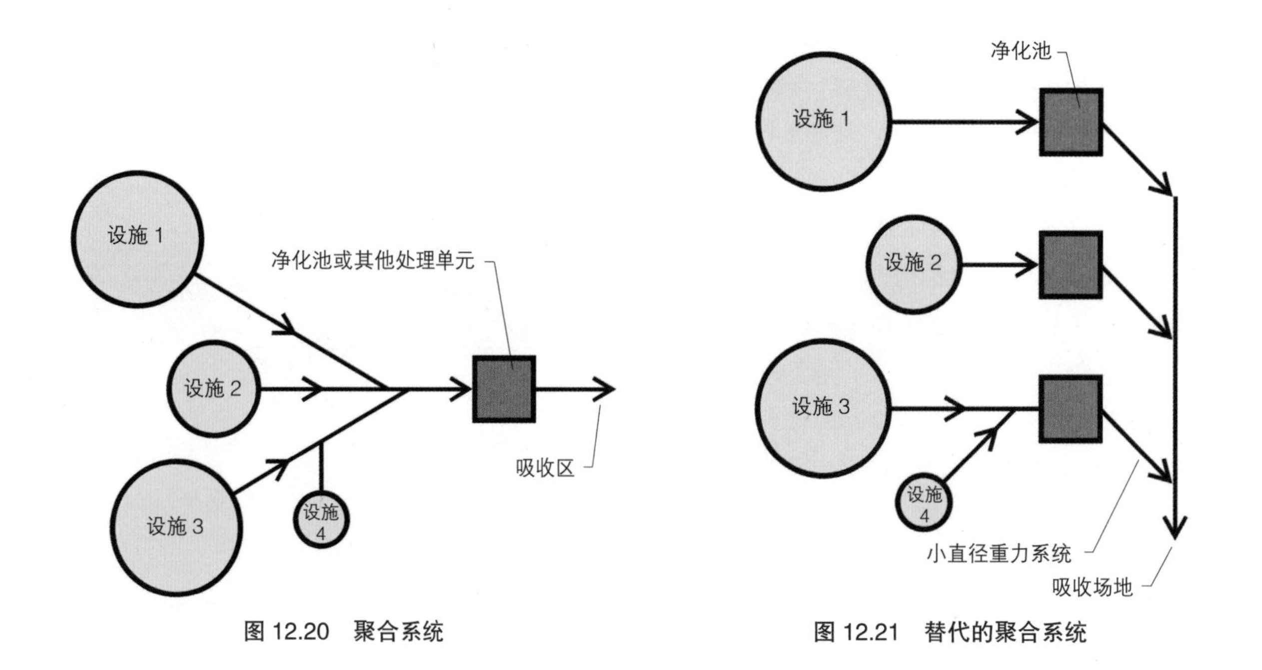

图 12.20 聚合系统　　图 12.21 替代的聚合系统

高压下水道（研磨机泵）

研磨污水中固体的泵安装在每个建筑储蓄池中，使污水通过管道进入中央系统或替代处理系统。研磨机泵可以安装在储蓄池中，通过重力作用把水排到储蓄池，收集来自多个建筑物的废水。

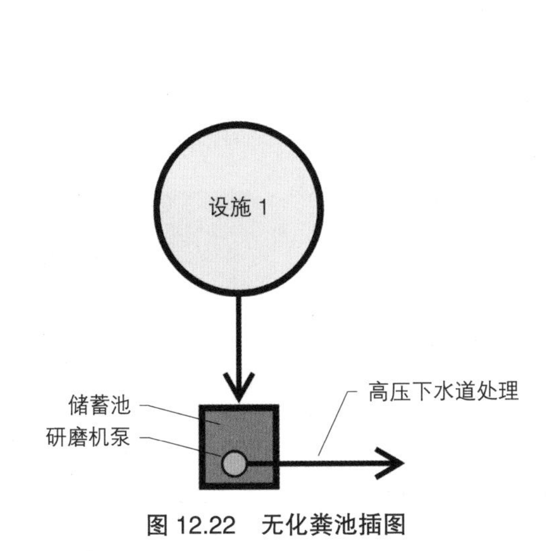

图 12.22　无化粪池插图

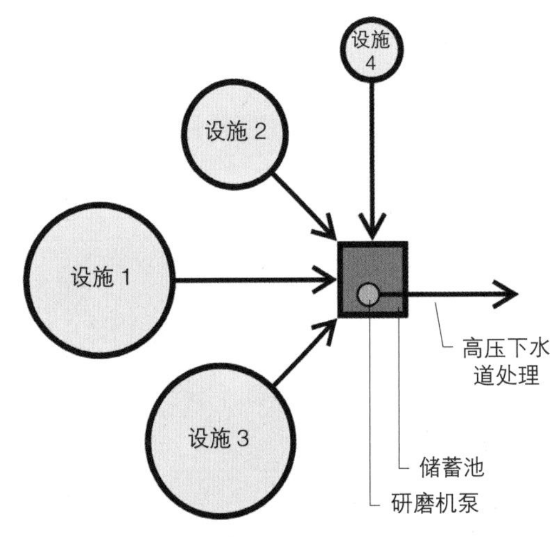

图 12.23　无净化池的聚合系统

双管系统

双管系统是用来分别分离“灰水”和“黑水”。这里的术语“黑水”是形容那些马桶等装置排出的冲厕废水，这些“黑水”常用无水或少量再利用水处理系统。

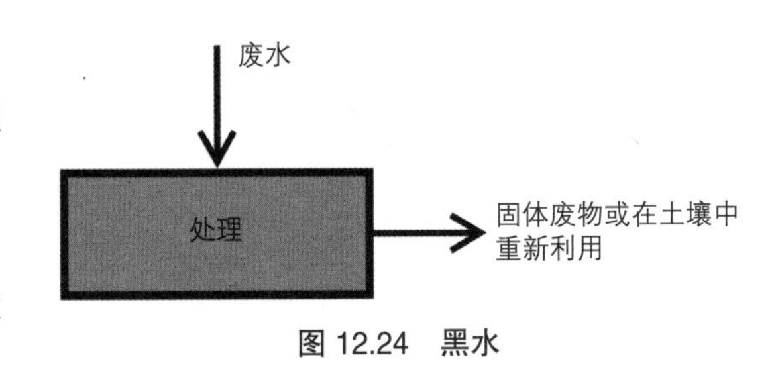

图 12.24　黑水

术语“灰水”主要指厨房用水、沐浴用水和清洗水等，这些水使用排污或改进的处理系统。

和传统处理水系统相比，双系统的主要优点是其可以处理部分污水，因其具有完整的节水系统，减少了大量用水需求，此系统尤其在边远缺水地区非常有用。

（1）制成有机肥料

此系统不需要水，而是把厕所中的废物和食物废渣转换成有机肥料。大型污水处理系统中可以选择性配备电动通风、风扇和加热组件，但在边远地区的小型污水处理系统中却必须有这些器件。有人强烈提议使用太阳能电池（光电池）板来提高所需电力，所以有必要关注此研究方向。

（2）焚烧

这个过程也没有水、用电、气和油焚烧固体和蒸发浓缩的液体，根据焚化负载量，定期处理灰烬，此方法要求设有焚烧垃圾的房子还要定期维护，不建议采用此方法。

（3）循环冲刷油

这个过程中也不使用水，而是用油冲刷，这和航空公司抽水马桶类似。水和油流入储存池，其中废物在池底，而油在池表面，油被过滤后可以继续循环冲刷使用。定期需要补给替换油。此系统需要用电，也需要人定期观察。在边远地区建议使用太阳能电池板。

（4）循环化学物

这类系统需要使用少量水，在马桶冲洗中使用水和化学品的混合物，混合物和废水都流入储存池，被过滤后，化学物重新循环使用。此过程需要连接器来加水，还要定期加化学物。

移动/抽水厕所

泛滥平原内低使用的天然区和使用区通常可以提供最好的移动或便携式化学厕所。车辆可达性是必须考虑的设计因素。这些类型的厕所常用来补充活动日的厕所设施。

图 12.25 阿灵顿和弗吉尼亚州纪念馆前的几个厕所

图 12.26 州立公园上的公共厕所——南卡莱罗纳州

公共厕所要求

各游憩活动的设备需求已经给出，大多数有严格要求，其在设计工作开展初期就应该决定。女性需要的卫生蹲位数量一般多于男性，但目前大多数场地未满足该需求。男性平均使用便池时间为1.1分钟，使用马桶平均时间为1.8分钟。

男性使用便池的频率是使用马桶的3到4倍。

女性使用马桶的时间一般在2到2.5分钟。

左边是女生使用的卫生间（6个马桶，一个储藏室，上边是1个垃圾桶和盥洗室），右边是男性使用的卫生间（上边是2个便池，3个马桶，下边是盥洗室）。

残疾人可能要去的地方都要提供专用卫生蹲位，包括盥洗室、马桶、门廊，参照ADA要求，洗手间单元空间至少达到150cm宽和150cm深，要有扶手和门。

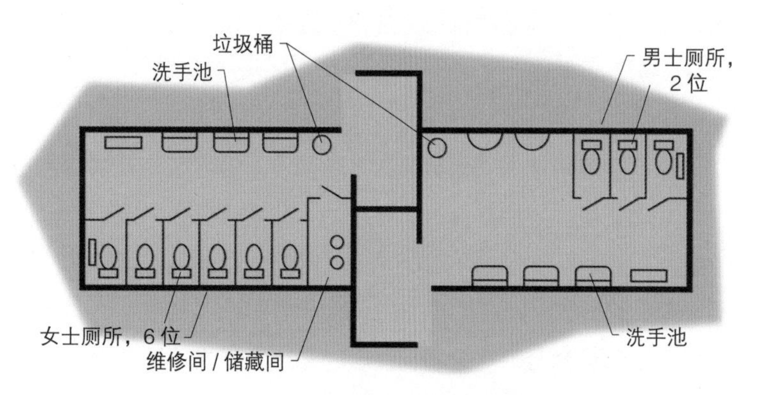

图 12.27 女性使用的卫生蹲位数量多于男性

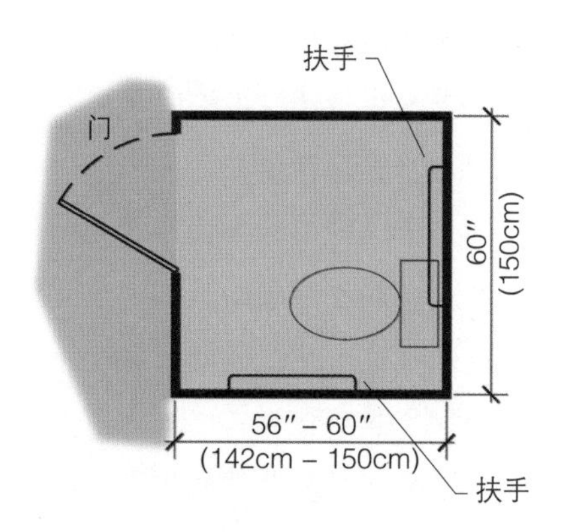

图 12.28 有扶手的卫生间内部空间

大部分厕所都提供热水和温水来淋浴，但考虑到燃料成本，应该取消24小时卫生间的热水提供，比如沙滩卫生间无须提供热水。对于一些大部分时间处于晴天的设施场地来讲，可考虑使用太阳能热水器来提供热水或温水。

其他设施

在停电时，污水处理厂和污水泵站应设有应急发电机或用于挂接到便携式发电机的合适的插座。水泵站外应有声光报警系统来预测高水位的警戒状态。可设置中央控制台遥测较远地区的设备状态。

如果预算允许，应该在处理场内安装中央控制系统。

通过以下措施可以加强安全：

1. 定期人工检查处理设备
2. 处理厂应该有栅栏和大门
3. 夜晚照明

固体废料处理

固体废物处置是一个持续而又经常被忽略的问题。应该在开发休闲设施时就制定处理计划。最好解决办法是依靠内部开发人员或进行合同承包来移除设施垃圾。最近趋势是通过合同承包制的办法来解决。无论是哪种方法，在设计垃圾储存系统前，都要明确收集的固体废料垃圾的种类。在有些情况下，有必要当场处理垃圾，但要遵循的原则是不能破坏场地，更不能在下风口公共区内处理垃圾。必须符合健康要求，首先要对解决方法进行全面调查后，再决定处理类型。

图 12.29 英格兰东海岸中部数量充足的垃圾箱（这种情况下可能收集 55 加仑各种垃圾）

应该提供足够数量的固体废料收集设施，这些设施最好设置在路边和服务设施周围，这样能方便机器收集更多垃圾。近年来，随着经济发展，更多的游憩设施采用大型垃圾装卸卡车，而不是使用传统的分散垃圾桶。应当注意的是，供服务车辆使用的道路应具有耐压性，同时也意味着该类道路表面需要更多基础材料、更宽的铺面和更大的转弯半径。

电力和电话

所有主要日间和夜间使用的场地，除原始区外都应该提供电力。为减小布置电线的成本，简单的过夜区和低使用区可采用太阳能供电。

为减小维修成本，所有线路包括电力、电话和通信线路都应该设置在地下，除非一些特殊情况不允许这样做。在可能的情况下，电话线和电线可安置在公共管沟中，与水管和其他卫生管道一起。

图 12.30 瑞典的大型垃圾装载卡车

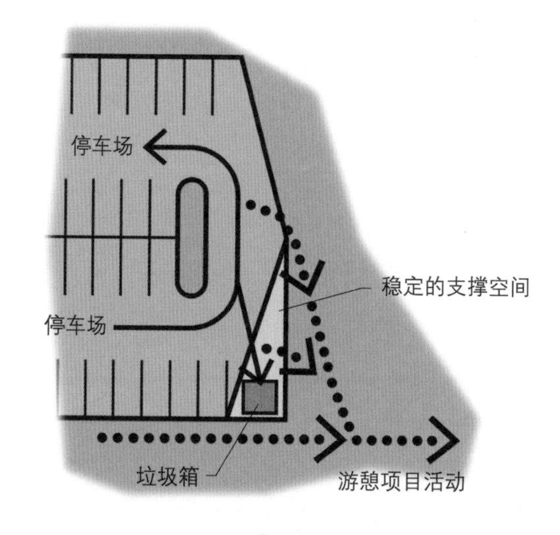

图 12.31 典型的大型垃圾装卸车分布点

所有地下运行线路应标有不可分解且可探电路的标记物。电胶带就是最好且便宜的检测地下线路的材料。

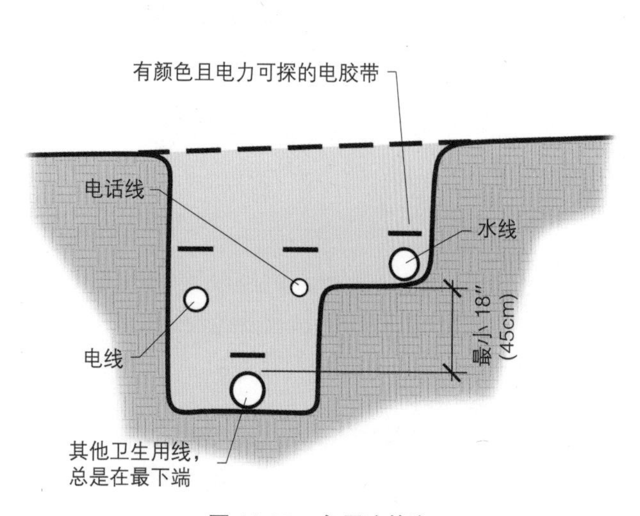

图 12.32 多用途管沟

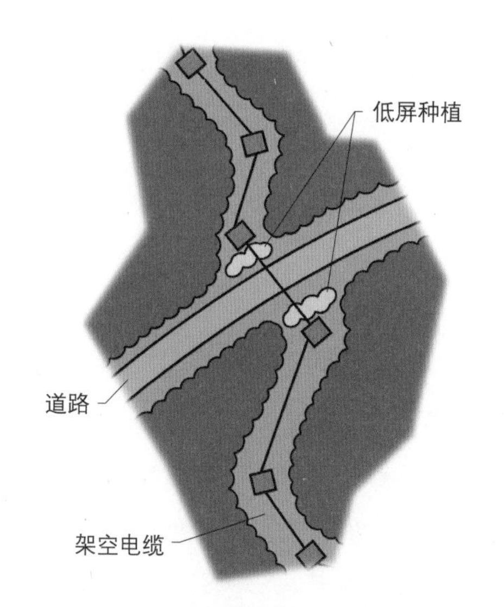

图 12.33 公用项目道路（使用量大的道路）下的架空线路

白天用电的公厕大多在下午就关闭了，所以不需要晚上供电。

当架空电缆不可避免时，应当对道路的通行给予更多的关注。交叉口应该具有合适的角度，且应该设置遮挡视线的植被以最大限度地减少视觉侵扰。

任何要拍摄电影电视的设备必须提供足够的电子通信系统。

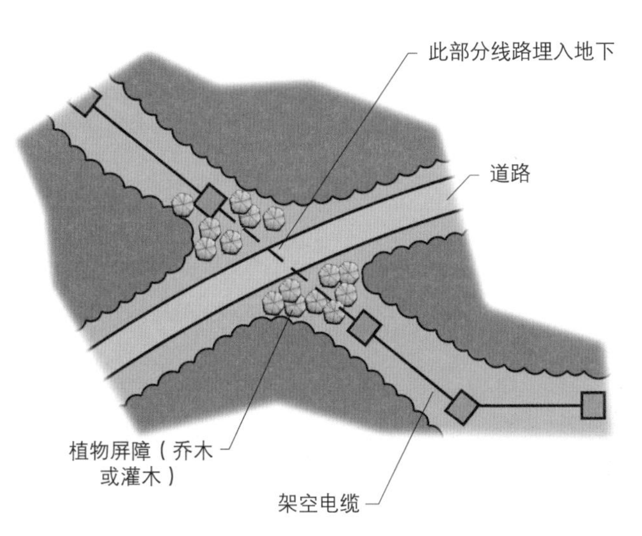

图 12.34 替代性道路（支路）和架空电缆交叉口

图 12.35 奥地利维也纳光伏电池板（用于多种低水平用电设备）

图 12.36 手机普遍化，超越了应急通信设备

图 12.37 佛罗里达州纳普拉斯举行的小型网球赛

第13章　标识

图 13.1　咦，我在哪儿？——华盛顿广场

图 13.2　信息标识设计
科拉姆公园，科里尔斯，佛罗里达

概述

标识是构成整个设施系统的必要组成部分，它们具有有效帮助公众理解和享受游览的作用。设施中的所有标识必须具有统一性，并且与其他资源设施的整个设计主题有所关联。仔细注意一下标识的设计和设置点：它们可以为设施增加引人注目的美感体验或是分散人们游览的注意力。除特殊设施标识外，众多具有“指路人”角色的标识去指引游览者们领略所有的资源是非常必要的。这些标识的设计和设置必须与其相关的道路部门相协调。

当前普遍的设施标识主要方式是由文字信息组成并且通常伴以可视化图形。在信息部分为白色时，在标识的空白部分通常着色或涂成某种与之强烈对比的颜色。这些标识在传达信息上非常有效，但它们在一段时间间隔内需要高成本的返修，通常周期为5到7年。

许多资源机构现在倾向于利用平面符号和色彩组合进行标识。这类的标识系统由箭头和符号组成，通常是在一定色彩区域应用标准的公路符号图形。(如图中的标识组合)它应当是具有相关基本要素，突出功能性，而且在绝大多数情况下，不应当只是景观的装饰。

这些图形标识通常是由公路部门使用的符号和字母在金属上采用贴花的方式制作而成的。

被联邦政府，尤其是国家公园服务部所使用的图形标识，在其出版物中有着详尽的描述，它对国际标识系统标准进行了细微的改良并已通过认证。这对于使用多种语言的地区是十分有帮助的。

设计

标牌通常装在支架的中央。图13.5展示了一种可供选择的能提供更好指引的安装方式。

图 13.3　信息标识设计——伦敦，英国

图 13.4　标识组中的图形

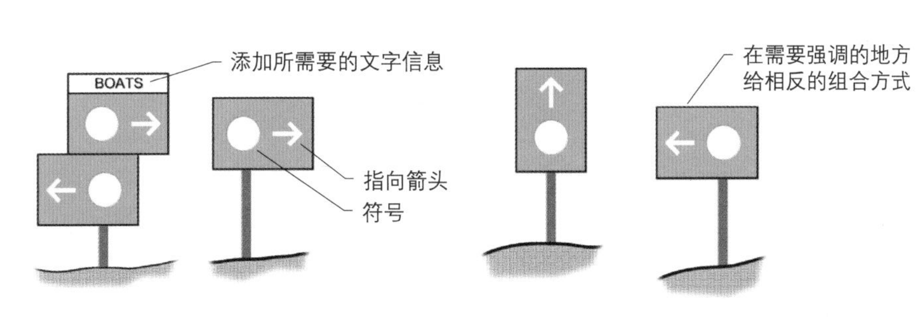

图 13.5　在支架上标识的安装方法

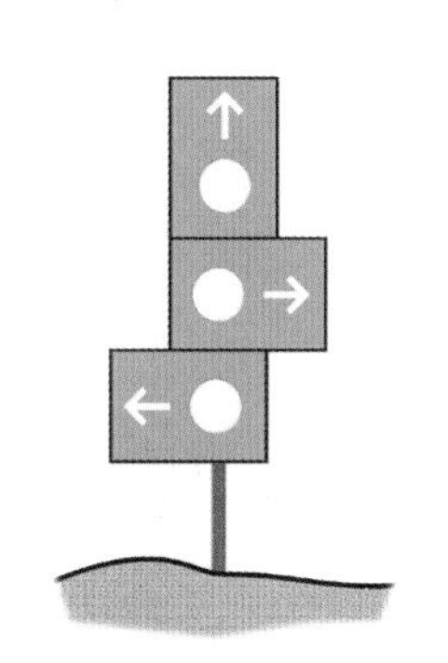

图 13.6　标识组　展示了多方向的标识怎样有效地安装在一个支架系统上

在标识建设中，标识所有组成部分应当具有可读性和耐久性（最少可持续7到10年）。在主入口的标识应当是简易装配的（如被资源管理人员或当地公路标识商店装配），并且可简易保养。

针对单独一个公园进行标识符号设计的做法并不提倡，尤其是那些为外国游客服务的设施。但是，如果一个标志符号的设计已经被采纳，特别是在地方公园中，它应具有地方性的、清晰易懂的信息，同时这些信息能快速地传达给设施的使用者。

指向箭头一定要清晰。不要自己去发明创造。要使用国际通用的公路标准。确保箭头的颜色和背景的颜色要有着强烈的对比。

布局

标识的布局必须要经过规划。

通常来讲，其原则是使用最少的标识。一个好的设施规划可以帮助减少标识的数量和种类。

标识系统的布局需要考虑的因素有：

图 13.7　主入口标识
Springettsbury 乡镇公园，宾夕法尼亚州

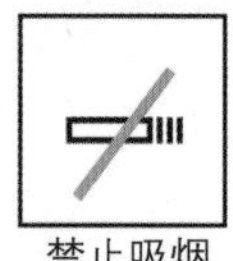

图 13.8　符号

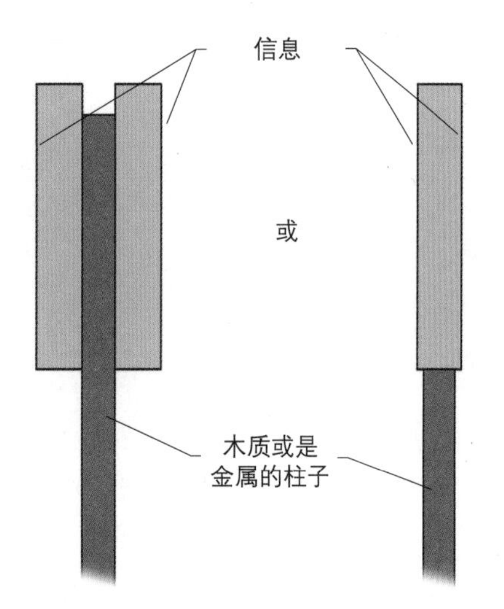

图 13.9　两边的标识

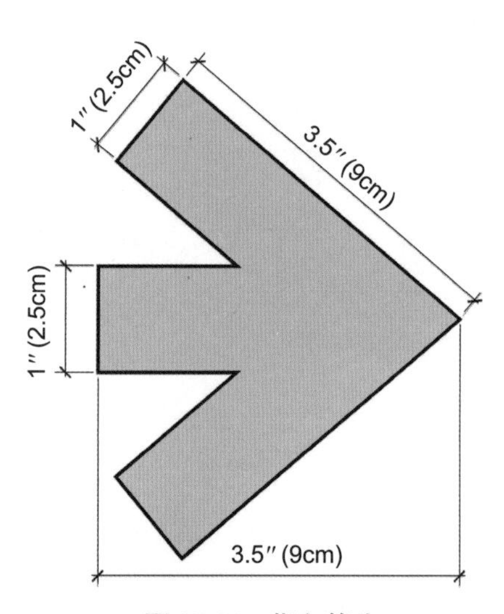

图 13.10　指向箭头

- 视觉距离和游憩时间（需要知道标识和阅读者之间的步数，并要考虑随着速度的增加，标识的大小也要增加）。
- 展示所有的限速、停止或者其他机动车行驶规章的标识一定要具有合法的强制性。因此，标识一定要符合当地交通执法部门接受的规格和标准。

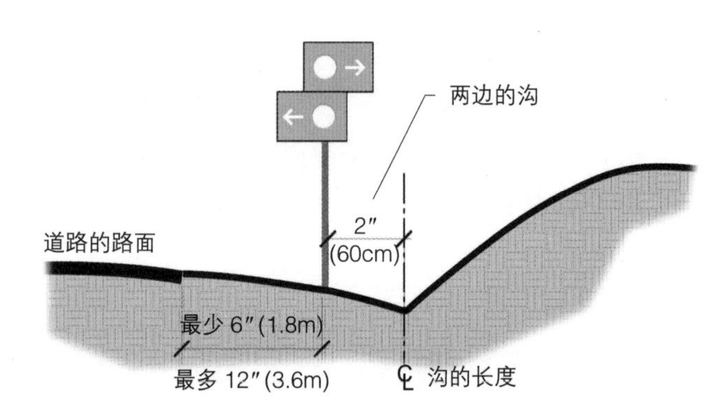

图 13.11　标识安装的地点

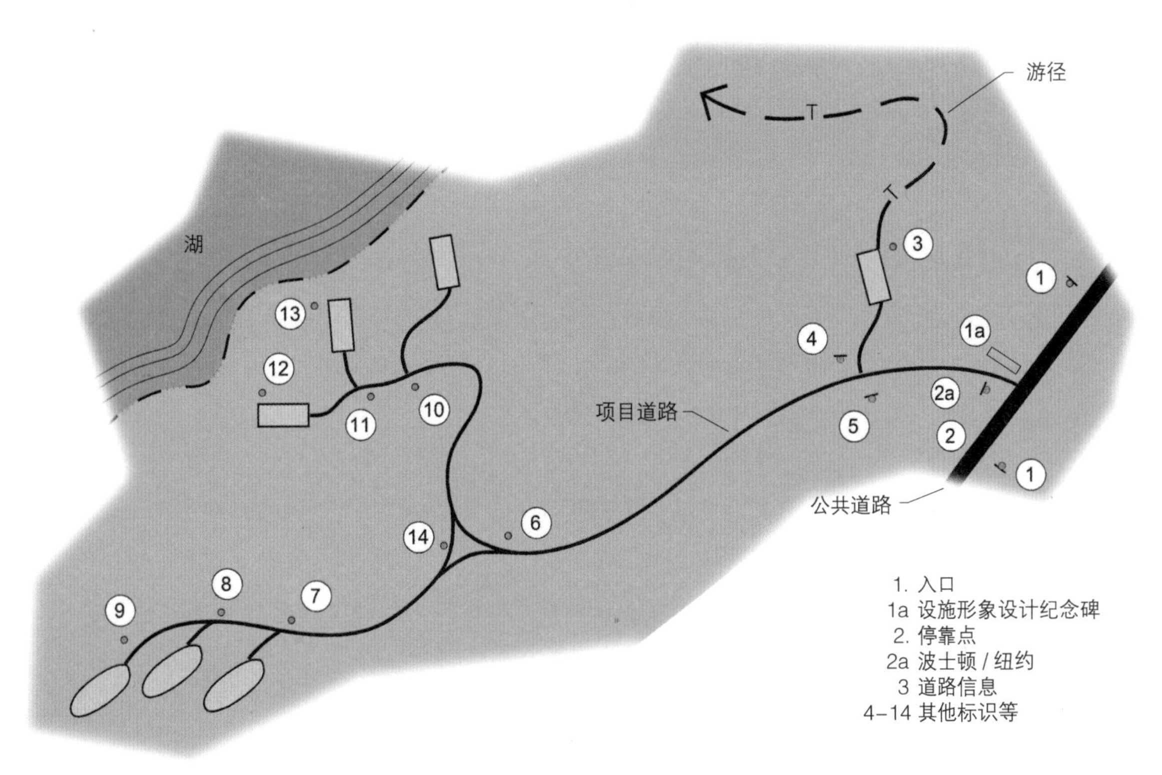
游径
湖
13
12
11
10
3
1
4
1a
项目道路
2a
5
2
1
公共道路
6
14
9
8
7
1. 入口
1a 设施形象设计纪念碑
2. 停靠点
2a 波士顿 / 纽约
3 道路信息
4–14 其他标识等

图 13.12　标识规划

第14章　过夜场地

由于参与成本低、渴望长时间停留、亲近自然以及人类迁徙性等原因，"露营"的需求在不断增加，人们对户外活动的兴趣也在逐渐提高。为了满足这种需求，公共和私人露营设施已逐渐发展，并在一些地区建立起来。适当的规划和设计对自然环境的保护、露营地的经济运作与维护十分重要。有迹象表明目前露营者的人数趋于稳定，但同时总体旅游市场处于增长趋势。

概况

在寻找适合的过夜场地前，必须首先确定是否需要这类设施。可先对周边的过夜场地进行调查，包括设施的类型、位置以及数量。夜晚容量和转换率可能较难获得，但是其场地未使用数可以对我们提供借鉴。如果调查显示使用者具有过夜住宿的需求，则可针对其期望的设施类型进行建设。大多数拥有少于100个位置的小型露营地是有问题的，由于其运营成本较高，因此常常亏本运作。

夜间住宿的种类

夜宿场地可以提供多种过夜方式。从原始的、可直接进入的露营场地到高级的、设施完善的旅馆。很多种类的过夜设施都是令人满意的，它们通常包括以下任一一项或全部：

图 14.1　森林中的露营地

- 原始的可直接进入的露营场地；很少或者没有设施——一种可持续的发展方式；
- 可直接进入的场地，提供水和卫生设施——一些场地可能提供抽水马桶和自来水；
- 道路一侧的遮蔽处，有限的水与卫生设施。从名字可以看出，它们沿着道路分布；
- 典型的家庭露营地，有限的水和卫生设施；
- 典型的家庭露营地，带有抽水马桶、淋浴和洗衣池；
- 典型的家庭营地，在每个场地都包含有完整的公共设施（包括拖车停放场地）——在私人所有与经营中除外；
- 家政服务小屋；
- 有完整服务的旅馆。可能包括游泳池、餐厅和咖啡馆，以及其他设施；
- 帐篷宿营——只有水和卫生设施，可使用的资源很少；
- 大篷车宿营区——相对于全方位服务的营地来说其卫生设施是有限的；
- 露营团体——大型集体组织，如童子军、女童军、国家游憩徒步者协会；
- 短暂的露营——经常沿主要的公路设置，通常是私营的。

- 青年旅社

过夜设施在美国很少被使用，通常它是结合旧的历史建筑进行修复。

个人或非政府组织用来建造和运营的过夜设施（例如集体营地、旅馆、小屋、活动房屋停放场）的资金使用是需要各方支持和监督的。这可以防止在为特别的游憩活动提供额外的设施时与私营企业竞争。

一般区位因素

在决定夜间使用场地区位时首先会考虑的因素包括：

- 设施与资源的整体关系；
- 内部游憩设施；
- 相关设施，包括入口道路、饮用水供应设施和其他设施；
- 地形平坦或平缓起伏，排水良好，植被繁茂。一些不利的条件能通过创造性设计得到解决；
- 需要确定露营地大小和可扩张的潜力。通常少于150个露营点的场地是不令人满意的，因为每建造一个场地就要花费更多的成本，特别是需要花费更多的运营成本。

一般场地要求

露营地的设计需要由场地自然环境特征来决定。

地形是最引人注目的特征，随后是植被覆盖、土壤条件、排水和地貌。营地之间需要有视觉上的遮挡。

地形

平缓起伏、有良好排水且坡度在1%–5%的地形最令人满意。斜率最高允许为15%，最低1%——比它低的话就需要对地形进行调整以便排水，花费成本高。

植被

有上层植被做遮篷，下层植被做挡风是最佳的种植方式。成熟材林是不需要的，因为它们可能因年龄及疾病造成损失。稀疏的树冠以及其他树木管理措施是需要的，且尽可能优先提高植被生存条件。

土壤

该区域土壤应该能使水很快下渗以防止出现积水或泥泞的状况，应能承受重复运输的压力和各类侵蚀。非季节性或季节性的高地下水位不应影响到建设与场地使用。在使用季节遭遇险恶天气时，滞留水是不应存在的。

露营特征

没有孩子的年轻露营者是最有可能寻求远程露营的（徒步旅行）。随着家庭内有了孩子，他们开始调整露营方式，转为有一些徒步的传统家庭露营方式。在孩子5到14岁的这段时间，家庭通常只进行路边露营。但是，当孩子成熟离开家时，一些父母会再次寻求远程露营，但大多数会放弃露营活动而选择其他。

停留时间差异巨大。大多数露营者只在周末出去——周五到达，周五和周六晚上露营，周日白天离开。

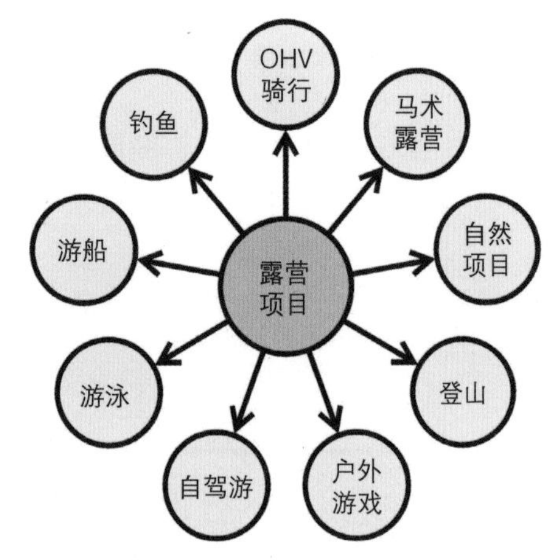

图 14.2 露营者参与的除露营外的其他活动

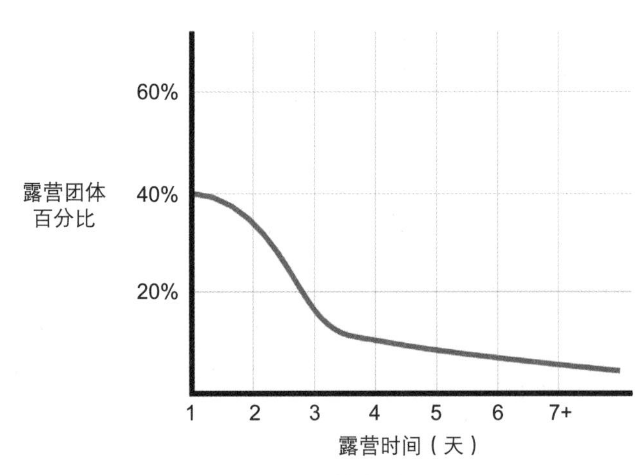

图 14.3 停留时间

使用者态度

- 露营是……

  10%的人认为是一种社交体验，不是身体体验。

  27%的人认为是一种身体体验，不是社交体验。

  28%的人认为既不是社交体验也不是身体体验。

  34%的人认为既是社交体验也是身体体验。
- 大多数人认为露营地之间的遮挡比距离更为重要。
- 对于露营的需求是不同的。
- 水——与水有关的活动和能看见水的露营地是最具吸引力的因素。

露营趋势

- 很多人（大约40%）在露营季节与朋友露营。
- 淡季露营活动减少，平均占露营总数的10%-20%。
- 拖车露营与帐篷露营的比率取决于露营地的类型和不同的地区。一般来说，在东部，比率一般为2∶1，这个数据趋于稳定。4%-13%的场地有2辆或以上的车。
- 活动高峰：下午1点，5点，晚上9：30，50%的露营者从不离开露营地。
- 到目前为止，周五和周六晚上是露营者最集中的晚上。工作日只有一半的容量。3个主要的露营时间段为阵亡将士纪念日，美国独立纪念日和劳动节。一些设施场地一次好多天都是满容量的。

图 14.4 典型的露营火炉，它能用于小型的篝火以及烹饪，同时也能将一边翘起进行清洗

然而，最近的趋势是除了在节日周末，营地的入住率都在10%-20%（小的乡村地区）到50%之间。在宾夕法尼亚州大约85%-90%的露营者停留3个晚上或少于3晚。而在淡季他们只停留一天到一天半的时间。

- 野外炉很少用来烹饪（热狗，咖啡，棉花糖除外），它们的主要功能是取暖和提供晚上露营的气氛。
- 私人营地持续在提高它们的露营设备以满足顾客的需求。其中包括增加电流，由于露营者的电子设备增多，因此从15安培扩大到30安培。
- 露营的距离缩短。

露营工具的类型

在露营交通工具上，位于西部以及平原的州使用房车的比率较高，其余各州步行与露营拖车相结合。这种地域差异在比较营地布局特别是个人居住空间时十分重要的。交通工具的大小和功能特性意味着将如何布置露营的生活区。

游憩车主简介

一般而言，游憩车主分为三类：有技能的、职业的和退休的。将近一半的车主没有孩子。在有孩子的家庭，1/3有一个孩子，1/3有两个孩子，剩下的有三个或三个以上。一般带孩子的露营者平均有两个孩子，年龄在0到17岁，其中82%的露营者两个孩子年龄在7-12岁。游憩车主一般生活较为富足。车主的中间年龄为50岁，79%是36-65岁，11%是超过65岁。

由于高额的燃气价格和有限的休闲时间，远距离旅行正在减少。这个信息是从2500多份问卷中得出，其中，80%为拖挂式房车，10%为皮卡式房车，5%为其他。

设置昂贵的租金仍是可选择的。它应该成为一个可以影响露营者人群类型和露营需求的因素。

供水和卫生设施

在家庭露营地中，至少应提供移动式公共厕所，包括女士马桶、男士马桶和小便池。洗手池作为个人卫生需求也应提供。手压式饮用水也是必要的设施之一。

露营地需要更多的现代露营设施，比如洗浴室或者是洗浴室和公共厕所的结合。洗浴室包括热水浴、抽水马桶、温水或冷水的洗手台、电插座和夜间照明。如果在北方，房屋应该供暖以应对冬季的使用。在美国、墨西哥和加勒比海的南部，则不需要供暖。

图 14.5 露营地公共厕所和信息公告栏

公共厕所的夜间照明和电插座是必须设置的。在偏远地区，有蓄电池的光电收集仪对于那些用电量少的设施来讲是一个灵活的供电方式。

如果是长期露营，洗浴室可以提供投币的洗衣机和烘干机。公共厕所应该要有抽水马桶、自来水、电插座，并根据需要供暖。

在寒冷的气候区应当提供带有防冻水龙头的饮用水设施（前提是在当地可进行冬季露营），每45m设一个。

供水

- 洗浴和冲水厕所：每天每个露营者需要95-115L水。
- 单独冲水厕所：每天每个露营者需要60-75L水。
- 没有洗浴和冲水厕所：每天每个露营者需要19L水。
- 应急用水需要政府机构支持，蓄水量应是日最大用水量的两倍。
- 饮用水点与露营点的最大距离：90m，理想距离45m。

卫生设施

- 公共厕所到最远的露营点距离：150m，90m最佳。
- 洗浴室到最远的露营点距离：180m，120m最佳。

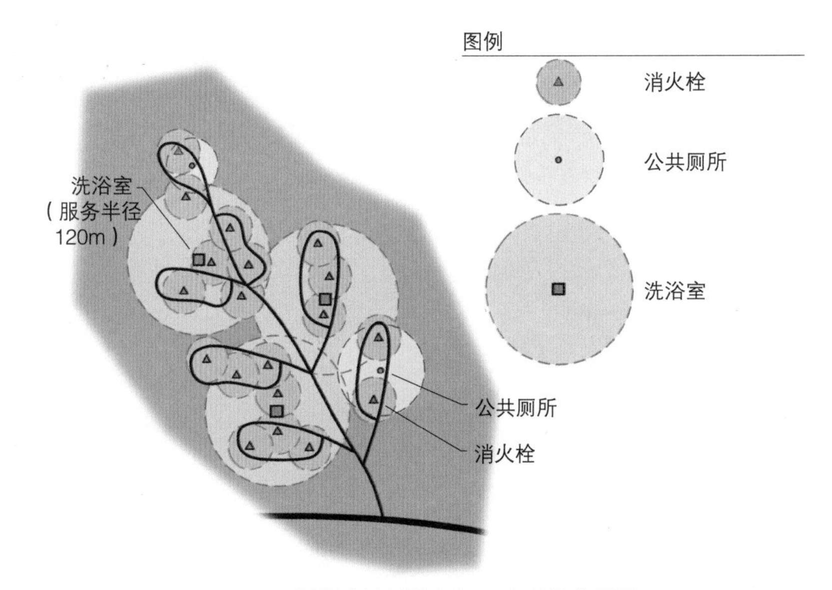

图 14.6 露营地周围供水与卫生设施布局图

帐篷与拖车场地数*	厕所蹲位数男/女**		厕所数男/女		小便池数	洗浴数+男/女		卫生站数
1-15	1	1	1	1	1	1	1	1
16-30	1	2	2	2	1	1	1	1
31-45	2	2	3	3	1	1	1	1
45-60	2	3	3	3	2	2	2	1
61-80	3	4	4	4	2	2	2	1
81-100	3	5	4	4	2	3	3	1

建议的卫生要求——假定男女比例为 1 ∶ 1，且在制定数量时要参照各州的标准规定。

* 在游憩区有超过 100 个帐篷或拖车场地时，每增加 30 个场地，每个性别就增加一个厕所与蹲位；每增加 60 个场地，男性小便池增加 1 个；每增加 100 个场地，卫生站多增加 1 个。

** 转为女性设计的小便池可代替坐式马桶，但不要超过 1/3 的所需蹲位数。美国女士并不太接受这种类型的小便池，而这种类型在欧洲广泛使用。

+ 位于中心的洗浴室可以代替个人淋浴室——该设施可特许经营。

图 14.7 建议的卫生设备要求

- 在寒冷地区，至少有一个洗浴室有供暖设备在冬天使用。厕所内的其余设施均是可以过冬的。

垃圾站

垃圾站对于露营者来说是必需的设施，它提供了指定位置的倾倒和清洁。垃圾站应尽可能设置在入口和第一个营地之间，更适宜放在道路的出口一侧，最好能从道路上看见。每100个露营地应该提供一个垃圾站。可用州或地方公共健康标准去核查垃圾站，同时也要向州或当地许可机构核查以确定是否有任何未出台的标准。排水管和水利设施应该有合适的污水入口。垃圾站上应该有使用和健康危害的说明。这样就能创建完整的露营地卫生系统。

图 14.8　露营地小径的垃圾站——法国溪地州立公园，宾夕法尼亚州

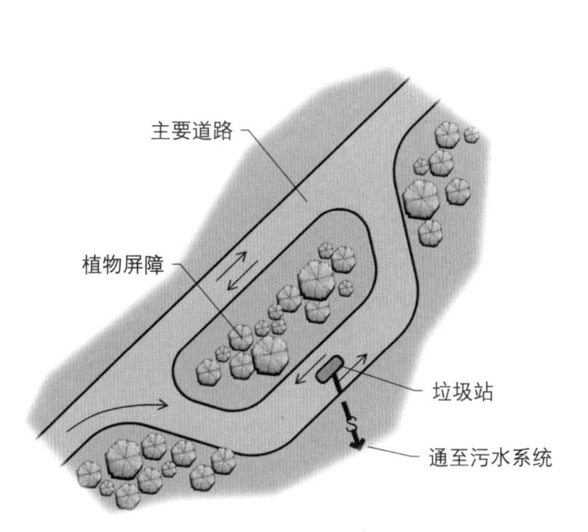

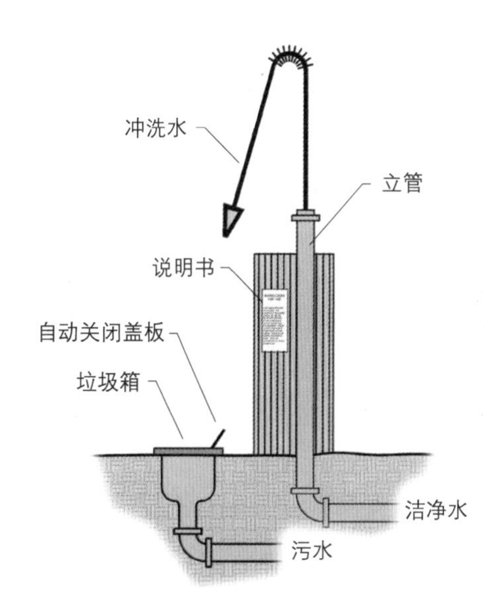

图 14.9　垃圾站

电力

- 现代营地的所有公用建筑都需要电。在公共电力设施难以保证或需要昂贵费用时，可考虑太阳能供电。
- 所有公共厕所均需要夜间照明。
- 每个露营单元常常会要求提供相应的供电设施。在发展较好的营地特别是私人营地应该充分提供。

露营地道路

露营区主要入口道路应该是双车道，同时保证方便安全地进入与外出，且与公共道路形成不同等级。

在开发区内的道路应该融入景观且尽可能减少干扰。所有道路应进行合适的表面处理使维护和灰尘问题减到最小。

在可允许通过露营机动车的地方，道路占比不应超过12%。在只有帐篷的区域道路占比可以为18%。道路宽度取决于露营单元设计、交通流量、地形和交通运行路线。必须在场地内通过观察来安排道路，或者在基础调查后进行实地野外检查以调整选线从而保护树木和区域的一些自然特征以及场地的最大使用量。

穿越露营区的单向道路将对景观产生最小的干扰。

入口门亭

入口门亭的设立是为了控制露营者的人数和管理露营地的运作。这些运作包括收费、露营许可证的发放、露营地信息的宣传、露营者的安全、为没有手机人群提供紧急联络场地。经验表明也可设置一些联络站来实现以上功能，这些联络站的详细说明如下：

- 后备空间应该由预期用途和每个露营地的运作特性决定。每个露营地可提供3m的后备空间。
- 应该有一条旁路围绕联络站，并且与入口道路分离。
- 应该设有转向空间方便露营者探索整个营地。
- 入口站台必须有卫生设施，在建筑里或者离入口约30m（详见第11章，入口）。

篝火项目

所有露营地都应该考虑提供夜晚篝火项目，特别是那些超过100个露营场地的营地。这些设施也可以作为环境与非公路车讲座的地方，同时，它应该：

图 14.10 露营地入口门亭——法国溪州立公园，宾夕法尼亚州

图 14.11 篝火设施——法国溪州立公园，宾夕法尼亚州

- 在过夜住宿的步行范围内。
- 与营地有充分的视觉和声音隔离。
- 与停车场相距四百步内，需要的停车场数量根据露天剧场与露营地的距离决定。离露天剧场越远，就需要越多的停车场。
- 设置无障碍设施。
- 篝火会上有照明设施，且同时设置在主要进入道路上。

一般设施

洗衣房设备（投币运作）：多为超过两天的露营者使用，它们布置在澡堂或者营地中心游览区。

- 露营地商店：设置在营地主要道路旁，所有大型露营地都应该设置商店除非有当地商店供露营者购买所需品。

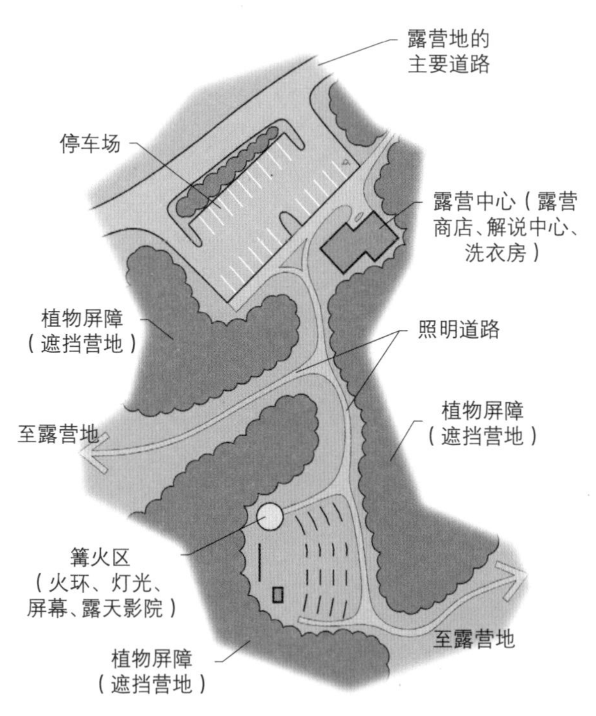

图 14.12 露营的辅助设施布局

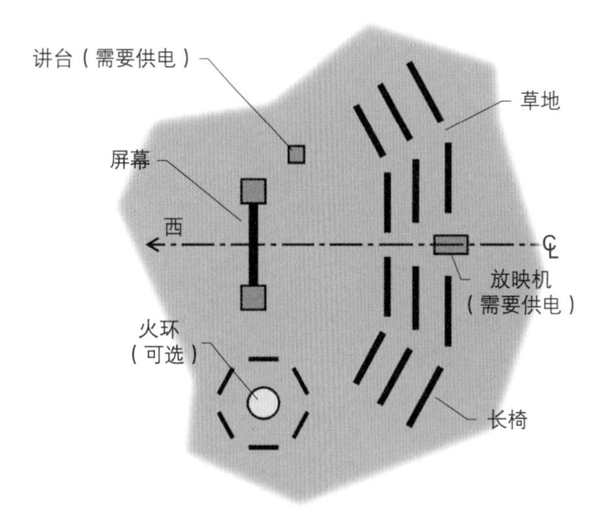

图 14.13 篝火项目布局

图 14.14 在观看区旁的火环——法国溪州立公园，宾夕法尼亚州

图 14.15 柴火——巴黎山州立公园，南加利福尼亚州

- 柴火：露营者通过购买获得使用权。
- 电话：所有露营设施都应该能使用电话，手机信号覆盖全区。电话应根据需求布置，但至少每个联络站和露营中心需要配备一台。
- 无障碍设施：一些露营场地必须进行无障碍设计（建议至少占10%）。
- 人行通道路线：在露营区，小径与道路都是设施的重要组成部分。人行通道路线应该连接所有的洗衣房和厕所、游乐场地、露营中心和露天剧场。
- 游乐场：游乐场地对露营地来说十分重要，因为它能吸引家庭。
- 游船：游船设施设置在通航水域。通常，这些设施应该只为露营者所用。

- 垃圾：每3到4个露营场地需要一个垃圾回收站，其取决于清理垃圾的频率。如果用大型垃圾装卸卡车替代垃圾桶，则可将垃圾倾倒位置设置在露营地卫生设施处（厕所洗浴室等）。

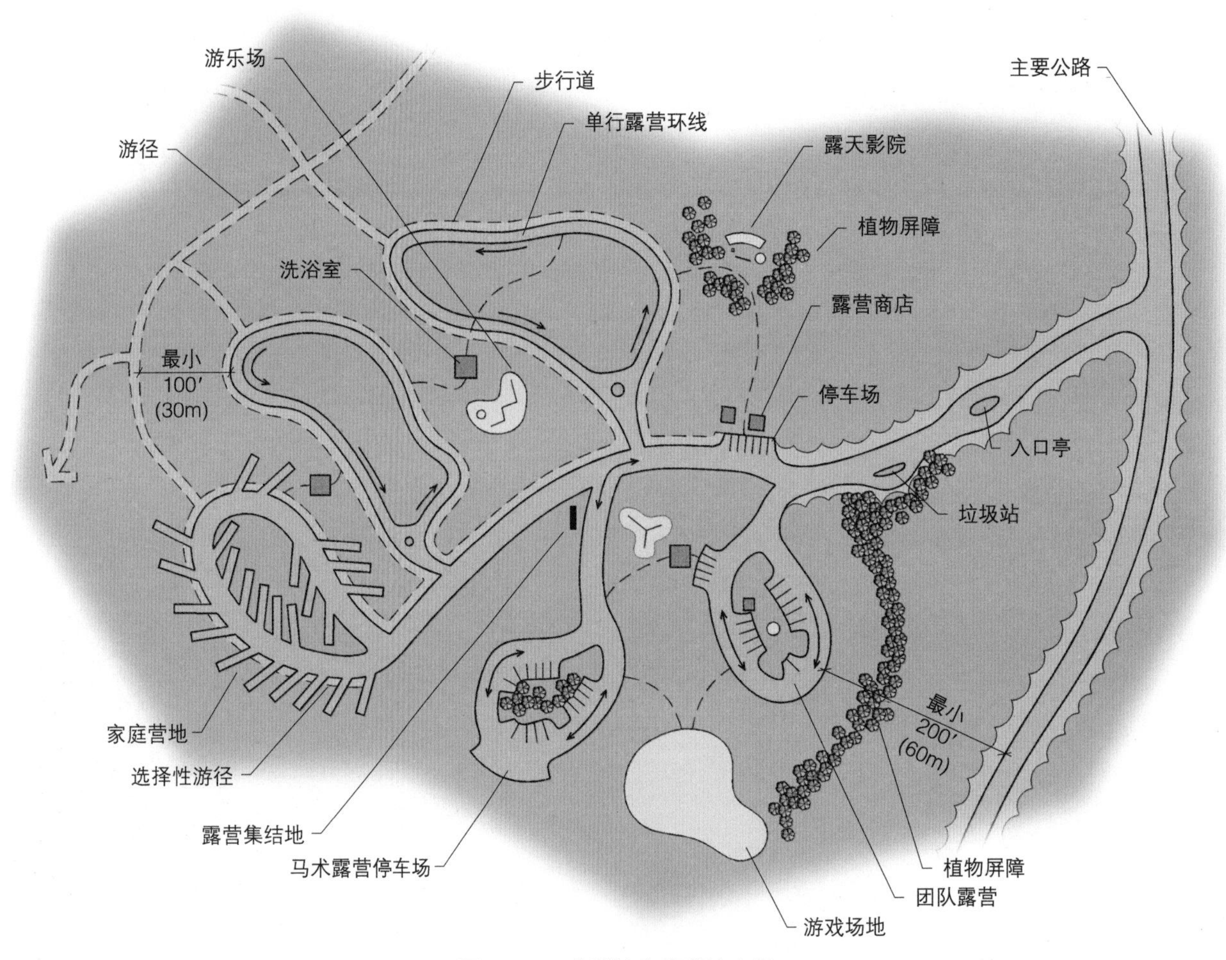

图 14.16　典型的家庭营地布局

居住区

- 位置：在东部和中西部，理想的情况是将90%的居住空间设置在停车场地的左边，因为常用的休闲交通工具位于露营者帐篷的右边。然而，在西部和西南部，大部分的露营地应该位于停车场地的后面。而在山区，应该在土地允许的地方设置居住区。
- 桌子：通常来说，一张1.8m长的桌子对于典型的家庭露营场地是足够的。2.4m长的桌子在越野车露营地是有用的。桌子应该保证设置在固定

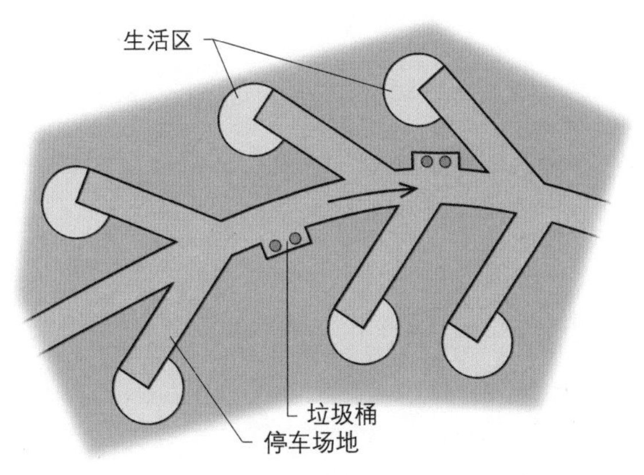

图 14.17　露营地生活区

地点，否则它们会被露营者重新放置，导致场地的压实和随之而来的植被破坏。

- 居住空间：需要54m²的空间。对于仅有一张野餐桌子，一个野炊点和一个帐篷来说，至少需要36m²的空间。
- 多家庭场地：10%或者更多的场地需要设计以容纳2个以及更多的家庭。
- 营地表面：营地需要有良好的排水，没有大块石头，不会泥泞，能支撑帐篷。
- 缓冲区：营地与任何设施比如水体、观景点等之间应距离30-45m。这对于露营者来说是一个公共空间。
- 额外停车场：在每个公共厕所和洗衣房都应该有能停2到3辆车的停车场。应该为每个营地、露天剧场或其他特殊设施增加10%或者更多的空间来设置停车场。

图 14.18　居住区——位于巴黎山州立公园，南加利福尼亚州的露营地

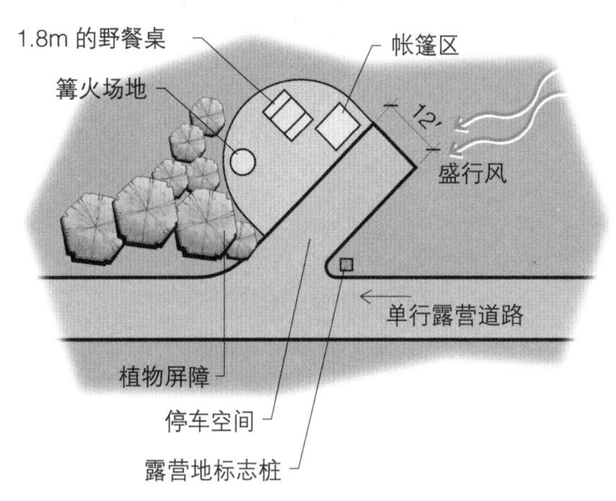

图 14.19　居住区

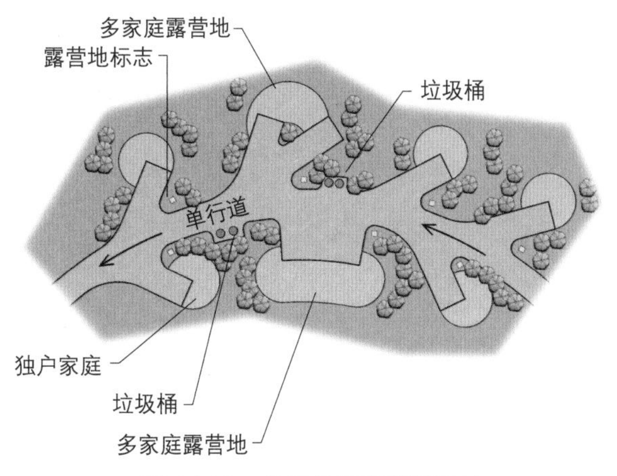

图 14.20　多元的家庭露营场地

图 14.21　单行的露营道路和露营场地停车区——巴黎山州立公园，南加利福尼亚州

停车场地

- 场地最少约18m长，在中间围合成一个活动区域，最后7.5m为2%的缓坡。整体长度应为12m（可放下两辆机动车），宽度为3.6m。

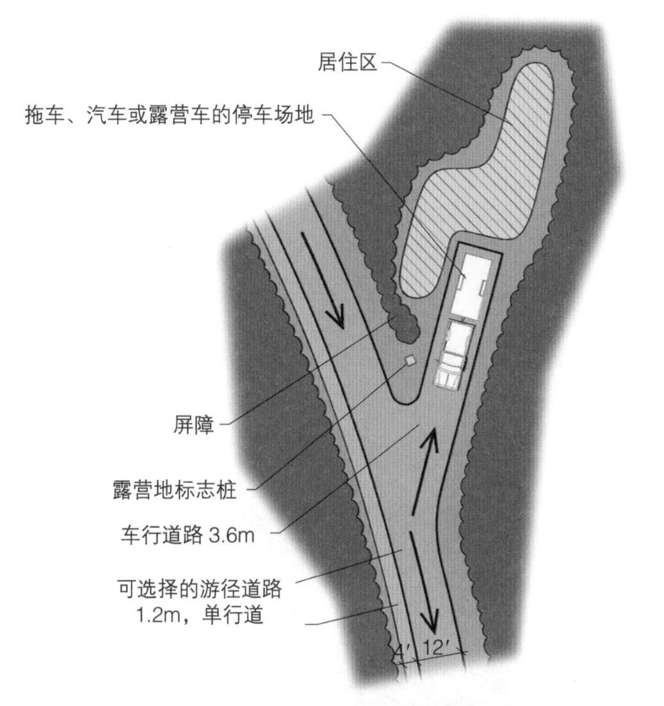

图 14.22　典型的露营场地停车区

图 14.23　典型露营场地 7.2m 宽的停车场地（2 辆机动车）露营火炉、帐篷垫、野餐桌、水和电插座

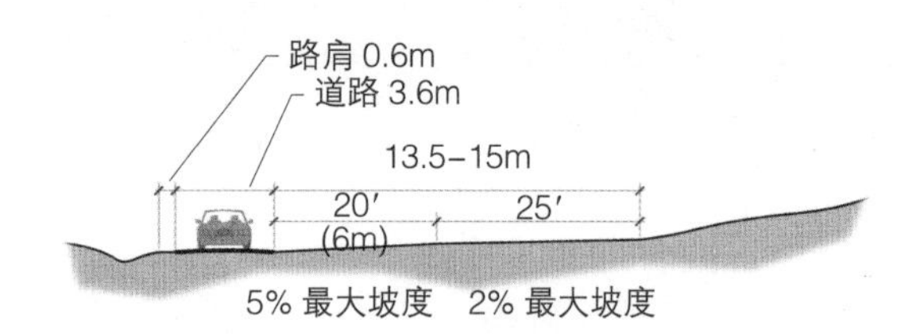

图 14.24　露营场地停车断面

露营场地

- 隐私：一般来说，露营者偏好有私密空间的场地。 每公顷的露营单元：18m长的露营单元每公顷15-25个是最佳布局。单元的数量取决于期望的结果、地形、现存植被和主要土地特征。15m 长的露营单元每公顷最多不超过25到35个。
- 居住空间：实际的居住空间应该是36-54m^2，以容纳1.8m的野餐桌、火炉和帐篷空间。
- 场地特征：营地数量应该是有限的，便于在车上和保安巡查时看到。

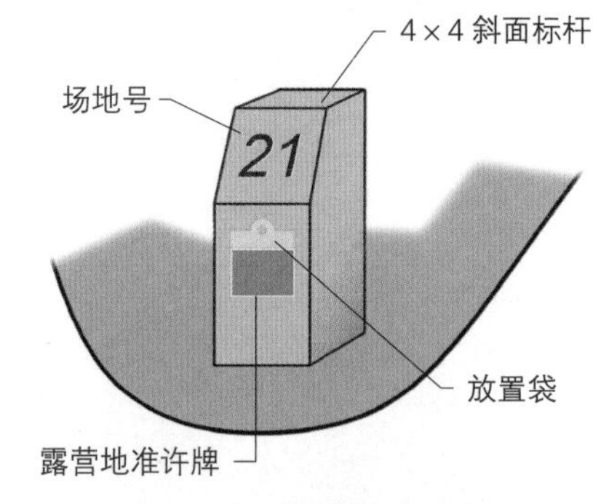

图 14.25　露营场地标志桩

马术露营

马术露营单元的基本类型与其他露营地一样，需要无障碍且平整的区域以放置桌子、野外炉、帐篷、露营拖车和马拖车。

一个典型的家庭露营地改变成为马术营地将会有一系列特色鲜明的变化。至少需要设置马术通道和一个带有围栏的大型停马场供马匹过夜、供食供水及清除粪便。

停车区

场地最少约为18m长，在中间围合成一个活动区域，最后7.5m为2%的缓坡。单元长度为18m（为两辆机动车的长度），宽度为4.8m，便于控制马匹、装或卸载马匹。通向马术道路的游径是必须设置的。

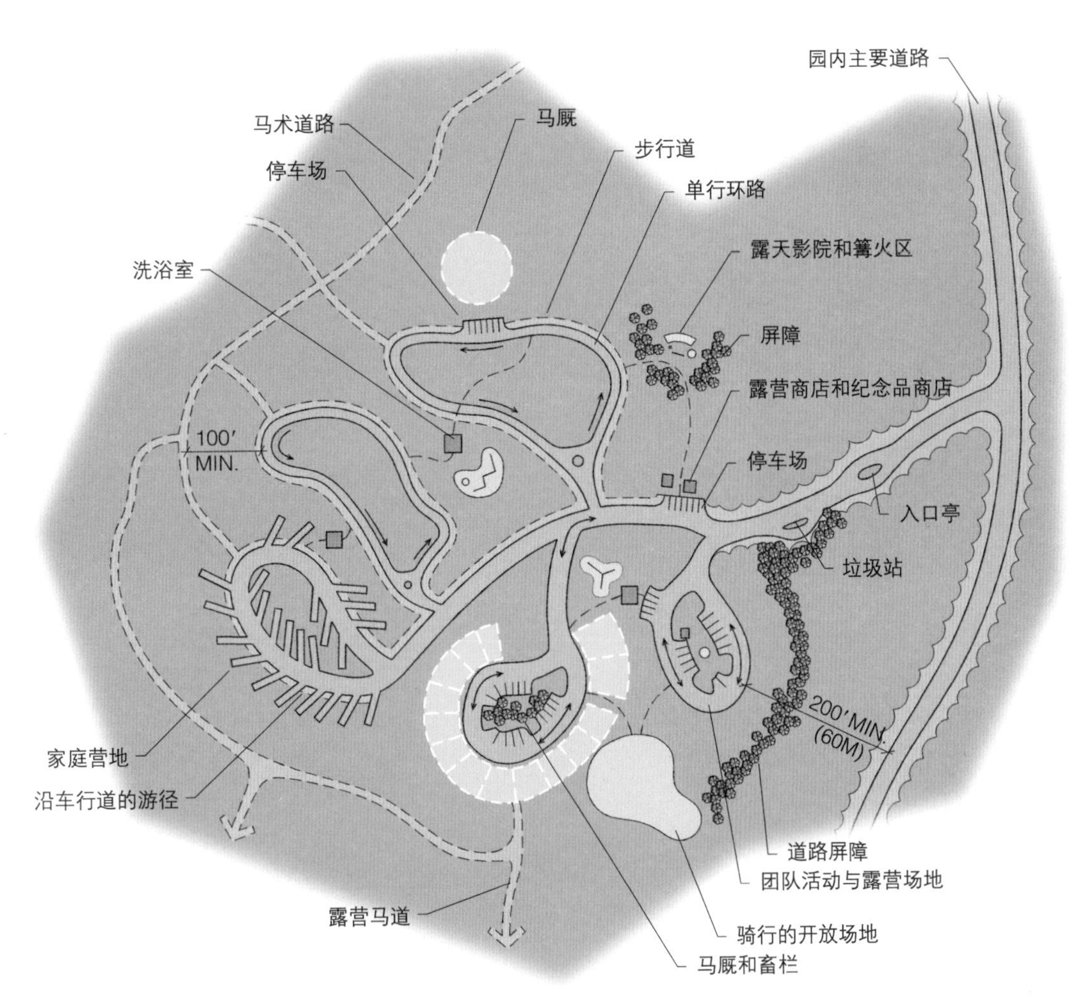

图 14.26　典型的家庭马术露营地布局

一辆汽车或一辆马车应该占停放单元70%的空间。

露营场地

隐私：一般来说，露营者偏好具有私密性的场地。

每公顷的露营单元数：15到25个单元，单元长度与家庭营地一样，或者再稍微多一点（增加3m左右）。在家庭营地中，单元的数量取决于期望的结果、地形、现存植被和主要土地特征。15m长的露营单元每公顷最多不超过25到35个。

居住空间：实际的居住空间应该是36-54m^2，以容纳1.8m的野餐桌、露营炉和帐篷。理想情况是在使用期间提供系马的空间。

场地识别：营地数量应该和家庭营地一样是有限的。

马匹过夜区

马匹停留的地点最好与露营地分开。这个区域必须有可饮用的水，单独存放饲料的地方，易于清理且有可进入的道路。

水体：提供每天24小时的可用水是至关重要的。

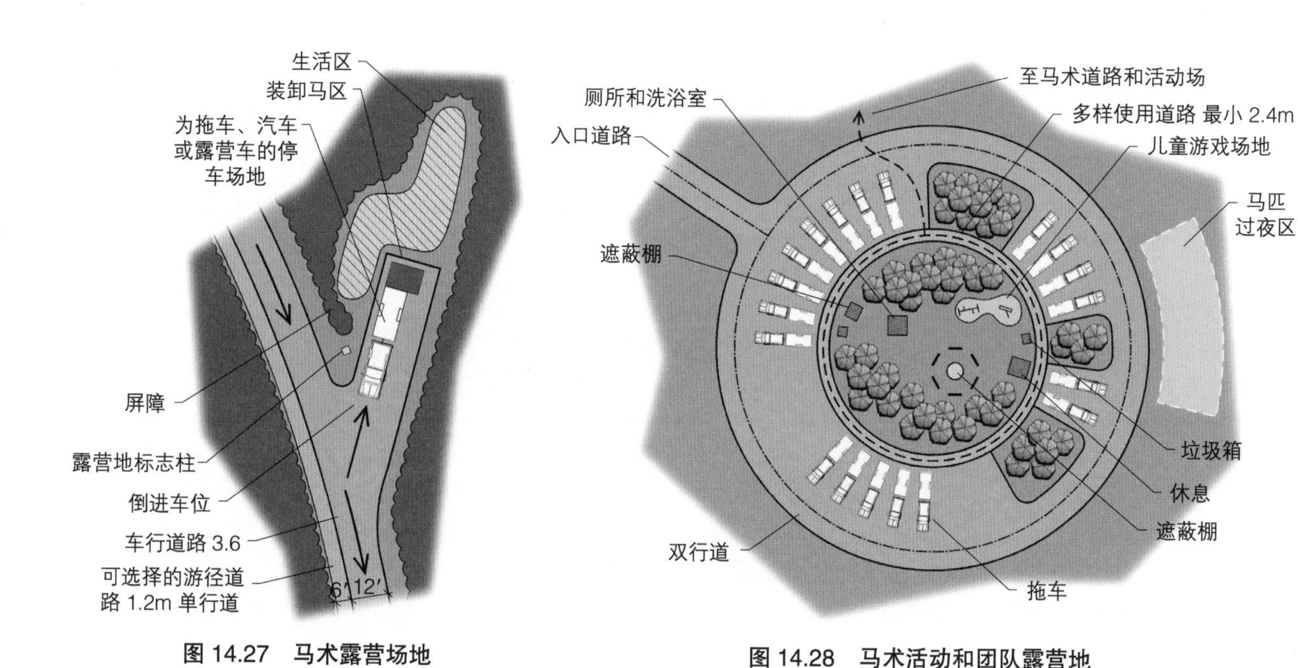

图 14.27　马术露营场地

图 14.28　马术活动和团队露营地

食物：需设置所有露营地都可达到的入口以满足为马匹投喂食物。

打扫/清理岩石/草垫：

- 应该有通道将草垫运到马匹过夜区。
- 需要有放置使用过的草垫材料的地方，以防止使用过的有气味的材料堆叠。

备马：

- 需要有个人和团体的备马空间；当然，个人可以方便地使用团体空间。
- 需要在马厩有一个供食物储存的封闭空间。

马术开始区域

备马：

- 一个靠近稳定区且相对平坦的区域适合成为备马的区域。
- 需要为马提供饮用水。
- 需要有快速通过的小径。
- 需要为人们提供避雨亭。

出发区：

- 出发区个数为马匹数的20%。具体取决于预期最大容纳量。

供马使用的水：

- 饮用水。

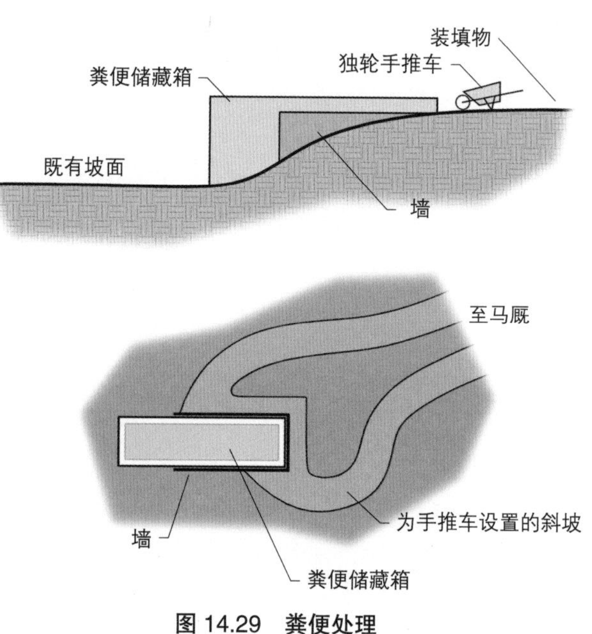

图 14.29　粪便处理

- 请注意：需要有骑马后的冲洗区。

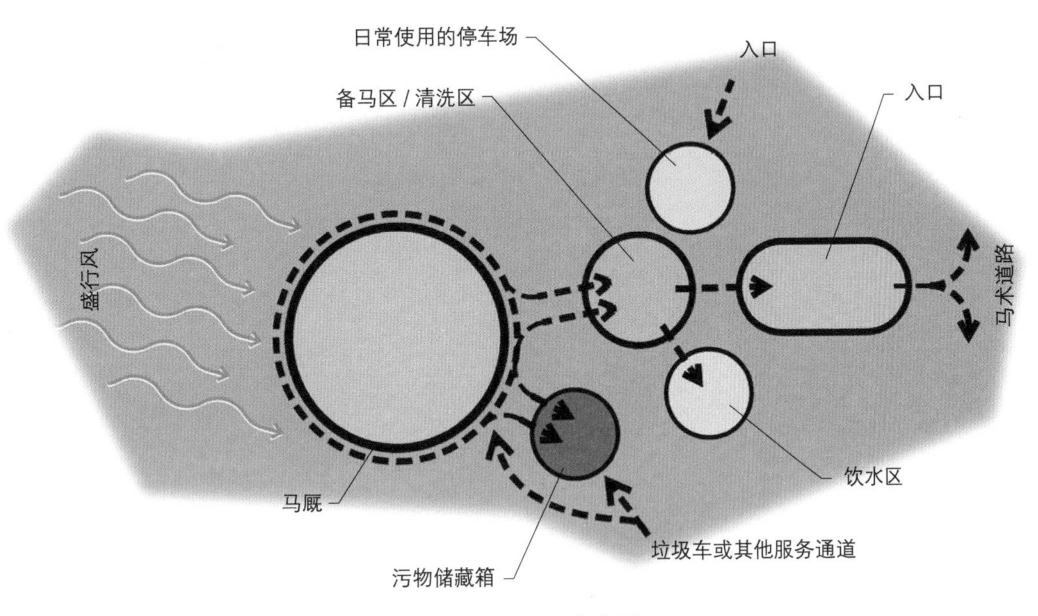

图 14.30　出发区

活动区

靠近马术出发区的空间。

- 提供指示。
- 颁奖。
- 备马。

夜晚巡逻

所有有马匹的区域应该有暂时或者永久的围栏。它们包括：

- 拴马索。
- 畜栏。
- 马厩。

非公路车（OHV）露营地

非公路车露营地单元的基本类型包括无障碍平坦的区域、桌子、露营炉、帐篷、拖车，停车场和行驶区域。

停车区

场地最少约为18m长，在中间围合成一个活动区域，最后7.5m为2%的缓坡。单元长度为15m（为两辆机动车的长度），宽度为4.8m。

一辆汽车或一辆拖车应该占停放单元70%的空间。

其余30%的场地应为家庭露营地。

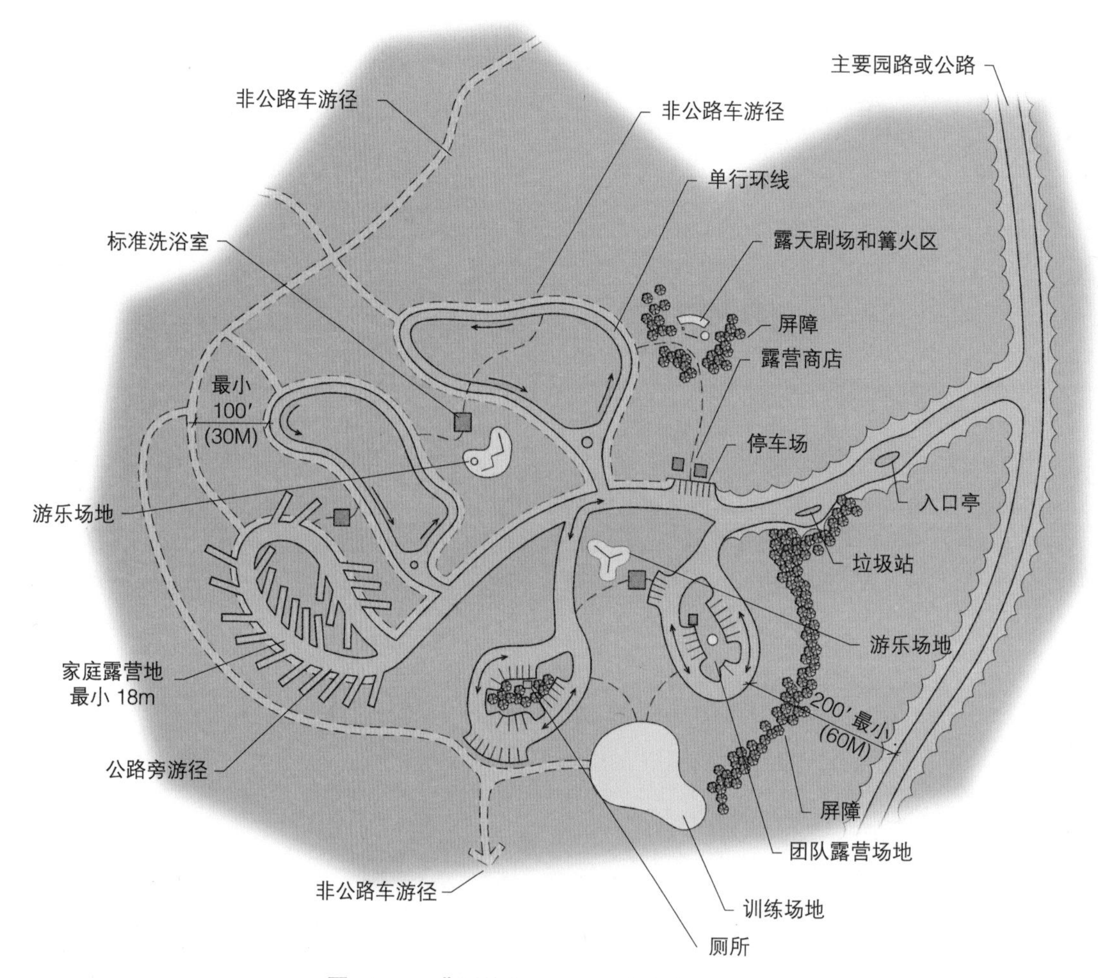

图 14.31 典型的非公路车家庭露营地平面

露营场地

隐私：一般来说，与其他露营者一样，非公路车露营者偏好具有私密性的场地。

每公顷单元数：15到25个单元是最好的。单元的数量取决于期望的结果、地形、现存植被和主要土地特征。15m长的露营单元每公顷最多不超过25到35个。

居住空间：实际的居住空间与其他的露营类型是一样的。

场地特征：营地数量应该是有限的，便于在车上和保安巡查时看到。

团体露营

团体露营区，通常设有独立的设备齐全的单元。

要求：

- 有树荫或者庇护处。
- 中央环形露营炉。
- 与家庭营地分开。
- 游憩设施—马蹄型场地，开放的儿童游乐区，沙滩排球，垒球场地（可能的话）等。
- 与道路和娱乐场所直接相连。

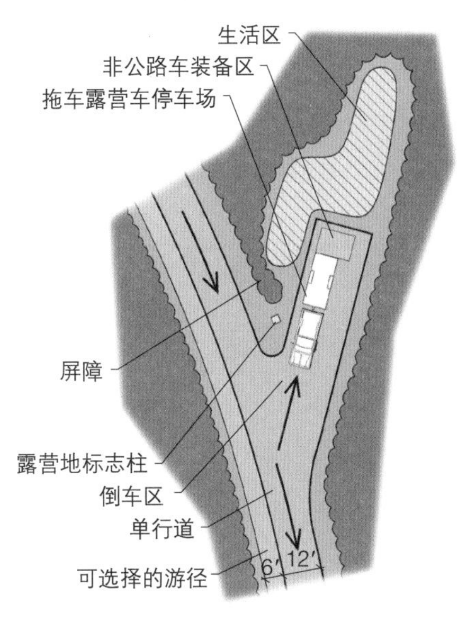

图 14.32 非公路车露营场地

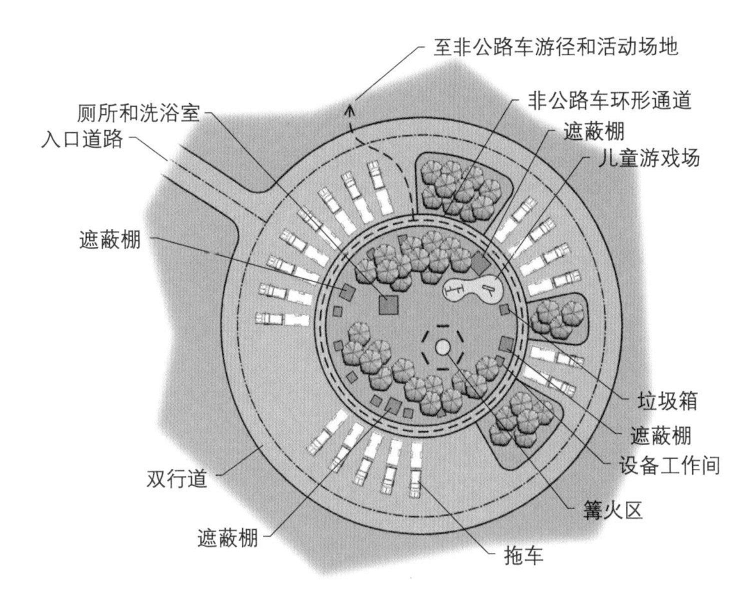

图 14.33 非公路车团队露营场地

露营—泊船区（只可通过船只到达）

临近河流、湖泊和海洋保护线附近，供个人使用的宿营地，车辆不能到达，只允许通过船只抵达。该类型区域面积相对较小，仅能容纳有限的帐篷，配备有防水蹲坑或马桶，但是没有开发水源（除非附近有可达的源头或是开发成本较小）。一些区域应当保留原始的状态，一些用于服务和设施维护的，比如垃圾清理、炭火供应等等的道路，虽然有需要，但也不是必不可少的。

要求：

- 最小面积足够容纳一个帐篷或加一个桌子和篝火，同时必须提供两个帐篷之间充足的缓冲区域。
- 人数最多8个，一般情况下为3个人。
- 每公顷的露营单位数，每公顷5–10个。
- 露营单元之间距离，最佳距离30m，坦白讲这个距离已经超过了一般典型的露营区间隔。
- 卫生设施，四个露营单元共享一个，男女通用式卫生间。
- 垃圾箱，每个泊位旁边应放置一个，另外每四个露营点放置一个，除非有特殊的要求。
- 停泊处，必须为码头或停泊区提供足够的空间。

原始露营（没有公共交通可到达）

非常类似于泊船露营，唯一不同的是，从中心停车区到达露营点的交通方式，前者是船，而后者是靠步行。在一些区域，露营点可能会靠近骑行道或是徒步小径，这些露营点可能会被徒步旅行的人利用。

一般而言，这些露营点不提供任何设施，必须严格控制使用人数避免露营点状态恶化。

能够有服务车到达的露营区域是最受欢迎的，有一或两个露营单元的露营区可以通过马匹、自行车或是全地形车来提供供给。

有组织的成人团体露营

在面积更大的营地中，为自主团体提供的露营区域也很受欢迎。这不同于一般意义上的设施场地。观看马术或是非公路赛事露营，就是一种常见的需要露营的团体活动。在规划过程之前，当为这类活动划定区域时一定要确认有足够的展示需求。

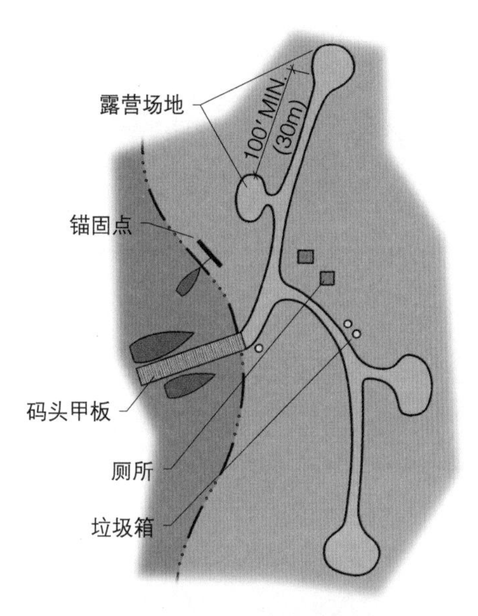

图 14.34 泊船区露营

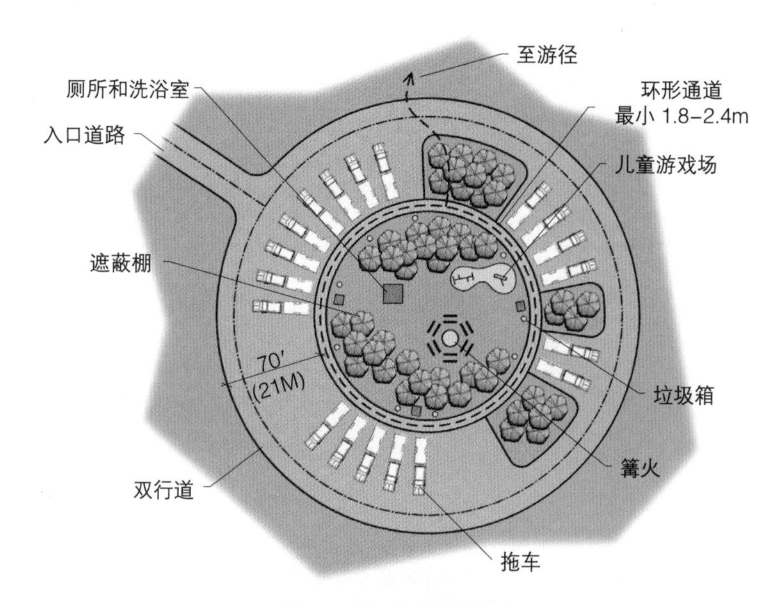

图 14.35 房车露营地

团队露营

各种团体，包括马术和非公路车在内，需要的露营单元数量跨度很大，从4、5个到一百个甚至更多，但大多数团队一般在15个露营单元之内。他们通常非常吵闹，同时又很喜欢且需要私密性。鉴于此，团体露营既需要与其他公共设施分开，又要保证可容纳各类人群。可以在一片区域里划分几个小的单元，这样就能保证容纳几个小团体，而一个大的团体可共用整个区域。团体露营地需能容纳10到80个人，包括他们搭帐篷的空间、不同类型的钻机、桌椅、露营炉、篝火圈、停车位、卫生和供水设施、内部交通线、游径网络、障碍标识和可能的野炊、集会庇护所。这类场地最小需要$2hm^2$。

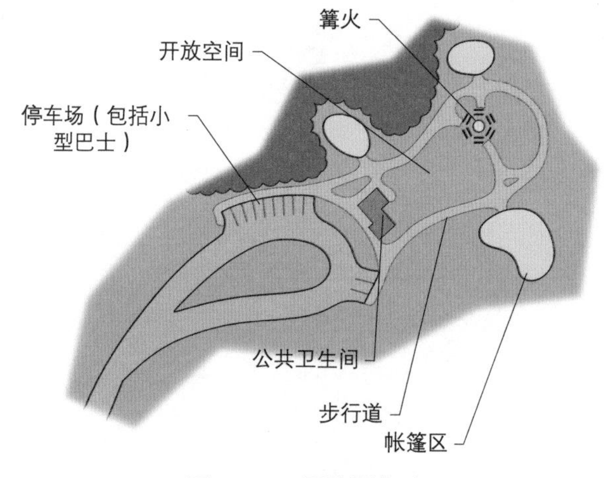

图 14.36 团体露营地

卫生要求

大多数州都有相关的卫生标准。以下是宾夕法尼亚州立法中有关此项的要求：

要求：

- 停车，停放15–20辆车的区域。
- 大草坪或铺面场地直径大约48m，每200个露营单元至少配置一个洗浴室。
- 设置中心淋浴和卫生服务设施。

- 设置中心篝火圈，尽可能提供一些私密聚集区。
- 与其他露营场地相互隔离。
- 垃圾桶服务半径最小为60m，或者在卫生间旁设置大型垃圾箱。
- 娱乐设施，如跑马场、羽毛球场、排球和垒球等。

露营—正式团体组织。

一块原始的或是未经开发的区域专门用来组织正式团体的露营。该类场地一般是特许经营者运营，有时候甚至是所有者或是特许经营者建造的。通常包括休息区（小木屋、帐篷平台甚至是帐篷区）、淋浴间、住宿、活动空间、餐厅、职工住宅、急救中心、办公以及停车场地。

人数	男女蹲位数**		男女盥洗盆数		小便池数**	男女洗澡间数	
1–20	1	2	1	1	1	1	1
每增加20人	+1	+1	+1	+1	+1	+1	+1

* 不提供过夜旅店且至多每天包一餐的团体露营不会限制卫生设施的数量，但至少应该提供厕所和盥洗室。

* 男士小便池可以替代部分蹲位，但是不能超过蹲位的 1/3。

图 14.37　团队露营地的卫生设施要求

要求：

- 从休息区和主使用区到达卫生设施的最大距离为90m，最佳距离为60m或更短。
- 到达淋浴区的最大距离为300m，最佳距离为180m。

到达餐饮区的最大距离为300m。

- 需设置餐厅或室内区以应对恶劣天气，它们可以且应该分布在不止一个位置。

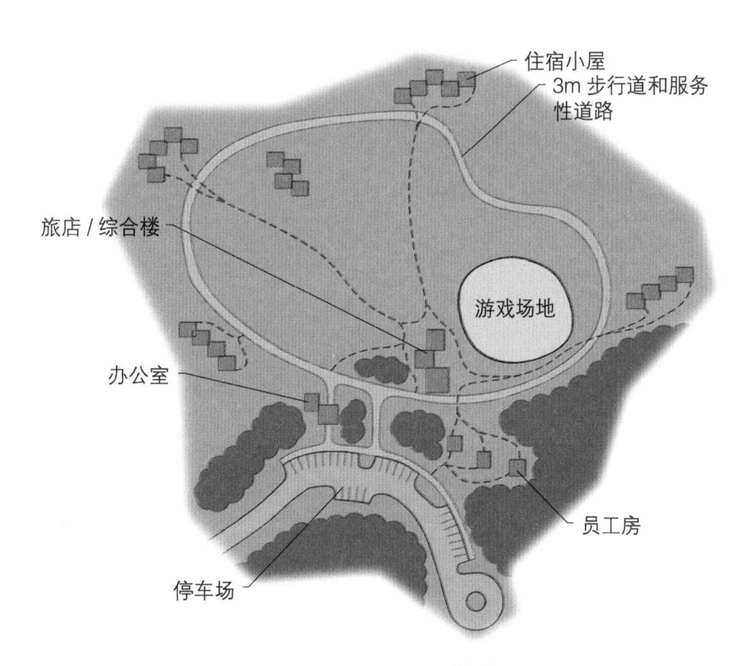

图 14.38　有组织的团队露营地

- 场地最小面积为2hm^2。
- 按照露营人数的10%准备停车场所，另外最多准备20%的植草砖停车场所。

房车区—专用房车设施

要求：

- 每公顷25个单元，每个单元面积为宽12m × 长（21m + 8m通道），约360m^2。
- 设计因素：坡度不超过8%；出入便捷；完善的服务设施；野炊餐桌、火坑（篝火区）不一定都有，但是这些很受欢迎。露营区在一定程度上不需要卫生间。
- 每个场地都要有完整的管道设施。
- 洗浴中心、洗衣房和拖车区域最远距离不超过180m。
- 私人资产通常用于建设和经营。
- 通常会有配置一个综合的娱乐室、办公室和商店。

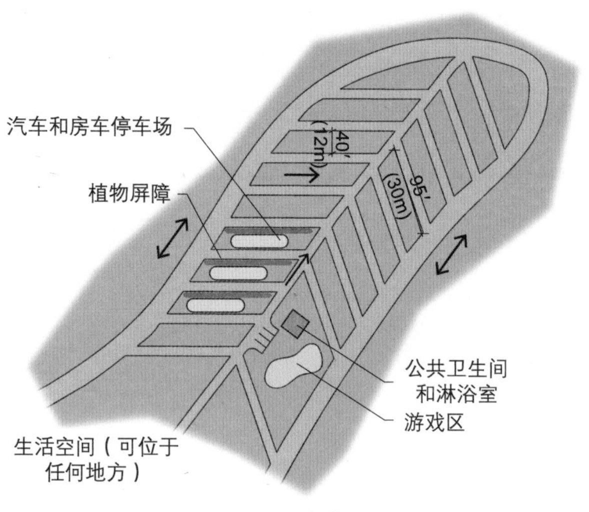

图 14.39 房车区

小屋、小木屋、帐篷平台

如果以越大、使用频率越高为导向发展，除去一般的公园设施需要，还必须将过夜住宿这一额外的公园设施类型纳入考虑中，包括住宿小屋、小木屋和帐篷平台。这些基本的过夜住宿人工设施，是在基金委员会的监管之下，保证质量和性价比的前提下，由私人基金主持建造的。长期租约（30年甚至更久）通常使这种发展能有充足的资金保证。在开始进行投资和密集的劳动投入之前，必须要完成潜在适用人群的调研评估。

临时性露营

这种露营者通常只住一晚，在赶往目的地途中停留。对于这一类过夜露营者的标准大致是以典型的家庭露营为基准，主要分以下几个方面：

- 场地的密度会比较大，单元之间的距离尽可能短至12m，露营区道路之间的距离为45m；
- 应当靠近主要交通线路或者目的点，并且有可以通向其他可用道路和主要高速路的便捷入口；
- 儿童活动区应当远离游憩设施（尽可能使用本土材料）；
- 解说设施和项目应当尽可能简单。

第15章　游戏区与游乐场地

大部分较大尺度的公园、游憩场所和休闲设施都有着不同年龄的使用人群。除了野餐、游泳等较普遍的游憩活动外，这些人群拥有着不同的需求和爱好。尽管老年人的需求也同样需要被考虑到，但这样的群体差异在针对年轻人时更加明显。由于不同年龄群体的活跃程度与运动能力均不同，设计时至少要考虑到每种器材的可用程度。

游戏区

游戏区设计应当考虑不同年龄层次，同时要满足他们的行动能力以及使用目的。要保证对于不同年龄层次的使用者都是安全的，并且保持环境友好的性质。这里要注意的是那些学龄前儿童（3–5岁）、学龄儿童（6–10岁）以及较大的孩子与刚刚成年的人群。为这些人群设计的游乐场应尽量将不同兴趣与能力的活动区分开来，因为这三类使用人群的使用需求并不能相互兼容。

针对学前儿童

- 布置在主要交通道路之外，但要靠近成年人活动区域，如果可能最好能毗邻草地。
- 与所有的机动车环线区域隔离开，间距60m或更多，通常以1m高的链状栅栏隔开。
- 青少年也可以使用。
- 无监护的小朋友也可使用。
- 大部分为不可移动的设施。
- 应当布置于北部有阳光而南部有阴影的区域。
- 为监护者提供可以休息的长椅。
- 设置可供玩耍的沙坑，使用者可以挖沙子，也可设置攀爬、滑板以及一些小秋千和玩水区域。这个区域应当与周围环境融为一体，并且要使用一些平常社区公园不太会出现的材质和设计。
- 保持区域的隔离状态，如果可能，也最好与较大孩子们的活动区域隔离。

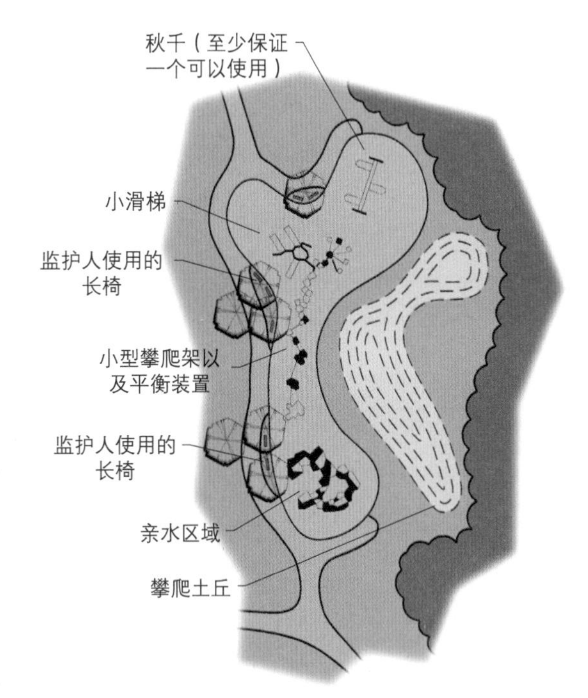

图 15.1　学龄前儿童游乐区域

学龄儿童

- 布置在成年人活动区的视野范围内，但需要稍微远离野餐区域以隔绝噪音。可以尝试与游乐区域相结合布置。
- 设计能够让充满好奇心的儿童开展探索活动的场地，让他们能够在挑战中获得成功感。同时为较大的孩子们提供更加清晰的富有挑战和乐趣的活动，以此来吸引他们来此区域玩耍。请注意，某些3–5

图 15.2　带有秋千，亲水区域以及监护人长椅的游乐场
为 3 到 5 岁儿童设计　维也纳，奥地利

图 15.3　结合游乐场地设计的游乐园
法国溪州，宾夕法尼亚

岁的孩子偶尔也会使用这片区域的设施和活动。

- 在这个年龄群体中，可以布置一些可以动的部件，也能够满足孩子们的兴趣。
- 安全性设计。
- 在周边布置有限的座椅，以方便儿童监护人的看护。
- 可进入的游乐设施需要满足法律法规标准。
- 注意设置荫蔽区域，尤其是南向场地。

青少年

- 这样的特殊区域仅在专门为青少年设置的公园中需要考虑，尤其是包含沙滩与游泳设施的城市综合区域。

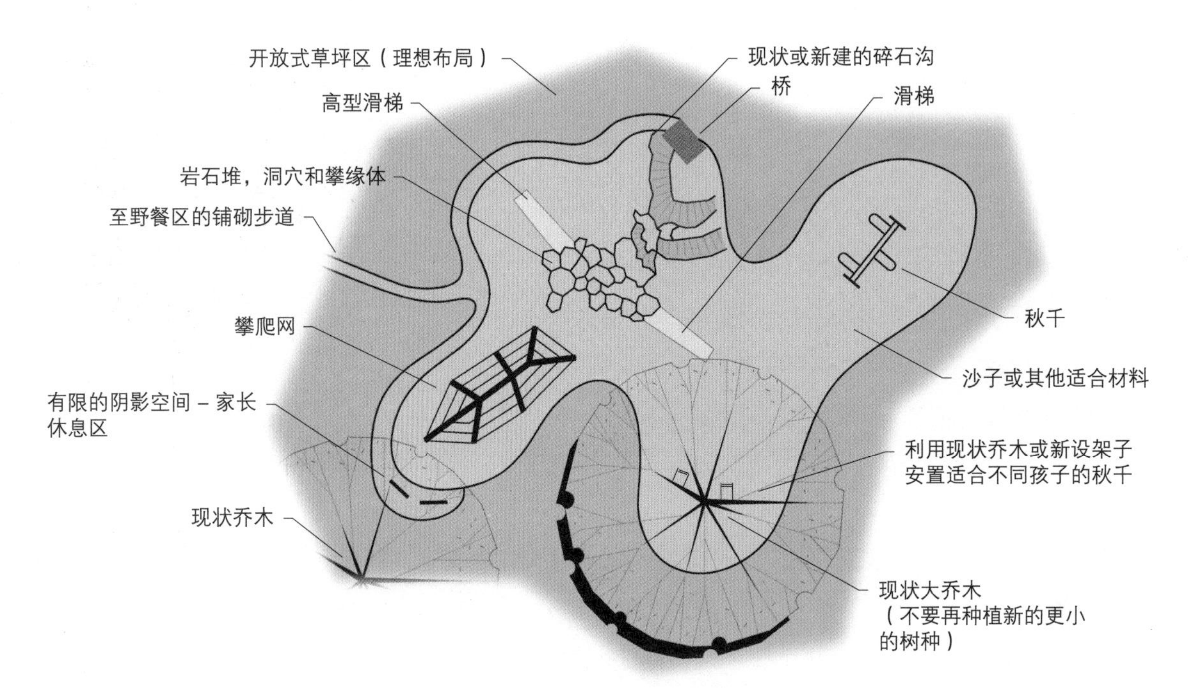

图 15.4　小学阶段儿童游乐场

- 与家庭活动区隔离开，但需要在视野内。
- 设施考虑上要包含举重、双杠、单杠、吊环、成人尺寸的秋千、排球以及滑板坡道。
- 观察——观众区域。这个区域非常重要，能够满足青少年观察他人以及希望被观察的需求。
- 设施必须是可达的。

游乐场地

一个大的、开放的、形态自由的空间最小规格为60mx60m，宽90m、长180m、坡度为2%（最高5%）的设计，则更加宜人。尽可能布置于既有的开放场地，或者在不破坏环境的情况下移除树木。当然，必要的话，好的树木也会被移除。应多关注于开放空间的设施布置，以减小因移除或改变植被状况而带来的环境破坏。

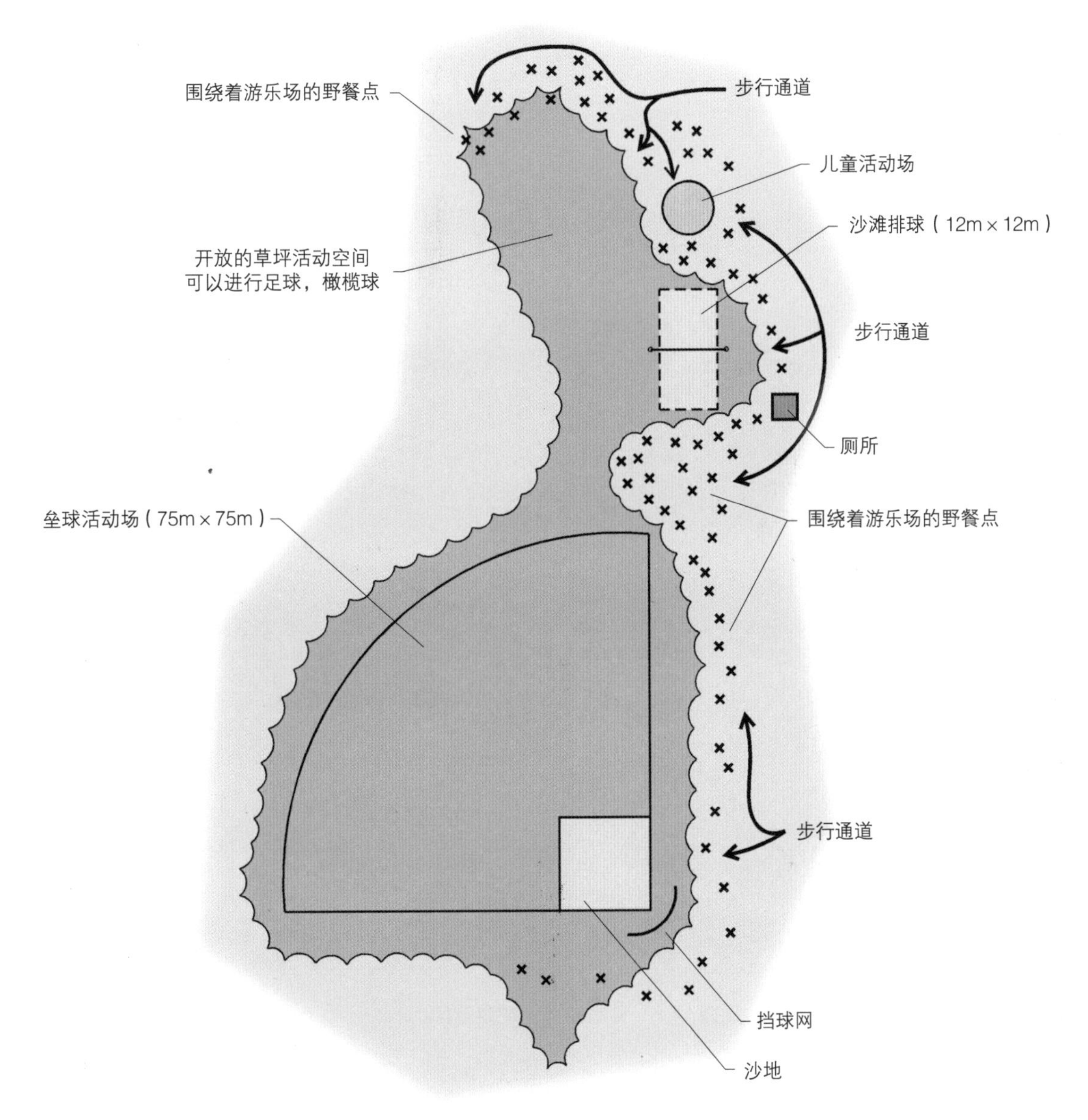

图 15.5 游乐场地 / 野餐区

游乐场地通常与野餐、海滩以及团体使用的区域结合布置。可设计为能进行垒球/棒球、足球（传接球程度的练习）、飞盘以及沙滩排球等运动的场地。此外，也要考虑类似美式足球之类需要特殊场地的地方性重要活动的需求。海滩经常会设置排球区域，如果需要这样设计，请阅读第17章游泳区。

老年活动空间

提供拜访、闲坐以及参观等公园活动，或棋盘游戏、网球、高尔夫等也可以满足年轻人使用的设施场地。这些设施应当与其他功能性场地相结合或者靠近年轻人的活动区域，这样可以令使用者更能融入场地的整体游憩氛围。设置一些分隔物可以让不同活动人群拥有独立的区域。

老年人经常会受益于可亲近的标准。在任何老年人活动区域都应当着重考虑无障碍性。一到两个无障碍且带有桌椅的野餐区应当考虑设置特殊的老年人使用设施，例如棋盘游戏等。

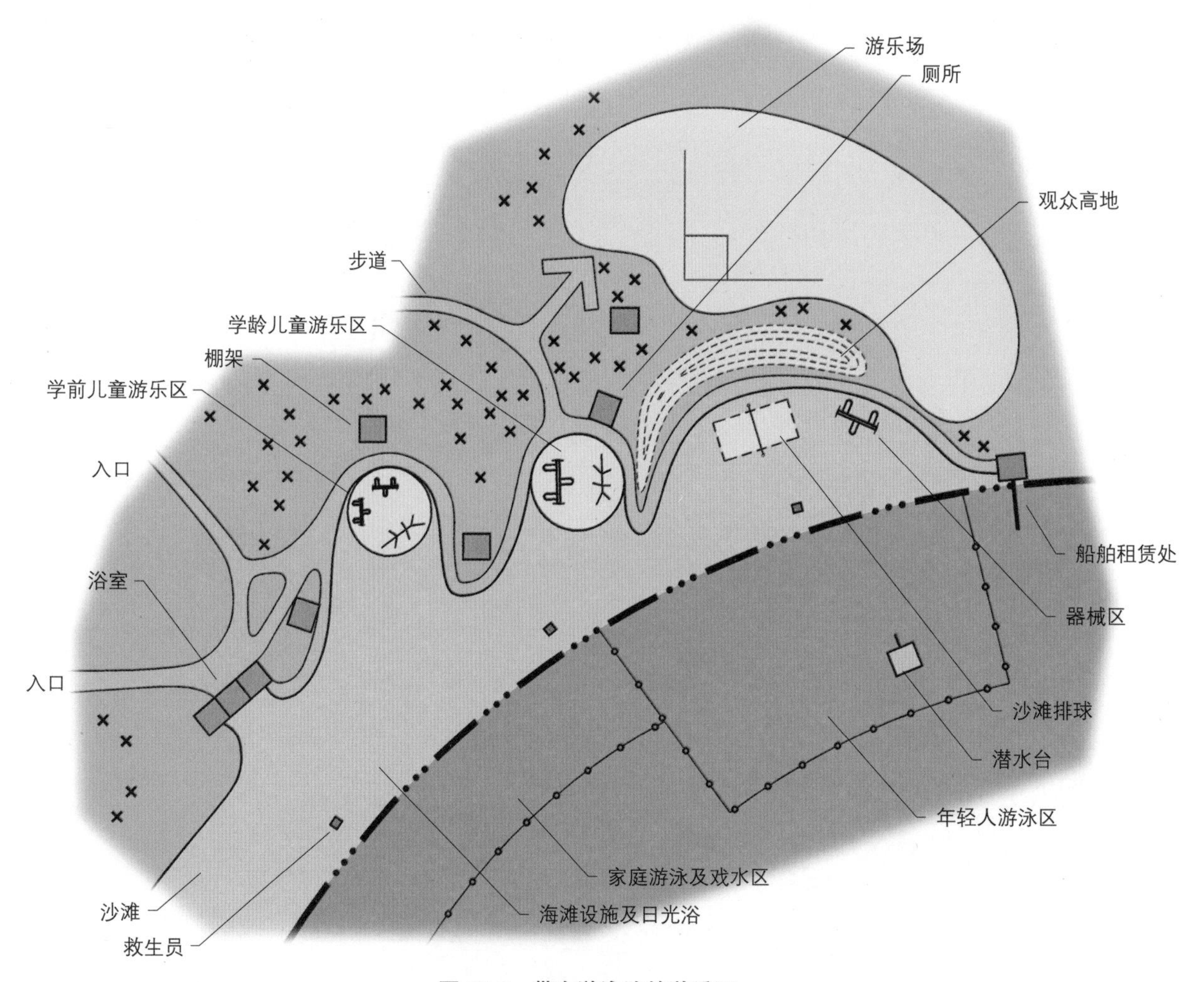

图 15.6 带有游泳池的游乐区

第16章　野餐

所有年龄层的人都会有想去野餐的需求，尤其是城市居民，以及在一小时内或一到一个小时半车程内能够到达场地的当地居民。通常野餐者平均每人会参加2到2.5项活动，大约10%到20%的人（除去观光者和穿行者）只参加一项活动。65%到70%的野餐活动会选择在旺季的周末举办——通常是在夏天，除了南部处于暖冬地区的一些州市。对于当地面向城市使用的设施，其使用时间则似乎较为平均地分散在一周中。

活动

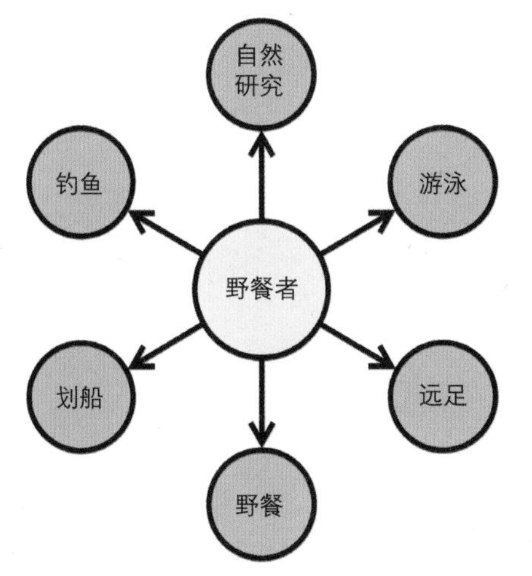

图 16.1　野餐者进行的各类活动

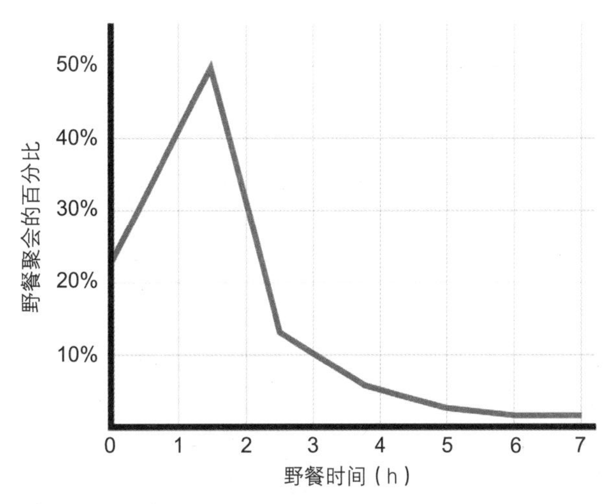

图 16.2　不同时长的野餐活动百分比

使用倾向

野餐者：

- 更喜欢布置在植物阴影中的桌子，能够得到一定程度的私密感，野餐帐篷也非常受欢迎，可以布置在零散种植的树木区。
- 更喜欢靠近他们的车子及入口的桌子。一般来说最多走进离入口10m左右的区域，如果可能的话他们更会选择直接开车到野餐桌子旁边。
- 比起走上120m去野餐桌子上进行活动，他们更愿意在草地上开始野餐。
- 如果有机会，野餐者们会选择靠近被允许范围内的水体，或者靠近一些可以易达的水体。

概况

- 以游憩设施为使用目的的典型游客，会尽量以交通工具到达他们的目的地，之后立刻走向它的主要目标（海滩、野餐桌、马厩等），再之后才会选择去一些考虑到舒适度的地点。

- 大部分去公园的游客更希望能获得游泳的机会。每二个人里面就会有一位希望附近有游乐场地及游乐区域。每三个人中会有一位对爬山道及散步道感兴趣。
- 大多数野餐者会自带一些装备如冰箱、食材、厨灶或者烤架、椅子、食物篮、收音机等等。装备的选取取决于他们打算在这片场地上做什么活动，对他们来讲越接近野餐桌子越好。
- 野餐设施如果能有一个不错的视野（尤其是能看到水体）则会被更多的人选用。人们喜欢把野餐和游泳活动结合在一起进行。
- 与海滩游泳活动相结合的野餐场地通常会被大量地使用。
- 很多野餐场地会有部分荫蔽下的草坪区域，这样的场地会吸引相当多的使用者前来在草地上进行野餐，而放弃使用桌子。
- 场地的10%或更大部分应当是可进入的，以满足场地的可达性需求。如果这一数值能够达到20%那样会更好。
- 令人满意的坡度为2%到15%，在5%以上的坡度地区需要台阶。最大斜度为20%，同样需要台阶。野餐桌的布置需要选择接近水平的地面。

图 16.3　与游戏区域及公园结合设计的野餐场地——巴黎山国家公园，南卡罗来纳州

图 16.4　野餐者经常会带着很多工具
（注意野餐桌的可使用性以及可通达的道路）

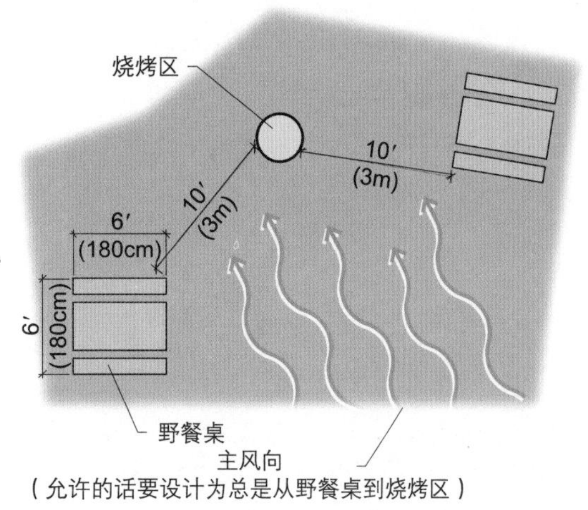

（允许的话要设计为总是从野餐桌到烧烤区）

图 16.5　野餐场地

图 16.6　城市草坪野餐——匹兹堡，宾夕法尼亚州

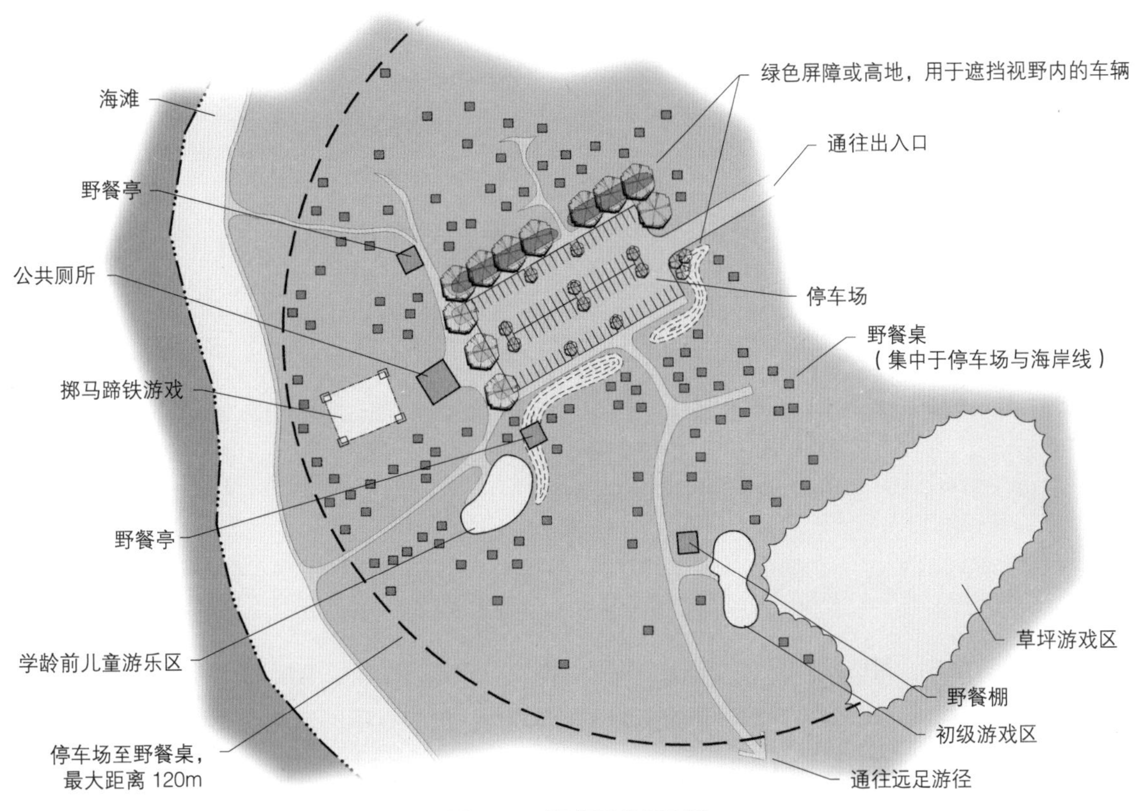

图 16.7　野餐区总平面图

野餐棚

集体活动更喜欢选择野餐棚。如果设置了野餐棚，那么这种很受欢迎的装置将会使得维护管理开销最小化。因此在极大流量的使用区域，应当多布置野餐棚。设备的尺寸和数量取决于当地的气候情况以及市民的兴趣取向。在任何情况下，野餐架都必须设计为能够兼容现存或在建的设施构筑物，并且要与周围环境相融合。大部分游憩设施管理处都会对野餐棚的预约和使用收取一定费用。

对于野餐棚来说，车行出入口可用来装卸食材设备，还可以设置服务站。最低限度来讲，需要提供工作计数器、野餐桌、垃圾箱以及烧烤架等内容。

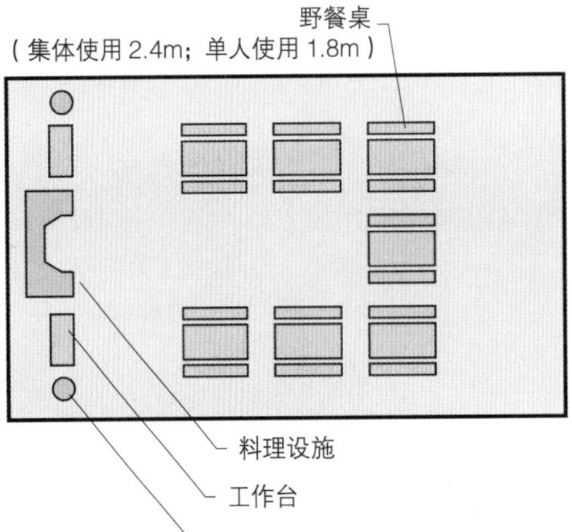

野餐桌
（集体使用 2.4m；单人使用 1.8m）
料理设施
工作台
垃圾桶

图 16.8　野餐 / 全体使用的野餐棚

公共卫生设施

- 盥洗室与野餐区域之间的距离宜为90m，最远为120m。
- 野餐区域设置的公共卫生设施应当布置在靠近使用区域的位置，相较停车场远一些。

男性/女性使用人数	马桶数***		盥洗室数		小便池数*
	男用/女用**		男用/女用		男用/女用**
50/50	1	2	1	1	1
100/100	1	3	1	1	2
250/250	2	4	2	2	2
500/500	3	6	2	3	3
750/750	4	8	3	4	4
1000/1000	5	10	4	5	6
2000/2000	6	14	5	6	7

* 小便池为男性专用。

** 小便池（女用，蹲坑）为女性设计，用以代替马桶。但不会超过马桶总数的 1/3（同男用小便池）。大部分美国女性并不会常用蹲坑。

*** 男女共享型卫生间需要基于不同性别的预期使用人数进行改造。

图 16.9　公共卫生设施设备

垃圾处理

最佳：在45m范围内，每四个野餐桌共享一个垃圾桶。应当使摩托设备能够接近，从而帮助垃圾收集。由于运营成本较高，这种垃圾处理方式很快便被布置在停车场的大型垃圾箱代替。然而垃圾桶还是必要的，尤其在高密度使用以及主要散步路经过的区域。

可接受：停车场布置大型垃圾箱。它们必须被安置在较平整的地面并且要能方便大型垃圾处理车靠近。大型垃圾箱被喷涂成与其他游憩设施相符合的颜色，并且能被野餐区域中所有使用人看到但同时不成为视线焦点。从美学角度来说，较为合适的做法是设置一些可进入的围栏，但如果这种做法使大型垃圾桶变得不方便利用，则会减少它们在垃圾处理方面的功效。

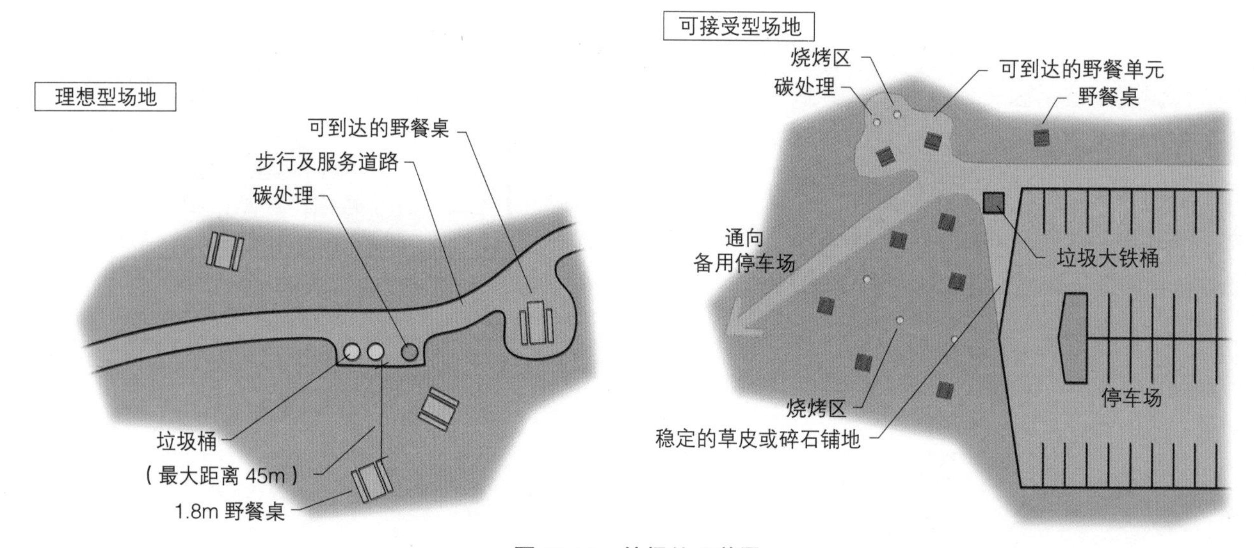

图 16.10　垃圾处理装置

木炭处理

在距离每个木炭烹饪点附近30m的距离都应设置炭处理设施。由于小孩子们会将炭认成是沙子甚至很多时候被仍处于燃烧状态的炭严重烧伤，所以木炭处理设施需要被当作一个主要的安全问题来考虑。

给水

- 每个活动单元与饮用水提供处的距离最远90m，最佳为45m。

取水规模：

- 每人每天19L（包含冲厕用水）
- 每人每天9.5L（不包含冲厕用水）

土壤

这部分的处理极其重要，高使用率的游憩设施直接设置在土壤上，既能承担高使用率，又能保持适宜的植被生长。

停车场

- 选址要注意尽量降低进入野餐区视线的可能性。
- 停车场与野餐桌之间的最远距离为120m，最佳距离为90m。

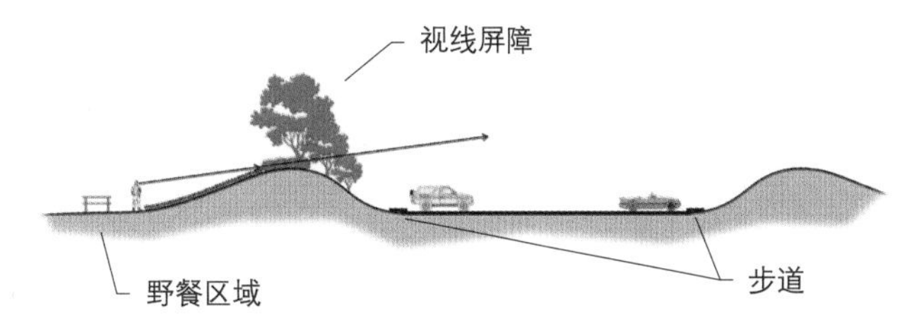

图 16.11　使用区域的停车场

备用停车场

- 一般使用碎石或者草坪做地面，经常被称为“稳定的地盘”。应当作为整体设计容量的一部分来考虑，并且在所有高度使用的野餐区域都应布置。这种类型的停车场造价低，但维护管理的费用可能略高。然而没达到最大使用量时，该类备用停车场将会对游憩场地的视觉冲击降到最小。这种停车场数量的确定，可在确定高流量使用日的车位需求量之后，继而确定需要在周末或最高使用日增加的备用车位数量。决不允许资源导向型场地实际使用超出其设计容量。

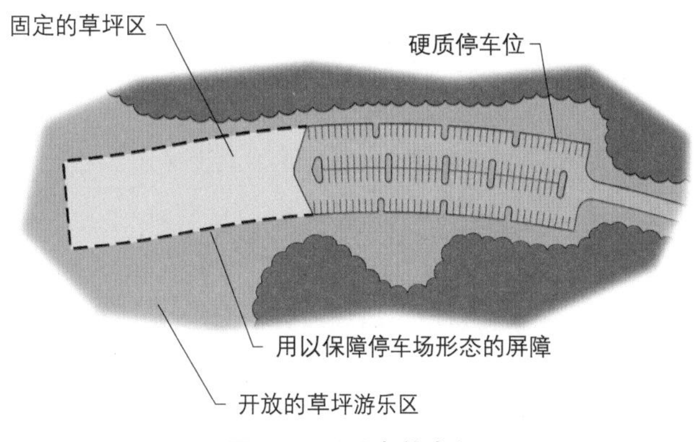

图 16.12　预备停车场

- 备用停车不能占用可供游憩使用的开放场地。需设置固定位置以在高使用量期间能够满足预期使用容量的需求。

活动区域

提供一处与使用率高的野餐场地相邻的活动场所。该类设施或场地可以用来进行多种不同类型的活动，例如儿童游乐场、足球、排球、棒球、垒球以及掷马蹄铁游戏等（这些区域是供非正式的、不需要管理的活动使用）。所有的使用区域都应符合预期使用目的。游乐场的设置应满足最小60m×60m，最佳90m×180m。具体来说，球类运动需要较为整洁平坦的场地（参照第15章，游乐区域与游乐场地）。

食物贩卖

所有使用率高的区域都应当研究使用者对于野餐补给和食材的需求。相关设施包括从使用硬币的自动贩卖机到移动贩卖车，甚至是传统意义上的餐厅。为了满足盈利性质的买卖或参观，应当把这些设施放在能够让游客最大限度接近并使用的地方，而不是不顾这些功能随意布置。

对餐厅的要求：

- 通过市场分析来确定是否有充足的客源来支撑预期经营。
- 足够的停车场。
- 服务通道，允许送货的卡车进入。
- 供水，下水道，用电以及电话服务。
- 如果是全年经营，则在气候较冷地区，其设施必须有防冰装置并且配备暖气，在较热地区的则需要配置空调系统。
- 餐饮设施的规模和类型取决于客户的数量及类型。
- 附带一个隔离的垃圾处理区域。

图 16.13　移动食品小摊

家庭活动单元

面向典型的家庭群体（3.5–8人）设计。

需求：

- 最小区域面积：$20m^2$。
- 2.4m野餐桌最小的硬质场地：长6m，最佳长度为12m。只有在集体使用区的桌面应当设置为1.8–2.4m，高强度使用区的野餐桌必须是固定的，不可移动；在一般使用中可以是固定的或可移动的。在每个野餐区域，至少10%的桌子都应当是可接近的并且布置在道路附近。

图 16.14　野餐单元——法国溪州立公园，宾夕法尼亚州（仍需要更加便捷的交通联系野餐烧烤地）

- 每公顷的使用单元，最多为100个。这个数量只有极端高密度使用区且场地允许的情况下使用；最适单元数量为25到35个。
- 水：距离所有的野餐场地45m，都要安置带龙头和软管的供水点。
- 停车场：市域内每个野餐单元分配两个车位；市域外布置1.5个。这样将方便一些直接在草地上进行的野餐活动。
- 在上午11时到下午5时内，一般来说需要有足够的遮阳范围。而对于较冷的地区正好相反，如加州中部及南部的沿海地区、俄亥俄州、华盛顿以及英属哥伦比亚等地在这个时段内需要有足够的阳光以及防风措施。

家庭草坪活动单元

草坪野餐区由草坪、阴影区与充足的阳光以及野餐场地组成，可以代替普通的草坪活动区。使用密度可能比家庭单元稍大。其他为桌上野餐而准备的设备也是需要的。

图 16.15　游客区域的草坪野餐——英国

图 16.16　庇荫的团体野餐设施——那不勒斯，佛罗里达州

集体活动单元

该区域是针对25人以上的集体活动而设置的野餐区域。集体活动区域能够容纳的最大人数取决于空间的可使用程度以及大型机构对集体活动设施的需求。这里描述的设施，应当能容纳50人，这样的话设施就可以很好地适应不同人数的团体活动。通常大部分的费用是用来预定团体活动场地。

需求：

- 最小区域：1hm^2，这个面积为除去游乐活动设施以外的可用土地。
- 应当结合游乐区域布置。
- 烧烤架以及餐桌：必须设置车行通道。
- 水：龙头和水管要结合餐桌及烤架布置。
- 公共卫生设施。
- 游乐区域（多个）。

- 野餐桌：要有足够的座位至少能让团体内75%的人同时就座。可使用2.4m的长桌。
- 每个项目地都要设置火灾报警铃。
- 设置足够的遮阳和遮雨棚。
- 每个野餐单元都需要充分的可达性。

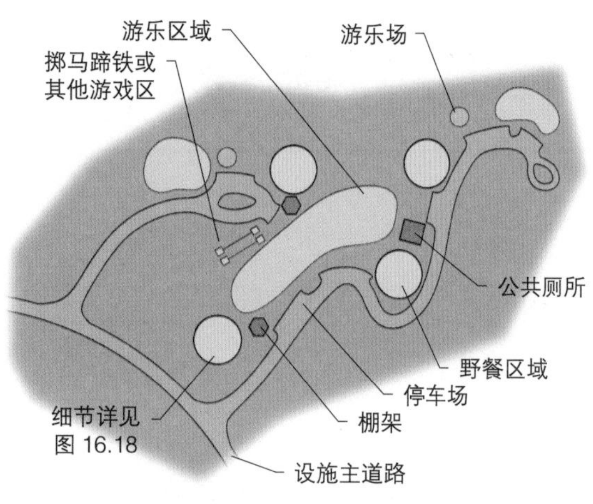

图 16.17　组团野餐单元

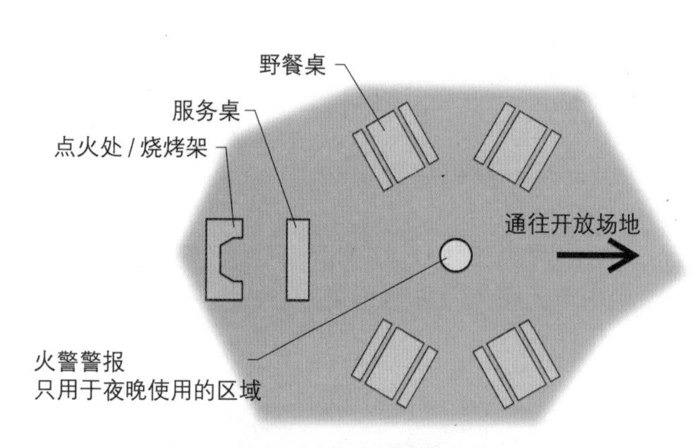

图 16.18　使用区节点

游船活动单元（仅提供水路入口）

这种类型的野餐场地设置在无法驾车接近的水体旁，有着清晰的海岸线以供游船靠近，同时也配备野餐桌及火警铃。区域面积通常很小，只能容纳少量的野餐单元，配置有防水蹲坑或移动厕所，不开发水源（不包含水源已经可以使用并且可能得到一定程度的低成本开发），以及保持原始的自然状态。条件允许的话设置服务用的道路出入口，有利于维护管理；如果做不到，则区域内需要建立依靠水路的船运供给路线。提供的设施（如厕所及烧烤架之类）至少需要满足一个野餐单元使用。

小群体野餐棚

第17章 游泳区

特征

年龄在18到24岁之间的美国人有3/4会游泳。当年龄增大时这个比例会下降，超过65岁时仅1/3的人能去游泳，并且这种情况越来越普遍。与游泳相关的活动主要可分为三类：（1）自然游泳场所（河流和湖泊），（2）咸水的海滩，（3）游泳池。每种类型都有它自己的用户群以及特殊的设计需求。游泳场所的大多数使用者并非一直或仅仅在游泳，他们还经常坐在太阳底下，拜访朋友、玩水、捡拾贝壳。

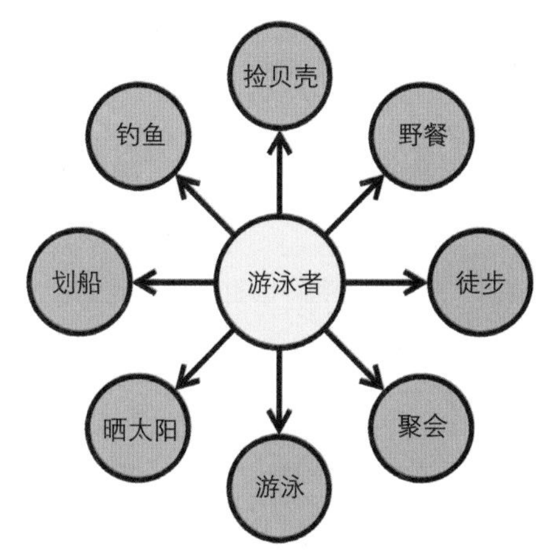

图 17.1 游泳者进行的其他活动

图 17.2 蚌通县公园——佛罗里达州科利尔县

这就清楚地理解了很少有人真的是去游泳的。很多游泳者去那些安逸的场地是为了玩水或仅仅是泡在水里，和朋友聊天，和孩子们玩游戏。

使用者态度

- 没有证据表明，可使用的海滩本身会吸引某类用户或是排斥一些用户。随着时间的推移，一些区域会被某些群体所熟知。这些群体式的参与可以通过管理或特定的设施开发进行强化或是削弱。
- 社会经济地位较高的游客（如：高薪、高学历、专业人士）比社会经济地位低的游客更为重视沙滩的天然美感。
- 海滩及附近食品经营设施有助于吸引青少年及年轻人，并且明显的沙滩入口和边界也会吸引那些步行或驾车的年轻人到访。
- 青少年及年轻人似乎对海滩拥挤有着强烈的积极反应。他们需要一个玩诸如排球、板手球、飞盘等游戏的热闹的地方。

概况

- 在设施自然性方面，野餐与游泳关联性很强。在可能的情况下，野餐区与泳区应相互临近，中间无停车区。野餐通常发生在海滩上，所以，面积上更为有限。

- 65%–70%的内陆水域游泳者倾向于在一定时间内待在岸上。其余的人会待在野餐区或进出活动区以及停放车辆。每人最小海滩面积为4m²，对大多数海滩游客而言，8m²人均海滩面积更加适宜。
- 沿海的海滩活动模式明显不同于淡水游泳设施。人们将从停车位置走805m或更多路程进入海滩。拾贝壳、沙雕、沿海岸线散步都是非常受欢迎的活动。野餐本质上近乎不可能。但对于大多数在海滩举行派对的团体来讲，会经常进行野餐。手机更是普遍。

图 17.3　沙雕（鳄鱼）——蚌通县公园，佛罗里达州科利尔县

- 几乎90%的海岸游客倾向于待在海滩上或者进入水里。其余海滩游客可能在停放车辆、特许经营设施周边、捡贝壳或木板路上等等。
- 海滩、淡水或沿海海岸线上的游客中只有30%–40%是在水里的。水中的游客只有少数在游泳。每人所需最小水上空间为1.8m²；对大多数游客而言，3.6m²为最佳面积。最低水温应为零上20℃。

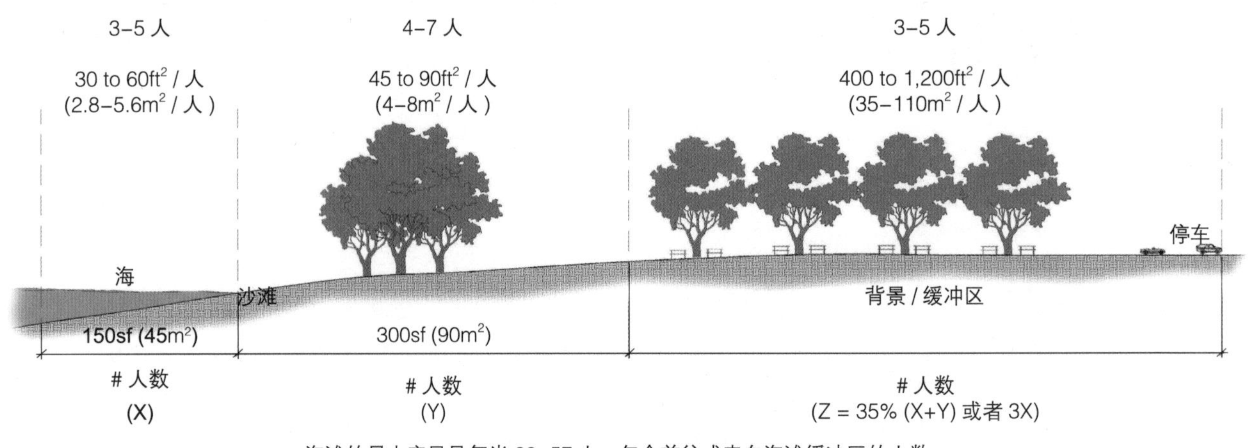

图 17.4　海滩每米的可容纳人数

- 实际使用的淡水水域，需要提供潜水和跳水的区域。这些应该和游泳/行走区域隔离开，并且提供每人至少2.8m²的水域，4.6m²则更令人满意。

每米海滨的可容纳人数可以通过下面的示意图计算。

总人数/海滩面积（m）=（x+y+2）或大约4x。

淡水海滩和游泳场馆

区域类型	人均所需面积							
	水域		沙滩		缓冲区		总共	
	ft²	(m²)	ft²	(m²)	ft²	(m²)	ft²	(m²)
高密度	30	(2.8)	45	(4.0)	400	(35)	475	(45±)
	20	(1.8)						
中密度	40	(3.6)	60	(5.6)	800	(75)	900	(85±)
低密度	60	(5.6)	90	(8.0)	1200	(110)	1350	(125±)

图 17.5　人均占地面积

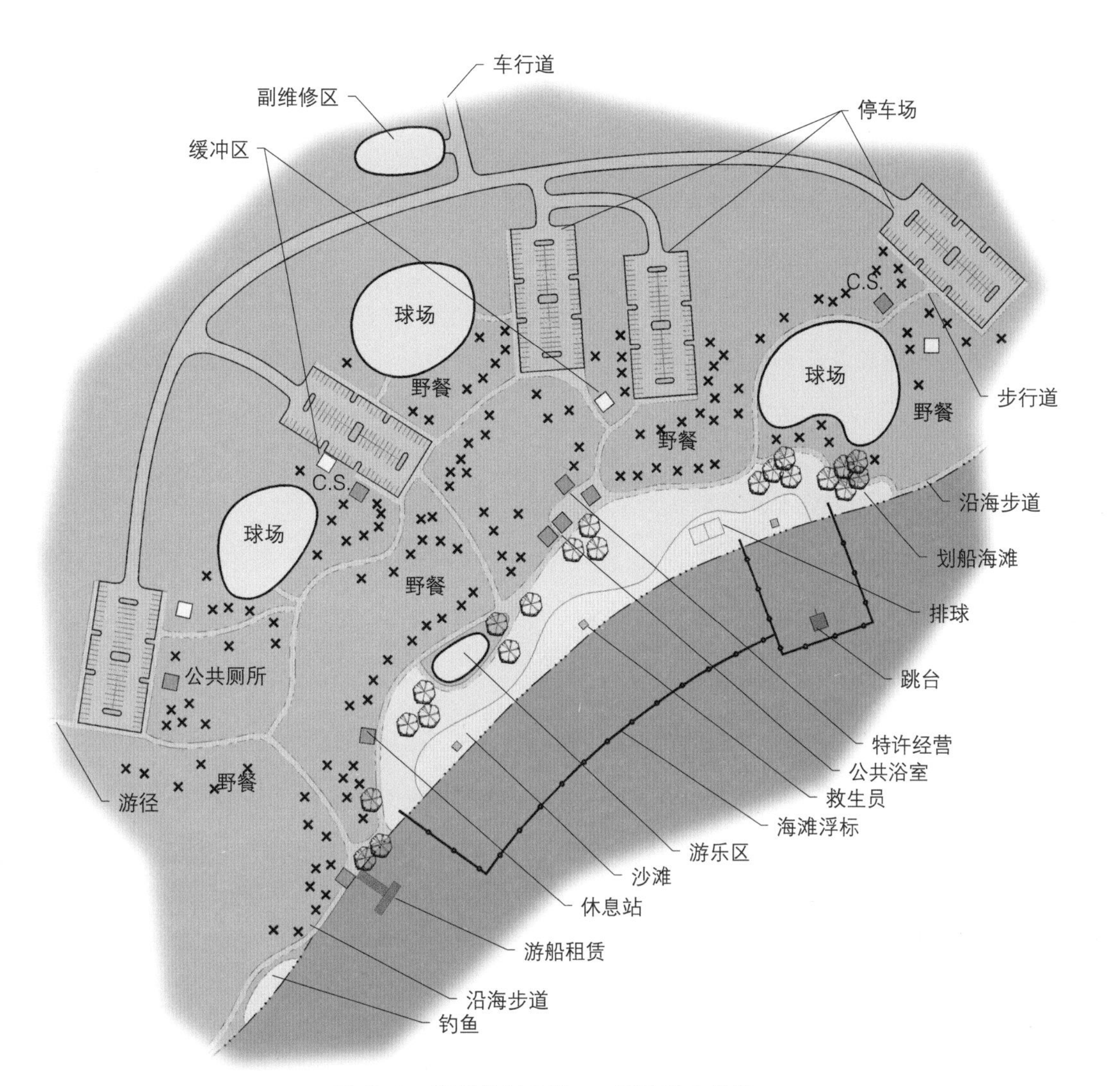

图 17.6 海滩的复杂性——稳定的水位线

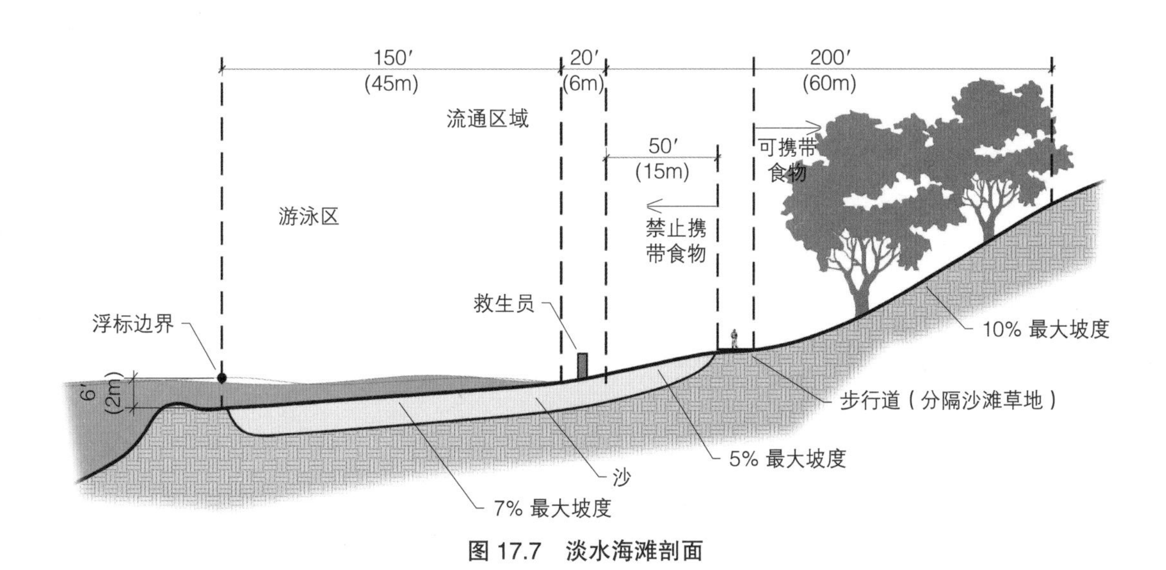

图 17.7 淡水海滩剖面

上述导则偏于保守，每种情况都必须依其本身好坏判断，具体取决于地形及场地特征。

- 政府/公共设施通常使用低、中密度来计算。
- 海滩前3-12m为频繁使用区，不适于晒太阳，为主要步行道及漫步场所。这段区域同样也是咸水海滩、拾贝壳等活动区域。大多数海滩为游泳区周边60m内。
- 每天戏水区使用周转3-9次。
- 每天海滩都有人员流动，在某一区周转率可能为0，在另一区可能为0.5-2次。
- 由于远离各种活动及配套设施，游泳馆应招待最大人数为4000。若期望招待更多人，可补充游泳场地。
- 场地开发—草坪区到海滩的坡度应为10%或以下。
- 安全性—游泳安全性的2个重要因素为年龄及性别（男性或女性）。溺亡人数43%为4岁以下儿童。其次为男性，其溺亡人数为女性3-4倍。吸引此类人群的游泳区需要特殊安全防范措施，如：救生设施、急救箱、应急车辆。
- 走道应为浅色，以保护双脚。

沙滩

水上部分：沙面坡度应为5%或以下（最小坡度为2%）。如果当地政策禁止沙滩携带食物及饮品，可以考虑设置明确的边界如人行道，此范围之内严禁饮食。事实上，让人们遵守“禁止饮食”规定非常困难。

水下部分：7%——所需坡度；10%——最大坡度（沙子无法保持在坡度超出8%-10%的斜坡上）；5%——最小坡度（坡度5%以下过浅）。在水位以下的沙滩应具有类似道路或公路基础，以免此区域变成泥浆。除跳水区外最大水深为1.8m左右。最重要的是，要确保没有致人员受伤或溺亡的突变坡度以及意外孔洞、障碍存在。

沿海海滩

根据资源性质，大多数海岸开发是线性的。它们从滨水城市到人类脚步尚未触及的地方不等，这些都是需要妥善保护、但仍允许公众使用的重要资源。

由于线性的特质，它们的设计方式不同于大多数泳池及湖畔的集群型开发。

有效的场地利用要求海滩沿岸每隔一段距离设有相对较小的入口。可以分散使用的人群及他们需要的配套设施。而且，不像本书中讨论的其他旅游设施，度假胜地及都市型海滩的多数使用者基本上是步行前去海滩，这在一定程度上对海滨所需的停车位有所影响。

在所有海滩开发中，都有必要清楚了解并联系海岸的作用过程。风、波浪、沙子、侵蚀、沿岸物质流、洪水、腐蚀、海水侵入淡水含水层、海滨植被等都是海滨生态系统动力学的重要组成部分。

人类在试图征服自然方面已经犯了很多错误。我们，作为沿海资源的使用者，必须要与其和谐共处而非征服。换句话说，海滩设施必须可移动且易更换。环境和谐共处若干技术，见第4章，环境敏感设计。

使用者通常分为两类：（1）经常聚集在某一个或多个区域的年轻人；（2）使用其他海滩部分的家庭团体。这两类使用者通常带来食物、饮品（各种各样的）、沙滩椅、毯子、漂行装置、收音机及移动电话。像多数设施使用者一样，他们在到达后立即立桩标出自己的领地。

大多数的成人会在海滩上散步或是坐着看别人玩，有时他们也会去泡泡水来消暑。家庭出行时（常指三人）常会待在一起，其中的部分成员会去水里玩（通常是小孩子）。青少年则会花时间来听歌（有时会很大声）、晒太阳、在海滩上散步、游泳、沙滩排球、飞盘、板手球或是其他游戏。虽然这两个群体会花一些时间在海滩上游戏，但相比于游泳而言所花的时间还是较少的。

图 17.8　一群年轻人在等待游泳的许可
巴黎山地公园，南卡罗来纳州

图 17.9　捡贝壳　蚌通县立公园——
佛罗里达州科利尔县

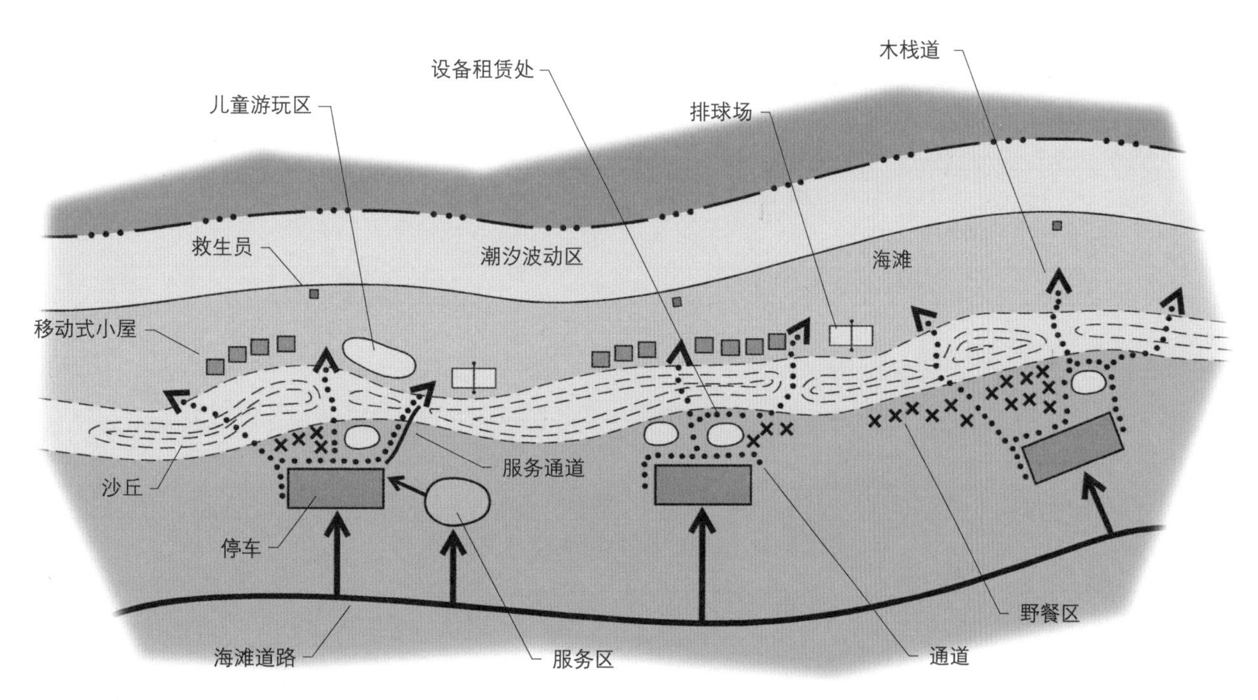

图 17.10　图解海岸设施布局设计

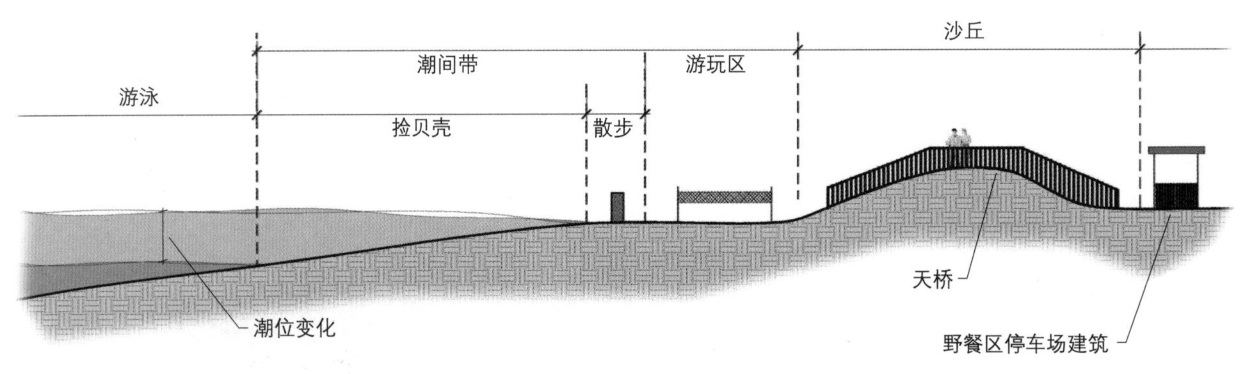

图 17.11 海滩截面图

冲浪板，冲浪帆船和滑翔伞

这部分的信息见第18章，划船。

海滩维护

大多数经常使用的海滩需要清理和维护。这部分工作通常由人力垃圾车或者碎片收集装置来完成。这种维护对设施布局有一些要求（如救生员、休息室、船只租赁等），他们应该被设置在海滩边。

卫生设施

在游泳区（海滩或游泳池）需要在更衣室内提供一些卫生设施，通过当地规范来进行管理。

男性数量	坐便器数量	便池数量	盥洗池数量	淋浴设备数量	更衣室数量
1–50	1	1	1	1	1
51–100	1	1	1	2	2
101–250	2	2	2	3	4
251–500	2	3	2	4	6
501–750	3	3	3	4	7
751–1000	3	4	3	5	8
1001–1500	4	5	4	6	10
1501–2000	5	6	5	7	12

图 17.12 男性公共浴室设施要求

女性数量	坐便器数量	盥洗池数量	淋浴设备数量	更衣室数量
1–50	1	1	1	1
51–100	2	1	2	2
101–250	3	2	3	4
251–500	5	2	4	6
501–750	6	3	4	8
751–1000	7	3	5	9
1001–1500	9	5	6	11
1501–2000	11	5	7	13

图 17.13 女性公共浴室设施要求（5）*

建议使用以下标准：

海滩必须有洗脚设施。它们应位于海滩后面通向停车场的步行道上，最好位于公共厕所/公共浴室前面。可使用淡水或海水。必须设置自闭阀门来控制停水。

在野餐/游泳结合区域，应在海滩或野餐区设有足够的卫生设施，设施应无重叠，公共厕所所需的卫生装置数量见下表。

可在此基础上通过上表推测2000人以上所需卫生器具数量。

水边距公共厕所距离至少60m，以免妨碍各类海滩相关设施；最大距离150m。

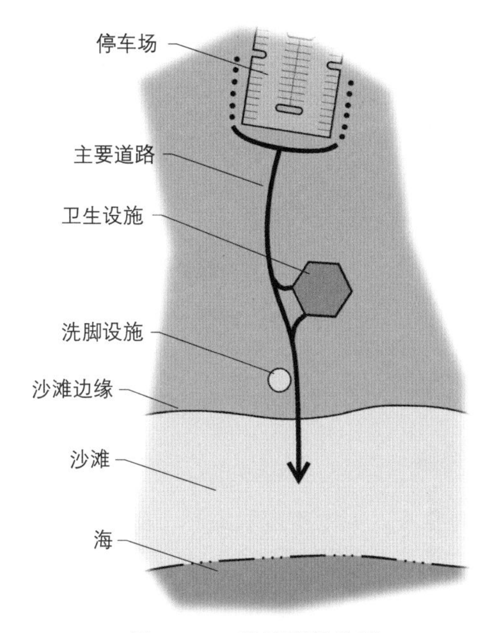

图 17.14 洗脚设施位置

男性数量	坐便器数量	便池数量	盥洗池数量
1-50	1	1	1
51-100	1	2	1
101-250	2	2	2
251-500	3	3	2
501-750	4	4	3
751-1000	4	5	3
1001-1500	5	6	4
1501-2000	6	7	5

图 17.15 男性公共厕所

女性数量	坐便器数量	盥洗池数量
1-50	2	1
51-100	3	1
101-250	4	2
251-500	6	3
501-750	8	4
751-1000	10	4
1001-1500	12	5
1501-2000	14	6

图 17.16 女性公共厕所

更衣室

- 在可能的情况下，更衣室应邻近海滩。
- 在野餐与海滩结合区，更衣室应位于野餐区与海滩之间。
- 在可能的情况下，更衣室应结合卫生设施及淋浴设备。
- 淋浴设备可位于建筑外侧与洗脚设施同一位置，淋浴设备不可使用海水。
- 应考虑在更衣区设有投币储物柜。多数人似乎更愿意自己保存衣物。若需储物柜，建议按沙滩容量5%计算储物柜数量。

需水量

- 每人每天20L（不含淋浴设备），38L（含淋浴设备）。
- 自动饮水器应位于建筑处，必要时，准备75m喷泉空间。

停车（经常与野餐区相邻）

海滩停车区为250m以内，标准情况为150m。在极端情况下，停车区可距海滩805m以上，这不适用于游泳池。停车区车数应不超过海滩容量的30%。对于野餐/海滩结合的情况，车数不应超出海滩承载容量。（详见第11章，道路与停车场；每车人数，见第1章，游客需求确定方法）

餐饮服务

在所有主要海滩区域，均应设有这些设施。设施范围涵盖小型自动贩卖机至大型快餐店甚至餐饮中心不等。它们应位于距水75-150m的位置，经常可并入更衣室/公共厕所等场地。若结合海滩野餐区，则要求餐饮服务设施位于服务餐饮区。饮食场地应位于海滩的餐饮服务区附近。这将使食物运输至海滩区的路程减小到最短。

安全设施

所有游泳区必须设有足够的安全设施，这点没有标准可言。根据责任法，安全装置包括张贴此处无保护措施且风险自负的告示及救生和急救护理设施。

（1）救生看台：无现行标准；建议间距120m。

（2）海滩巡逻队：很多沿海海滩不提供救生服务，但可利用全地形车或其他车辆进行巡逻。此类巡逻队将对海滩环境产生影响，这将要求设置更多海滩车辆通道。

（3）安全漂浮：划分游泳区，使游泳的人位于漂浮线内，乘船与钓鱼的人位于游泳区外距离海岸线45m位置。

图 17.17　救生看台——加利福尼亚州

（4）跳水平台：如果可能的话，位于游泳区外缘。通常仅用于稳定水域，如内陆湖。

（5）救生室：许多较大的海滩区及多数游泳池场地均设有救生室，救生室应看到整个海滩/游泳池区，必须设置通往救生室的紧急服务通道。

（6）电话服务：现多使用移动手机，但为安全起见，必须设有有线电话，此线路也应用于其他设施通信。

（7）浑浊度：已施工海滩及人工育滩项目应尽可能使用含有细料的沙子建成，以限制浊度。因此，更容易找到水中需救援的游泳者，从而提高安全性。

公用电话

应该在沙滩各区明显位置设付费公用电话。

无障碍设施

水边必须设有残疾人的无障碍设施，残疾人可自由进出游泳池和已建水景。

活动区

所有游泳区均需指定或留出诸如儿童游戏、排球及草坪等娱乐活动场地。在可能的情况下，这些设施应临近游泳区。在沿海区，它们应位于海滩上，但在设计时必须考虑沿海不利条件或暴风时的移动性。在野餐与海滩结合的场地，活动区应位于野餐区与海滩之间。

较大的海滩区提供诸如自行车、轮船、划桨船、更衣室、阳伞等租赁设施。它们应位于使用区周边步行道路两旁，需设置机动车服务通道。

火盆

海滩人最多的时候不允许生火。在允许生火的地方，火盆应成群放置在朝向海滩区后方或最末端、远离游泳区的位置。各火盆间应相距30m，火盆仅适用于晚上时间开放的海滩。注：此类开发倾向于吸引更多青少年及年轻人。

图 17.18　沙滩排球——那不勒斯，佛罗里达州

图 17.19　船只租赁　蚌通县立公园——佛罗里达州科利尔县

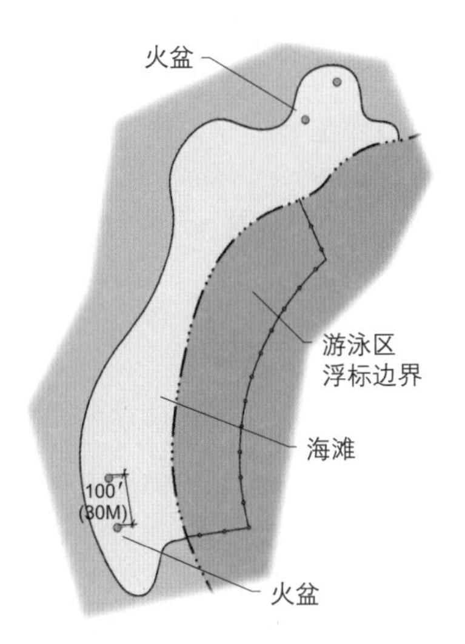

图 17.20　火盆位置

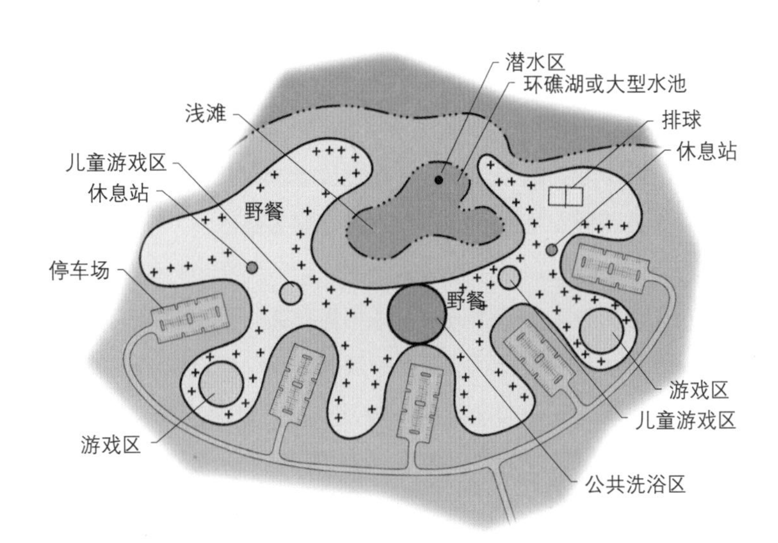

图 17.21　水池与大型池场地概念

游泳池及大型水上乐园

在水质、水位波动或缺乏大面积水体的地方，应考虑游泳池及大型游泳馆。具体条件与淡水海滩相似并包含以下几点：

（1）水质控制包含水的再循环，从成本角度考虑可能难以实行。

（2）依据公共卫生法律法规，必须进行水处理（加氯处理）。

（3）根据公共场所卫生管理条例，需要配备救生设施。

游泳池

游泳池应配合其余设施的特性。游泳池可以不是矩形的，但必须设有救生设施。 直线型更易建造。从安全角度来看，转角型更难保护。游泳池大小可调整，以适应预计人数。浅水池的概念是由喷水池中变化而得。浅水池水处理标准较高，约4倍于游泳池标准。设备与水源必须独立且使用非循环水。浅水池的另一优势在于不需要救生设施。

- 游泳池周边空间有限，因此应确立其最大容量及其相关用途。建议最大尺寸：1200个停车位或2500人；
- 最小的人均占水面积为$1.4m^2$，标准情况下为$2.3m^2$；
- 露天平台最少为水面的两倍；
- 草坪阳光区应与整个游泳池及露天平台区相等；
- 在可能的情况下，尤其应在年轻人频繁使用的区域设有跳水区。跳水区要求包含救生设施在内的安全预防措施；
- 跳水区最小的人均面积为$2.3m^2$，标准情况下，跳水区人均水面为$3.7m^2$；
- 残疾人进出游泳池、周边地区及辅助设施规定必须涵盖各个项目。

水利用

- 戏水区应占游泳池的60%-70%。深度应为0.3-1.2m。在地面常出现冻结的地区，必须注意防冻。通常，至少应排干游泳池水，同时需在游泳池上放置保护层，深度少于1m的游泳池可能因冻结、解冻遭到严重破坏。克服此问题要求特殊施工技术。
- 游泳——游泳池应设置20%-30%深度为1.5-2m的区域，提供给少数游泳的人。带游泳圈游泳相当普遍，最小深度只需1m。
- 跳水——若设跳水区，则深度依据跳板及跳台高度而定，只需占据游泳池总面积的10%-15%。
- 喷水池——若学龄前儿童及少年儿童需要单独区域，建议使用喷水池代替浅水池。喷水池要求水再循环。浅水池要求每隔2小时进行1次水处理。在阴凉处设有板凳，供父母使用。

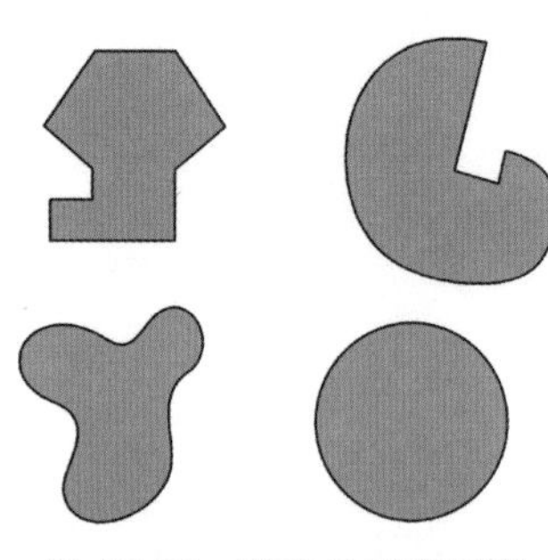

图 17.22　游泳池形态不限

图 17.23　游泳池　几乎所有使用者都在浅水区
照片由 Michael Fogg 拍摄

图 17.24　喷水池　佛罗里达州　现有的大多数喷水池没有积水

- 水循环及过滤应尽可能简单，以使运行、维护成本最小化。建议使用无管系统，如：集成滤沙系统的水再循环及浮渣槽系统。游泳池必须遵守当地卫生要求，必须满足当地及州的相关规定。
- 要求使用围栏。进出使用区的带锁围栏应至少为1.2–1.4m高。这将对潜在危险提供充分的预警。围栏的选址应尽可能隐蔽，可以使用植物作为屏障。各州政府几乎均要求设置安全围栏。
- 在收费或将来可能收费的地方，要求设置1.8m入口围栏。为安全起见，也需设置紧急出口。

水上乐园

在美国及其他国家有许多种不同用途的水上综合场地。它们由诸如超级滑梯、造浪池、喷水池及瀑布等组成，带来各种与水相关的体验。它们仅适用于那些经过市场分析，有充足客源并且有一定经济能力的区域。泳池配套设备及运行的花费相当巨大，收取一定的入场费是不可避免的。

第18章　划船

划船是一项大型的、昂贵的游憩活动。大多数地区并没有合适的、满足现有需求的划船水域。发展所有可用的水域资源应当考虑到与合理的使用密度和最佳设计相符合。在规划自然形式的休闲设施或者在面积小于300hm^{2}的湖面规划时，出于对噪声、污染、安全等问题的考虑，游船的马力应当被限制。每条船马力的增加应随着湖水面积的增加而增加。因此，许多小面积的水域需要全面禁止动力船或至少限制马力。自然环境也是在湖边建造划船区时需要重点考虑的一个因素。

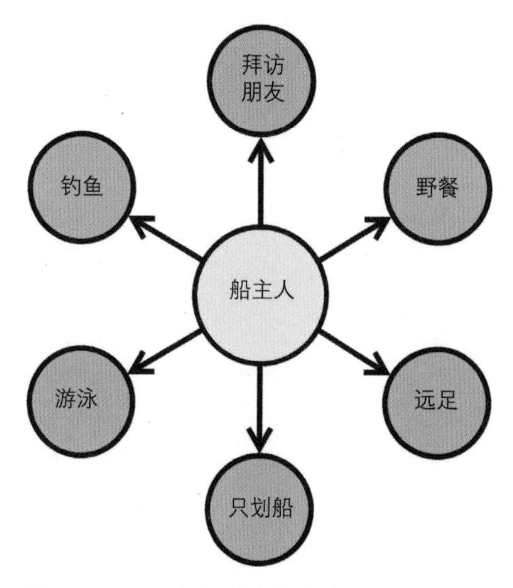

图 18.1　不租赁船舶者通常参与的其他活动

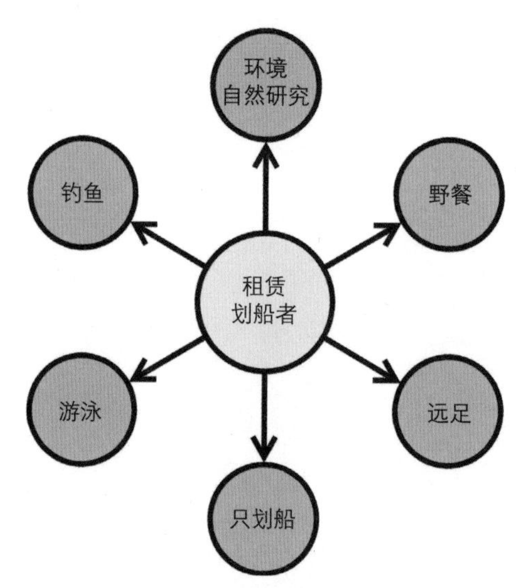

图 18.2　租赁船舶者通常参与的其他活动

游客特点

注：这些饼图和曲线图只是概念化的，目前没有用户参与其中一个或多个活动的近期数据。

租赁船舶在年轻游客中较为流行；没有针对老年游客的租赁船舶。

划船者，同其他休闲活动的参与者一样，希望划船的区域能离家近一点。在有湖或水库的地方，使用者希望划船区域可以足够的大、干净，且没有水草和漂浮物。

划船者们不喜欢脏水、小的水域和缺乏配套设施的场地。

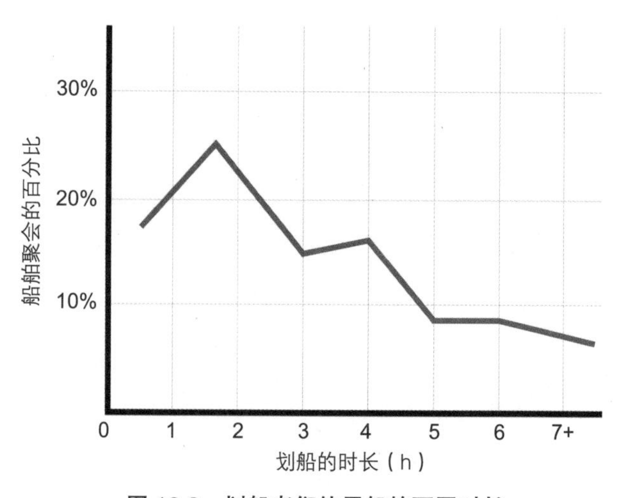

图 18.3　划船者们使用船的不同时长

概况

针对高使用率的划船区，可对其按照使用时间和使用区域进行分区，以增加划船者数量。当然，随着人数的增加，划船者的乐趣也会相应地减少。

当设计划船设施时需要考虑的因素包括：

- 主要的风向——在帆船项目和大的水域中要尤其考虑。暴风雨的风向对于防洪堤的位置以及码头和水下设施的位置尤为重要。
- 水域的开放河段。
- 遮蔽性的岬角。
- 涌流——主要在河岸码头旁。
- 动力船活动区域。
- 动力船活动区域的水深。
- 淤泥——可能会成为一个主要的维修问题。
- 特殊使用区，如只供钓鱼的区域，岸边水流较缓的区域，尤其是游泳区域，无回流区等。
- 经济——如何负担设施的建设和运营费用。
- 季节性湖水可汇入水库。
- 水波——会使得上船和靠岸变得难以操作。
- 到达水边的机动车道。
- 岸上提供便利设施的场地，如停车场。
- 可到达主水域，例如：栈桥，潮汐滩涂等。越靠近水域，就越要无障碍。

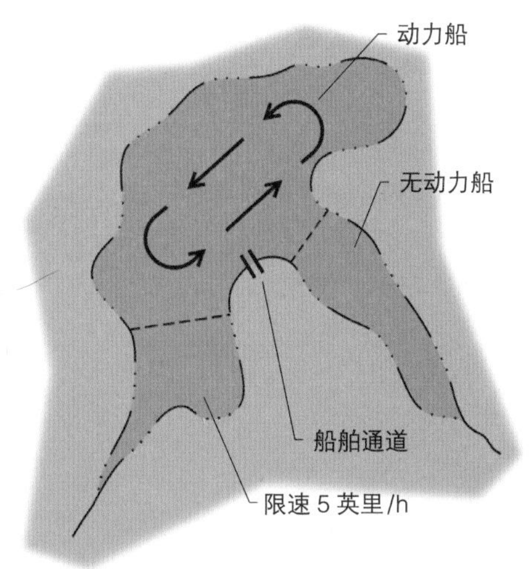

图 18.4 湖区划分

出航设施

出航设施应设置在受控制的海岸内，或有足够空间供船上岸和下水的湖岸及河岸。

到达船舶出发地的机动车通道也是需要的。该通道也可使拖船的拖车进入其他项目地。从入口进入后，

图 18.5 船舶下水斜坡——加利福尼亚南沿海

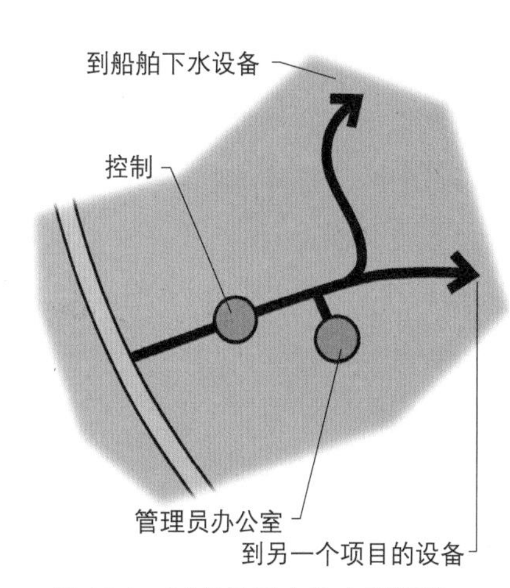

图 18.6 到船舶下水的交通通道

应该首先出现通向出航区域的道路，接着再出现进入其他休闲场地的道路。

靠近船舶下水区需要设置足够的停车场。注意许多人来是为了见朋友或只是观摩船舶活动的。

许多在码头的聚会有很多人是不划船的。因此，在可能的情况下，在临近船舶停放的码头可提供野餐区，安放桌子与停车位的比例为1：10。

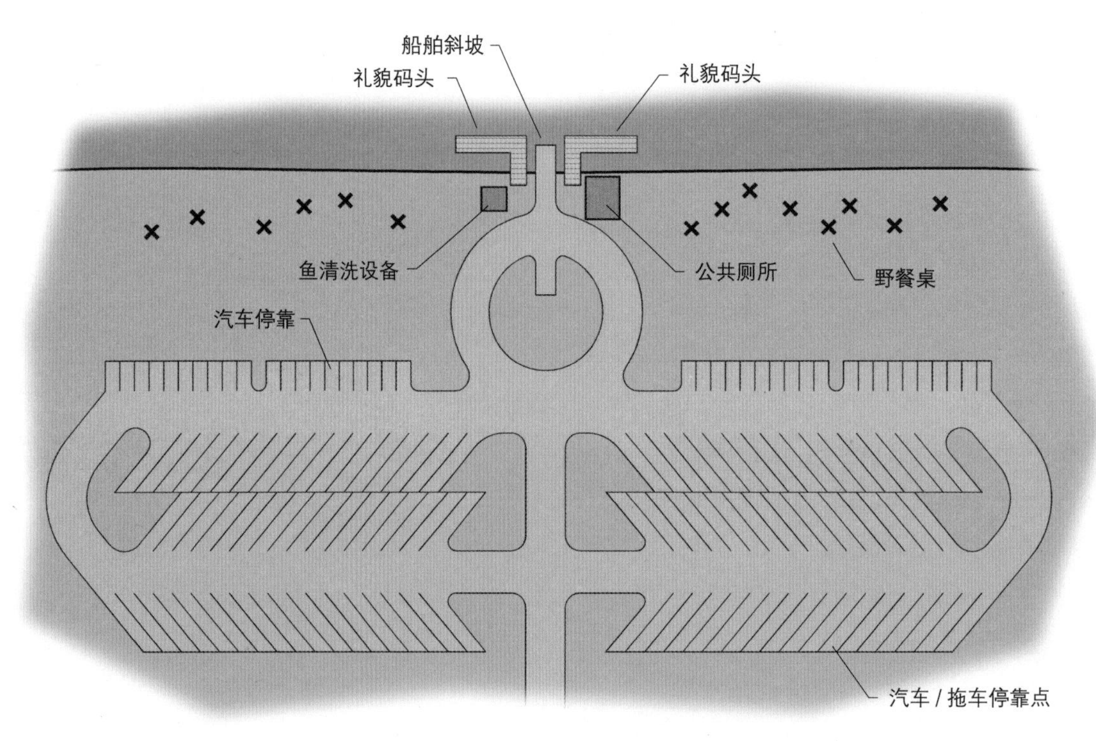

图 18.7 船舶下水区

下水斜坡

这是最为常见的下水方式。它需要3到6min的下水或上岸时间，其中包括了停靠、取回船舶和使用拖车的时间。需要注意的是，通常来说一个帆船出发的时间将会是普通船舶的两倍（10–15min）。

传动装置的设置可用来防止划船者将帆船捆绑在下水坡过长时间影响使用。对于帆船出航来讲这一装置更加重要。

下水斜坡的斜率

最小7%

合适的13%–14%

最大15%

小于7%的斜率将会经常造成后方的拖车工具被

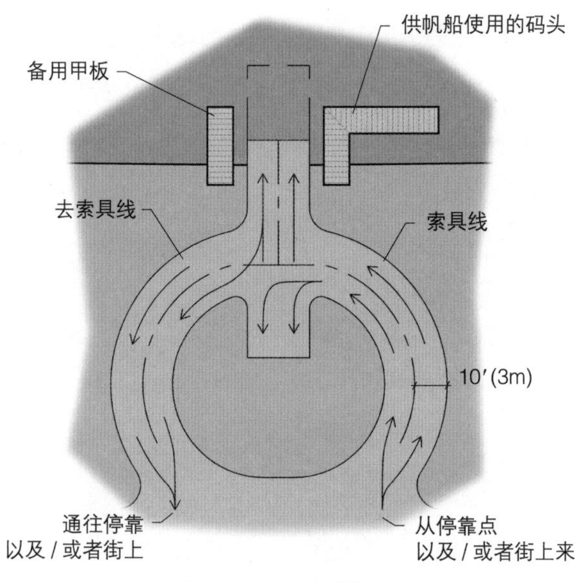

图 18.8 下水斜坡

淹没。大于15%的斜率将会造成交通工具难以靠近船只，并且在某些时候会造成拖车滑下斜坡冲入水中。

船舶下水车道的宽度：3.6–4.5m。可建设多车道的下水斜坡：4车道——理想的最大宽度，10车道——最大宽度。

停车场：依据船舶的种类和距停靠点的距离，出航区每有一条下水道，需设置40至60辆小汽车或拖车停车位。（详见第11章，道路和停车）已投入使用的出航区可根据需求决定是否增加停车位。

浮板码头

设置在出航区内，每两个下水道至少提供1个10m宽的浮板码头，一个下水道提供一个5m宽的浮板码头。与下水航道同时使用。一个“L”形的浮板码头可供帆船活动使用。

公共卫生设施

厕所是按需提供并且要有合适的距离以避免等待时间过长或者从下水区步行超过300步（90m）。大约每150辆车就需要每个性别配一个固定厕所，所有下水区域一定要提供厕所设施，至少是男女通用的混合式厕所。

船舶服务设施

在服务船只超过300艘的出航区应当考虑甲板、汽油以及食品等服务设施。它们应当被设置在容易被管理中心控制的地方，最好安置在与其他特许设施相邻的地方，如小艇停靠区或是船舶租赁区。

下水的其他方式

机械式下水（如起重器械、拖拉机等）可以在特殊地区使用。通常来讲用在私人码头或是高密度停放船只的特许经营码头以及收入足以支付成本的公共码头。

图 18.9　船舶服务设施　那不勒斯城市港口，那不勒斯　佛罗里达州

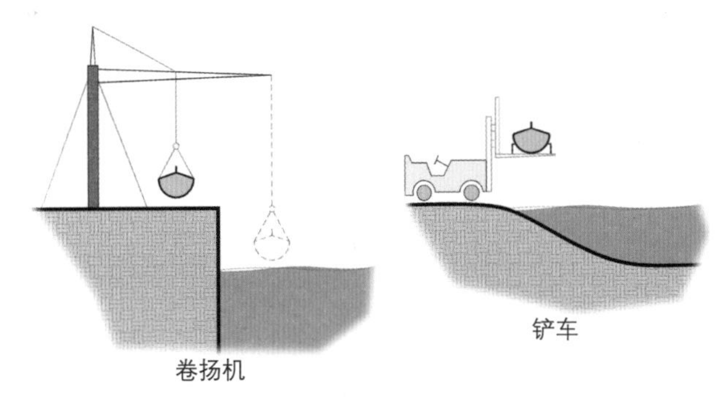

图 18.10　船舶下水的机械方式

无斜坡下水

有时某些特定的船只不需要斜坡入水。这种无斜坡的下水方式通常是较小的、无马力的船只使用，比如独木舟和皮划艇。并且这些船只通常仅在小面积的水域或是溪流中行驶。它需要一个与岸边相连的平缓的坡（通常是草坪）作为出发区。在溪流中，通常可在池塘或漩涡处设置停靠点。

帆船

帆船驾驶通常具有排他性，且常常聚集成组并能够在比赛中获得满足感。帆船设施需要考虑的因素有以下几点：

- 帆船设备需要特别注意风向。
- 不同种类的帆船也许会有完全不同的空间和控制要求。
- 尽可能把帆船和动力船分开，无论是在岸上停泊还是在水里航行。
- 许多帆船驾驶者尤其是参加比赛的选手喜欢把船停在岸上，以防止对藻类生长的破坏。
- 在设计特殊码头时需要考虑到风向，码头可以是六边形或是其他角度以适应不同的风向。
- 设置带有监管设施的大片草地或沙滩。
- 可在入水斜坡上提供传送装置供帆船者使用。传送装置通常要花费给动力船装配的3倍时间来给帆船装配。

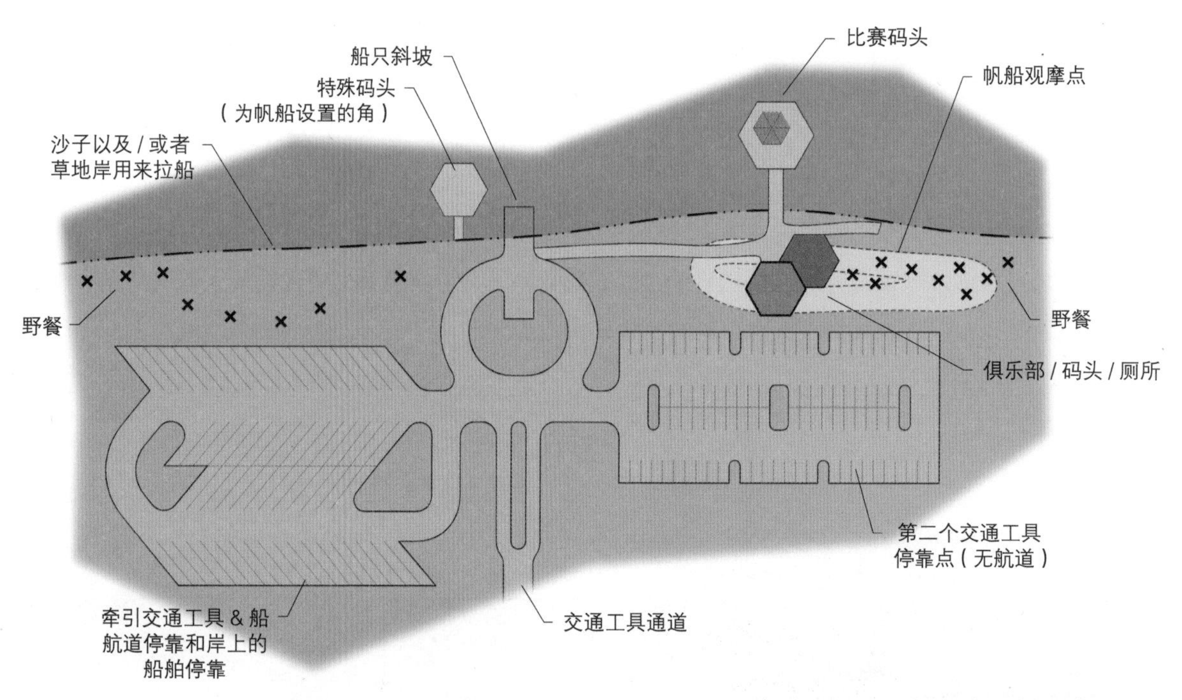

图 18.11　帆船设施

- 如果入水区常被一些快艇俱乐部或其他俱乐部使用，则最好建设一个俱乐部会所供其聚会使用。这些建筑最好建在高一点的以便能够更好地观摩船舶比赛的地方。
- 在海岸区，较轻的帆船通常停靠在海岸最里面（高于高潮水位线），下水或上岸时可以缓缓推、拉至水中，这类属于典型的冲浪帆船。该类停泊方式采用系船栏杆固定。

图 18.12　临时的岸边停船处——那不勒斯，佛罗里达州

冲浪帆船

这是一项在年轻人中非常流行的活动，除了需要一个合适的停车距离外（60-120m），它对设施的要求很少。出于安全原因，其需要安置在岸线的末端。冲浪帆船可以在穿有防寒泳衣的情况下在寒冷的地区使用，并且在越来越北的地方，如阿克雷奇和阿拉斯加的健壮的人群中逐渐流行起来。

摩托艇

摩托艇通常可在码头和沙滩船区租赁。摩托艇速度很快且容易操作，因此必须与游泳和其他水面活动分开，它们可与其他动力船和滑水活动相适应。由于摩托艇产生的噪声非常大，因此要与所有自然探索区和安静区分离。

滑翔伞——船拖

与滑水运动一样的要求。参见第9章，专项使用设施，可得到更多关于滑翔伞的信息。

滑水运动

不需要任何岸上的特殊设备。带有沙子或者草坪的岸就可以开始。滑水运动需要在面积较大、较少人使用的地方进行——大约为40hm^{2}或以上，200hm^{2}以上的空间会更为合适。

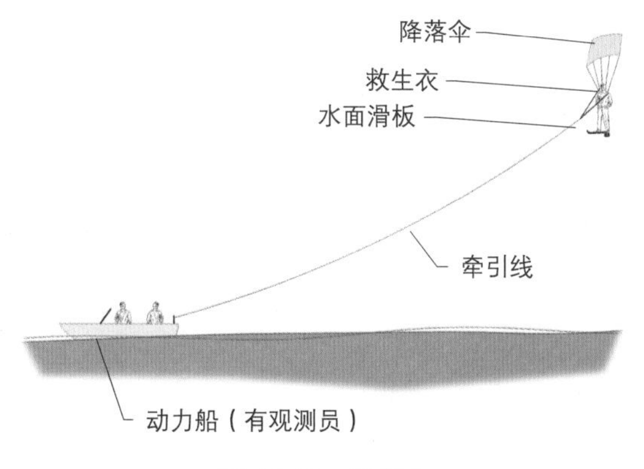

图 18.13 滑翔伞

图 18.14 在北威斯康星水上划行
照片由 Fethke 家庭提供

冲浪运动

冲浪运动是另一种在年轻群体中流行的活动。除比赛外，冲浪不需要特殊设施辅助。出于安全因素，这项水上活动与其他的以水为主导的岸边活动相冲突。一个理想的方案是提供专为冲浪运动使用的有着最佳浪花的沙滩段。冲浪需考虑的首要因素是浪花是否可用来进行活动，也很有可能在恶劣的天气下进行。通常在淡季场地可用来游泳。冲浪者的御寒装备可以使其在任何温度下都能进行该活动，尽管该项活动常常在温暖的天气下进行。

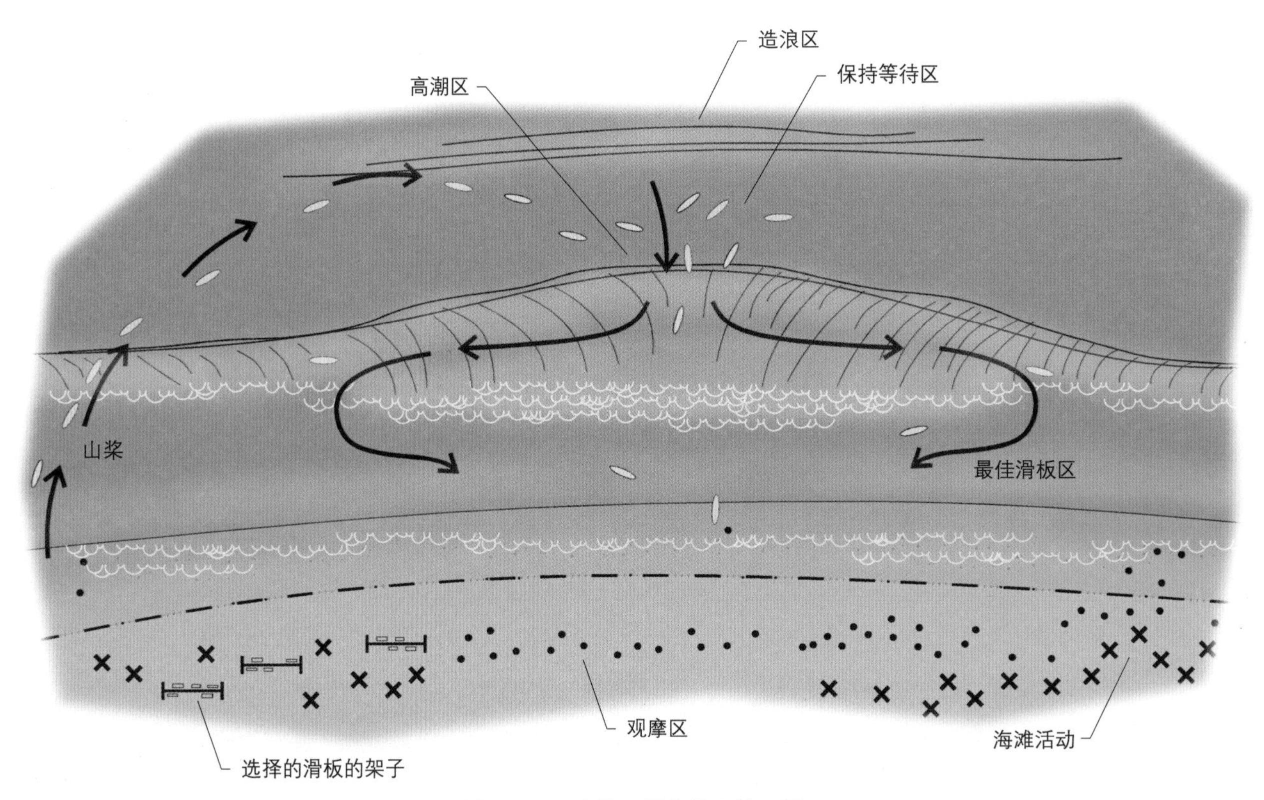

图 18.15　冲浪区最少的设施配置

必要设施

要求：

- 有较好浪花的海滩。至少有0.6–0.9m高的浪，最好为1.8–2.4m。对于那些经验丰富的冲浪者，3m以上最为合适。
- 与其他水上活动分开。
- 靠近停车场。
  90m及以下最为合适。
  最大不可超过150m。
- 卫生设施——见游泳区。

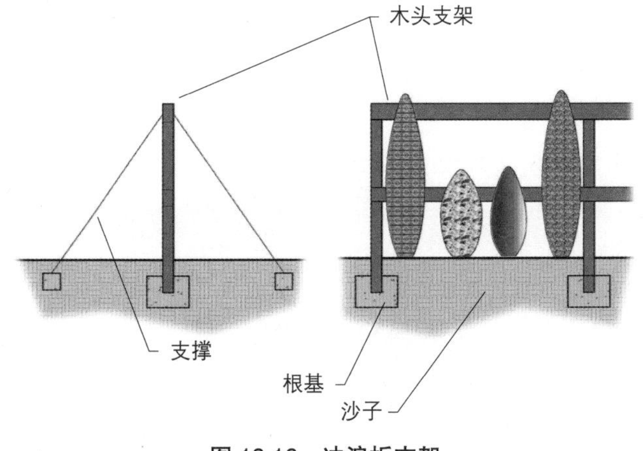

图 18.16　冲浪板支架

理想设施：

- 需要冲浪板架。
- 观众观摩区——最好是在沙滩上的一个有利位置，通常是沿着冲浪区前的海岸线设置。
- 小型冲浪板区——一个可供小型冲浪板使用的海域长度约为100m左右，需要浅缓的、倾斜度为1.8到3.6m的水流。该区同样也是并不适合游泳的区域。
- 冲浪本身具有挑战性和危险性。危险在于随时都可能出现强劲的激流，也有可能出现鲨鱼。因此需要设置一个警示系统以在这些情况出现时立刻告知冲浪者。

河航/溪航

大多数河流和许多溪流都可为小型船只提供潜在的划船水域。划行的难度被分为A，B，C 和1.2.3.4.5，字母表示不同的河面，而数字表示的是难度等级。5级航道是难度最大的等级，只能给专业人士划行。通常航行在数千米的下游结束。该类航行需要考虑以下几个方面：

- 一定要在航行的起点和终点提供机动车道以及停车场。
- 下水区必须有足够的空间可以供人携带船只下水。在没有动力船的情况下的是不需要设置入水斜坡的（参见本章节，入水斜坡）。
- 供水与卫生设施是必要的但通常较为简单（比如按压式饮水装置）。厕所可以是男女通用的。
- 信息标识上应标有溪流的数据、划行的难度（A，B，C等），包括所处位置以及大概到停靠点的时间。特别是在危险的水域，必须包含规则、守则、安全告示等信息。
- 陆地运输区应当包括下水点、上岸点和无法驾船航行的水段。
- 在航行距离较长的溪流上可设置中途停靠点用来露营和野餐。

——这些区域应当设置由水速决定的合适距离。

——这些地区应当在可能的情况下，提供服务机动车道和卫生间。

——在可能的地点提供饮水和卫生设施。

激流泛舟

这是一个有着定期和经常性参与者的休闲活动。参与者通常是年轻人（青少年到40岁），倾向于高收入人群，通常接受过大学教育或正在上大学。他们对挑战、技巧、友情、兴奋度以及周边的环境较为关注。激流航道逐渐开始流行起来，特别是在城市地区。激流泛舟本身具有危险性，应当小心操作，把死亡和受伤的人数降到最低。

激流泛舟的3个基本种类是——充气筏、硬质船（皮划艇和特殊激流独木舟），以及在最近发展起来的被认为像鸭子的充气式皮划艇。因为需要技巧和昂贵的装备，激流泛舟通常是有私人公司参与其中（提供服装和装备）。因此常常会有私人划手、装备供应商和装备租用者三者间的矛盾。

图 18.17　在科罗拉多河下的一段筏的停靠点——大峡谷国家公园，亚利桑那州

图 18.18　威武的橡皮划艇在科罗拉多河流大峡谷国家公园，亚利桑那州

大多数湍急的溪流最佳的航行时间是在早春时节（融化的冬雪以及淅沥春雨）或经历一些大雨后。通常许多溪流由于在上游的蓄水而具有充足水源。大坝定期开闸放水以发电或供航行等，也会使河流即使在干旱期也可航行。例如流经马里兰和宾夕法尼亚的Youghigany河。大多数河流有最大的船舶承载力，如果超出范围，就会造成使用者体验度降低，并且易造成受伤或是死亡。

确定河流承载力的最佳方法是观察验证。在给定的时间段内选择观察一个既定的点（如像瓶颈一样的河道）能够通过的船舶的数量，例如每小时通过50艘船。另外，最佳的激流泛舟区通常会受到船手们的欢迎，因此常常需要现场的控制以避免拥挤。每天的船数为每小时通过的船乘以该河段可供使用的时间。4小时的航行时间——从早上7：00开始到中午11：00结束；或加上从下午3：00开始，晚上7：00结束（此时已是夜晚）共计8小时。

50艘船/小时×8小时/天=400艘船/每天

#船的数量/小时×小时数

如果预算的船只数量比河流承载力大，那么就需要实行计划限流和预约制。驾船者一定要均匀分布在可行驶的时段。

激流泛舟的爱好者将会在河上航行很长一段距离。因此，在航行的河段上最好可以提供过夜的住宿设施。划船者们通常成群结伴、较为喧闹，因此应当将其与其他露营者区分开，尤其是家庭露营的人们。

所有的激流泛舟区域一定要避开沉木和桥上尖锐的金属，尤其是在美国的东部经常会掉落与河流平行的铁路路基的碎片。

可进行激流泛舟的另一处地区是在大的冲浪区。详见本章，冲浪。

要求

- 长度

一个典型的全天漂流长度为15到20km。这样的漂流对于硬质船来讲距离会更长，大约在河面上行驶的时间为5到6h，大多数的船只并没有能够支撑这么长时间划行的能力。

- 设备和供给

筏和充气皮划艇（最少设置两间独立的充气室），或硬质船/浮生装置。

在寒冷的天气下需要配备快干服（防水服）来阻止低温。

救生衣（绝对必要）

安全设备——包括急救箱（必要设备）

食物——（在可能的地方设置）

- 河面上的信息标志或是指示——包括水域的分级、危险点等信息。
- 其他可行的设施

在漂流出发的控制点处设置——预约点/出发棚

移动电话服务，特别是在出发点

在航道中间上岸或下水点提供交通巴士服务，特别是在终点处。

测定河流流量——确定水的级别、水流安全度以及可漂浮力。

- 船舶出航区

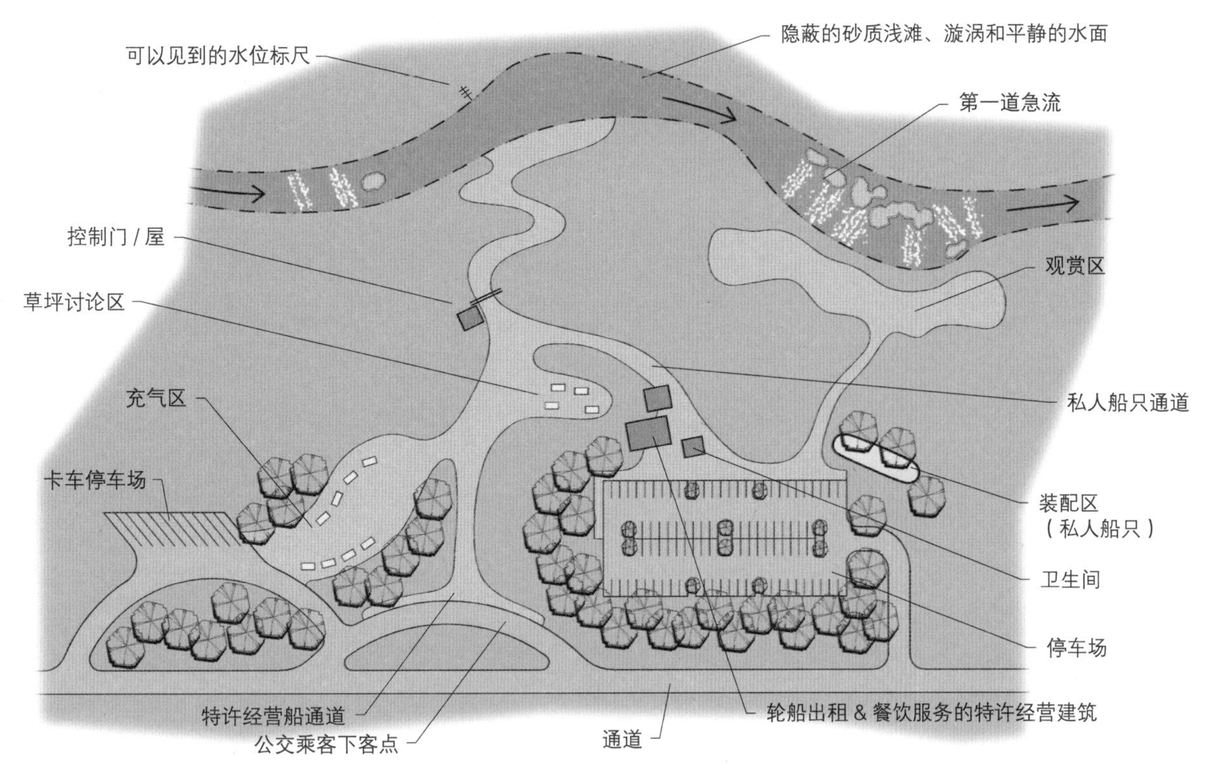

图 18.19 船舶出航区

自由划船者

* 设备装卸点
* 设置一个开阔的空间：20个筏和20个硬质船需要200m^2的空间。
* 进港通道与水相连，最好在涡流和滞水区。
* 停车场——在配备有过夜设施的情况下一个停车位/一艘筏（4个人的）。若远离过夜设施，则每2人1个停车位。
* 卫生设施，包括更衣室。
* 适应区

商业划船

* 最好与自由划船者分开。
* 设备搭建的空间
* 可供漂流皮筏艇充气的电插座。
* 可放置漂流皮筏艇的遮阴空间——1.8m × 4.5m × 船的数量。如果有场地限制，可以将4到5个皮艇叠在一起。
* 信息区——告知划船者有何期待以及如何使用设备。
* 货车停车场——每一辆卡车可容纳约20个4人筏。
* 巴士停靠和载客点。

* 卫生设施——包括更衣室。
* 电话服务。
* 预约点。
* 停车场——最大为每2人1个停车位。
* 与涡流、滞水区相连的下水通道要有一定数量的筏和比需求更大的入水空间。

- 如果场地和停泊空间允许的话，可以设置观众欣赏区。位置可以选在入水点或者在任何有趣的急流旁。
- 特许设施——食物（零食）服务、航行过程中的照片服务、设备租赁和销售、纪念品、为个人划船者提供的接驳服务（详见上文的个人划船者部分）。

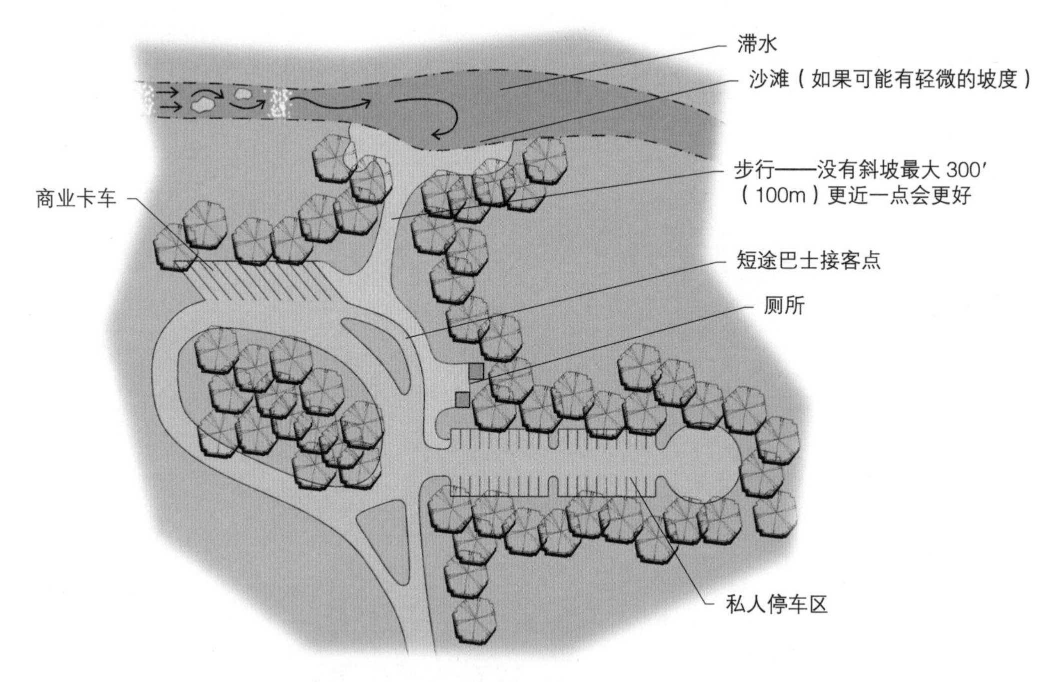

图 18.20 激流泛舟的到达点

- 到达点

概况

* 机动车道最好设置在离河岸100m以内，且与河面没有斜度。
* 卫生设施（填埋式蹲坑或男女通用厕所均可）。
* 可提供更衣室、热淋浴室。

自由划船者

* 为接驳车提供停车场地——一个筏乘4人，一艘硬质船乘2人。
* 在可能的情况下，设备装载的地方距离河100m以内。尽可能地使从河面到装载区没有坡度。
* 最好设置巴士接送（到起点的接驳服务），并且需要给筏和硬质船留有空间（拖车或是特别的巴士设计）

商业划船

卡车停靠——每25-30人一个卡车，4人的筏

巴士停靠（到起点的接驳服务）

- 停靠区

多数激流泛舟的活动会在旅途中设置停靠点，以下几个活动应当在停靠点设置以满足使用者，尤其是团队游客：

吃——通常安置在高于水面的地方并且最好是在悬崖或是石头地面上让船体的碰撞降到最小。

游泳——在水池或是瀑布下方。在密集使用的溪流中游泳不能在狭小的空间里，否则会干扰到划船。

观景——两旁有着独特的景色、瀑布、植被、地貌与历史的古迹等。

如果服务通道便于到达，那么可在较受欢迎的停留点处设置填埋式厕所。如果无法提供，可以让漂流者携带可移动厕所。通常，划船者即可去最近的树林或灌木丛解决。如果是团队出游，则可男人在岸一边，女人在另一边。但是若在客流量极大的溪流和河中，该种做法将会引发环境污染的问题。

设置通向激流河道的道路通常是困难且昂贵的，可考虑改变进出方式。停车场较难建设在临河两岸，可以考虑通过接驳巴士来往接送游客。

非机动船的水路游径

非机动船——特别是独木舟、漂流和皮筏艇等，受欢迎程度仍然在增加。随着使用者数量的增多，划船区的压力也越来越大。水路航线可以简单经济的提供给不同的水上活动使用。

水路航线一定要确定通道（进口和出口都对公众开放）和划船区。他们可以建设在小溪，河流、湖泊和泻湖上，可以是自然中季节性水域。（详见第7章，解说设施）

虽然美国大部分水路是可以合法通船的，但这项特权并不适用于海岸线上。换句话说，水路航线最好远离属于私人领地的海岸，除非主人已经允许通行。

要求

- 足够的水深——0.3m是必要的，最好是可以使2人乘坐的独木舟漂浮且可以通过动力较小的船。
- 每天的行驶长度

  快速的水流——20-30km

  中等速度的水流——17-19km

  慢速的水流——13-16km

  平稳的水流——6km左右
- 避免行船与钓鱼之间的冲突，特别是捕鱼季
- 乘客安全

  包括去除桥堤、路堤上的钉子、危险的浮木和尖锐的金属等。

  净高——树木下冠大约高出水面2m

  净宽——河道宽度最好为4m

  满足人与船体的通过即可，清除太多的植被将会造成自然环境的破坏并且降低美感体验。

图 18.21 通过红树林沼泽的步道引导
加勒比岛

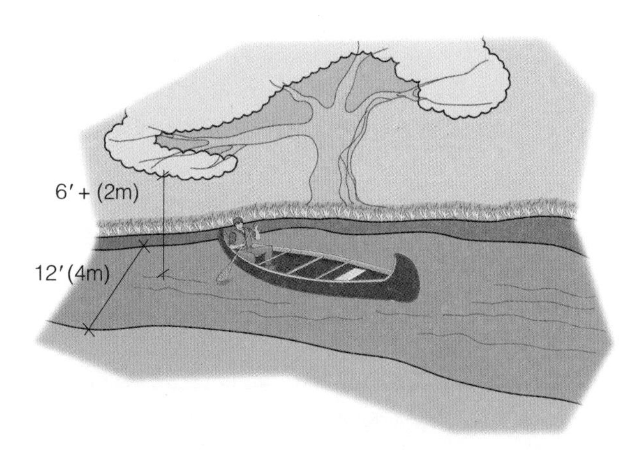

图 18.22 独木舟通行道

- 陆上运输

  当水面太危险或是遇到浅滩的时候转为陆地运输是必要的措施。必须在此情况下提供可供船体上岸的空间——最好是在公共的陆地上。利用河旁的道路将船运输到安全的河段再回到水中。

- 入水区

  停车场——1车位/船。

  在水流较缓的地方设置上岸通道。

  卫生设施——最好要有；填埋式厕所和男女通用厕所都可以接受。

- 停靠点

  是休息地区、吃饭的地方、过夜的营地（见露营地）和游泳区。包括之前提到的特殊停靠点。依据旅行的长度和岸的状况，如果提供有特殊停靠点（或者是由划船者自行开发的）且有服务型机动车道可达的情况下，可设置公共厕所。垃圾则需要被划船者自行带走。

- 上岸区

  要设置在一个容易被识别的地方，比如一座桥或一个坝旁等。

  有通往水面的道路。

  停车场——1车位/2艘船通常是足够的。划船者通常在航行开始前将一辆车放在上岸点，然后乘坐接驳巴士返回入水点，其他车则停放在入水点。

  卫生设施——尽可能提供热淋浴室。尽量设在泛洪区或让脏物能被水直接冲走。

  垃圾桶

  庇护所或是生火区——对于那些在寒冷季节或严寒地区等待接驳巴士的游客尤为必要。

- 航道信息

  描述航道的标识和信息是必要的，这些标识应当提醒人们任何潜在的危险区域。

  警示标识一定要安放在危险点以告诉航行者上岸或禁止进入这片区域。

  标明出发区。

水上使用密度

划船

- 高速船——滑水运动；每1.2$hm^2$1艘船——最适密度；每0.8$hm^2$1艘船——最大的密度；最小活动面积为40hm^2。
- 慢速船——10马力以下；每公顷2.5艘船——最大密度。

图 18.23　在剑桥大学撑船——英格兰

图 18.24　划船在南加利福尼亚河口的平静水面的比赛

- 非机动船——每公顷10艘船——最大密度；每公顷5艘船——最适密度。
- 特殊用途——空间大小是由活动的种类决定的，例如平底船——每公顷几艘船；或者橹船——每船需要几公顷的平静水面等。

钓鱼

每公顷2.5艘船——最适密度，拖钓时每公顷1.2艘船，在锚定捕捞时要每公顷10–15艘船。

帆船

每公顷10艘船——最大密度，每公顷2.5艘船——最适密度。

第19章　游船码头

大部分水体均需要船只存放，存放船只从几艘到一千艘甚至更多。船只停靠的场地可能在大小和其所提供的服务类型上有差异。一个码头可能包含以下设施：水中船储、陆上船储、非露天船储（水陆兼备）、船坡、燃油出售、船只出租、船只出售、船用器材出售、公共厕所、淋浴设施、俱乐部、餐馆、快餐店、船只维修、码头办公室、港务长、临时停靠码头、鱼类清理区、冰块和饵料出售、野餐、夜间住宿、码头维修车间和海岸警卫队等。

一个码头的位置和设计取决于它的大小和所服务的水体类型、水深、风向、通道（海陆）、使用者需求以及为码头提供必要设施支持的可用土地。建造和经营船用设施十分昂贵，并且常常会收取使用费。码头通常由私人资本投资建造，而那些有公共资金投资建造的也常常由私企经营。由于高昂的成本，进行任何开发都要先进行详细的市场分析。

图 19.1　缅因州海岸码头——斯坦利·福格

概述

规模

容纳250艘船（包括机动船）的码头通常可获得较大盈利，对小型码头来说，100艘左右可以略微盈利。

餐饮服务

规模较大的码头应该考虑这项设施。如果决定提供餐饮，则需在决定之前对其附近的餐饮情况进行调查。

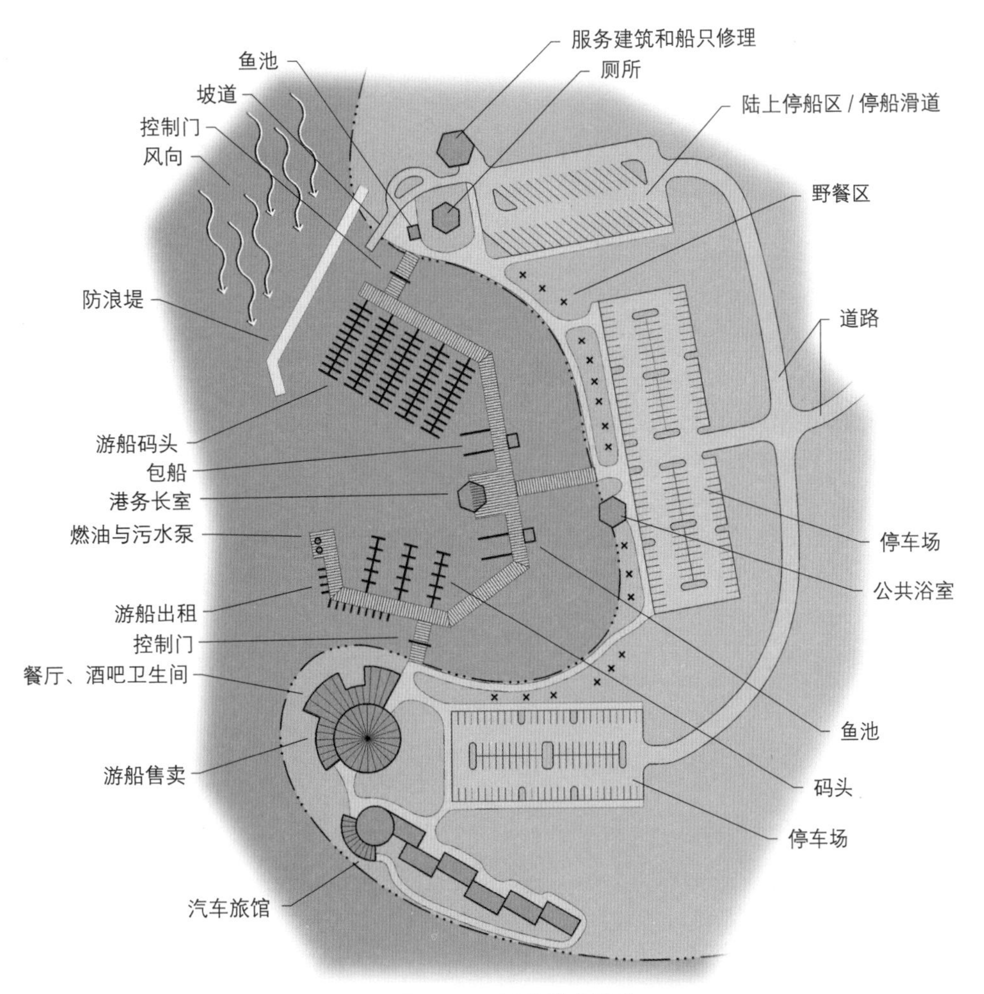

图 19.2　码头综合设施

可提供的餐饮服务类型从自动售货机、快餐服务、小吃店到传统餐馆。此外，也可提供一些酒吧。需为餐厅用餐人员和员工提供额外的停车场地。

岸上船储

水面波动或其他不利条件妨碍了漂浮甲板的建设。另外，由于藻类可能会在停放水中的船底部聚集，因此许多帆船驾驶者，尤其是参加比赛的选手，更希望把他们的船停在岸上。岸上船储可以是多层建筑也可以像汽车停车场一样设计。还必须有通向船舶下水滑道的通路。应尽可能地把岸上船储场地和日间汽车/拖车停车场地分开。由于船舶的价格，岸上船储必须提供安全保障，其中至少包括围栏和安全照明。

长期使用者

大型船只的拥有者常常想在船上度过周末，甚至在旅游季把船当作第二个家。如果这种使用方式通过了许可，则需要配备额外的岸上支持设施，其中带淋浴的公厕、水、电路和夜间码头进出口是最低要求。

码头

码头是主要的水中船舶停靠站，在布置和流通上与传统的停车场大致相同。除了最小的船只外，码头与停车场唯一的区别是前者需要更大的空间。

图 19.3　码头——南加利福尼亚海岸河口

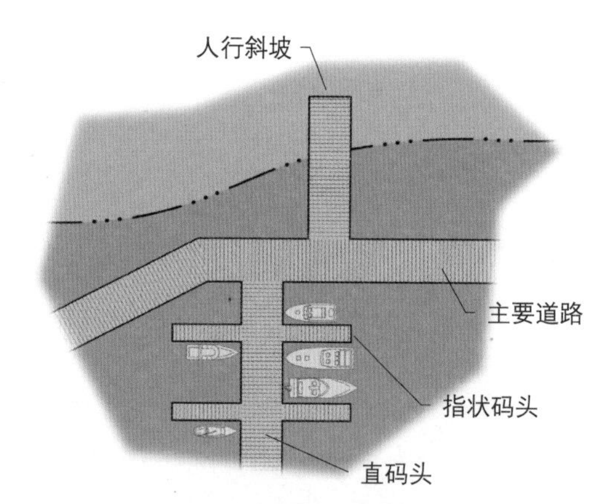

图 19.4　码头术语

为了抵抗各种外力和保护锚位占满时的船只，必须有足够的用来确保甲板稳定的锚地。风、水流、海浪、冰（横纵方向）的作用力和水位波动必须纳入考虑范围。在任何计算之前，需要谨慎决定在码头停泊的船只类型，举例来说，船屋的抗风性远比摩托艇要好。

停车场

大多数码头的船只使用率小于50%，通常小于40%。许多举行船上派对的人到达时不只一辆车。因此码头停车场的容量为1.5辆车（平均每艘在用船的车辆数）×码头容量的40%（任何给定时间内船位数的最大值），或是平均每个泊位0.6辆车。

停放拖船的拖车需要额外的停车位，空间的大小随码头的运作的类型而定，拖车所需的停车空间和汽车停车场一样大。如果船只提供出租服务的话，就需要额外的泊船位，其中平均一艘船至少需要一个泊船位更可能是1.2个及以上。此外，除了码头使用者，也要有停车位提供给就餐的顾客。

卫生设施

岸上公厕

由于没有可用标准，建议男女各150人左右一个卫生设施。如果有餐饮设施提供的话，则需要额外的卫生设施（参照当地食品供应设施的健康标准）。

淋浴设施（需要时可设）

确定留宿的人数，使用第14章中夜间使用的图表。

船舶卫生垃圾站

许多州要求设置该设施。查看州和当地的标准确认是否要求该设施。如果使用，建议在做好发展准备的情况下平均一个码头至少一套设施。在所有允许携带卫生储存器的大型船只停靠的服务码头边缘都应设置卫生垃圾站，并且需要水源来清洗化粪池和便携马桶。

船用燃油

不管是停靠在甲板码头的船只还是那些使用下水滑道的船只，到加油站的道路必须是便捷的，并且道路要靠近可供码头职员使用的码头设施。储油罐必须在地下并且可方便运货卡车装卸。储油罐的安置常常要求特别许可。

租赁和供应

多数码头提供船只租赁、渔具出售或供应以及各种次要船用设备的出售和租赁。这些服务必须设置在主要步行交通道路附近。租赁船只的顾客还需要额外泊位（见本章 停泊）。

服务区和下水区

每300艘船需要一个船只维修的服务设施。维修人员最好能处理燃油问题和其他船主提出的要求。

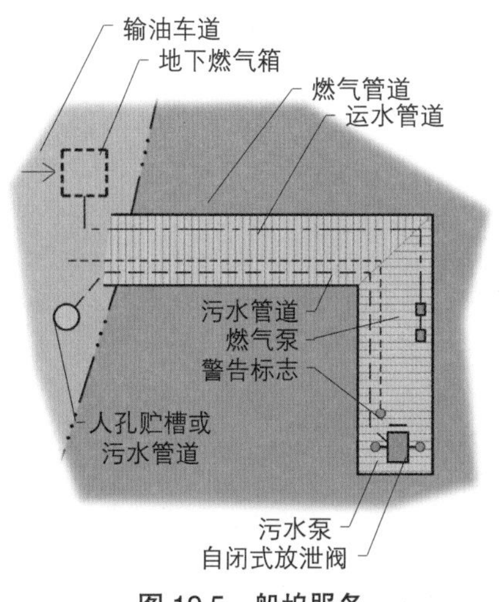

图 19.5 船坞服务

图 19.6 大码头维修区——南加利福尼亚

要求

- 仅码头顾客可以使用入水坡道（坡道详情见第18章划船）。
- 远离主要行人来往区域。
- 必须有便捷的车辆通道。
- 不受其他划船活动影响。
- 公共设施——水力、电力。
- 维修车间。

其他设施

船只包租

出租包括带有全体船员的船只和所有完成租赁的必要设备。出租的船只通常比私人船大。在旺季出租，有时平均一天一趟以上。

概述

要求：

- 码头有通向海岸的便捷通道和停车场。
- 销售区——通常是90到120cm长的方形货摊。
- 水电可以接通并有多条通向污水站的管道。
- 厕所污水有连通污水站的管道。
- 销售区有电话服务。

理想设施：

- 停泊时可与船只保持电话联通。
- 为提早到达的旅行者准备阴凉的休息地方。
- 称鱼的场所。
- 鱼类清理设施。

图 19.7　租船——佛罗里达，那不勒斯

图 19.8　展示一天战利品的租船——佛罗里达，那不勒斯

租船类型

1. 航海

需要在深水中——在低水位通常需要超过1.5m。

2. 观光

为下一组准备阴凉等候区。

3. 捕鱼

两种类型

（1）派对型渔船：正常10人以上，多数情况下为20-30人以上，通常时间在8小时或以下。

（2）游钓型渔船：2-6人的小团体或稍多几人——通常为游钓。要求租船区有可称大鱼的秤。

图 19.9　帆船在日落时漫游——佛罗里达，基韦斯特

需要活饵供应和其他供给。

鱼类清理常由船员在回码头的路上完成，因此岸上常常不需要鱼类清理设施。

4. 潜水

除了不需要鱼秤外，与捕鱼相同。

5. 去皮

除了不需要鱼秤外，与捕鱼相同。

汽车旅馆

夜间住宿应该是可行且值得考虑的。可提供充足的汽车旅馆，但应经过规划设计和安置，从而保证与码头（尤其是沿海水域的）的最大连通。

出售区

可出售船只和船用器材，尤其是在大码头。

非露天泊区

在海上或陆上都合适，且在经济上可行即可。

公用设施

- 在冬季存在有冰雪问题的地区需要除冰器材来防止对码头永久性设施以及任何留在水中过冬的船只造成损坏。也可设计可移动的浮动码头，整个冬天都把它们储存在陆地。因为码头在水面上的浮动很容易造成损坏。
- 停靠大船的码头应该考虑水、电以及污水处理问题，特别是在夜间使用的码头上。另外还需收取费用。由于这些设施十分昂贵，因此该类服务要在调研早期进行考虑。
- 在码头提供用电和电话服务。
- 坐落在较大水体（400hm^{2}以上）的码头需要立标灯来帮助船员在晚上找到他们的停靠点。

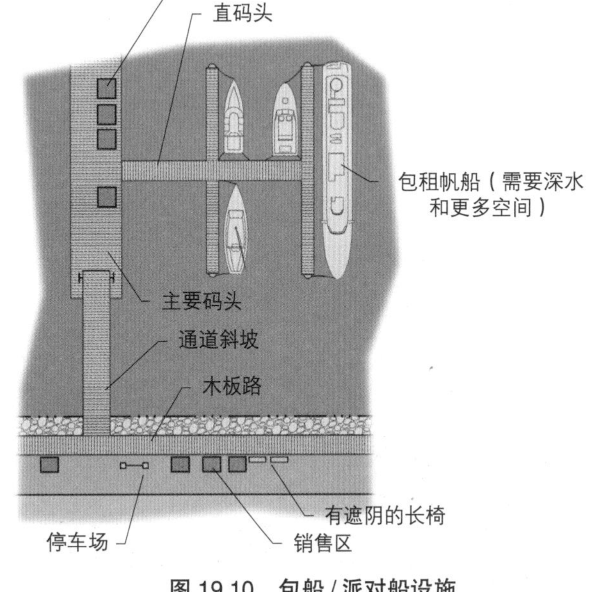

图 19.10　包船 / 派对船设施

图 19.11　非露天系泊（船库）——佛罗里达州，那不勒斯

鱼类清理设施

在有望高产的区域，最好在靠近码头和下水区域安装鱼类清理设施。随意的鱼类清理或将废料处理到水库、溪流及海岸则会造成气味、昆虫和污染等问题，因此鱼类清理设施的设置是必要的。有些规定不允许在码头进行鱼类清理，所以规划鱼类清理设施要考虑以下几点：

- 将鱼类清理设施设置在屏蔽的场所较好，尽管一般不能做到。
- 夜间使用需要提供照明。

- 应提供压力管道供水来帮助鱼类清理和常规清洗。
- 废料处理：垃圾桶；若健康条款允许，在咸水区直接将废料处理到水体中；或使用非金属容器。

图 19.12　那不勒斯码头的鱼类清理设施——佛罗里达州，那不勒斯

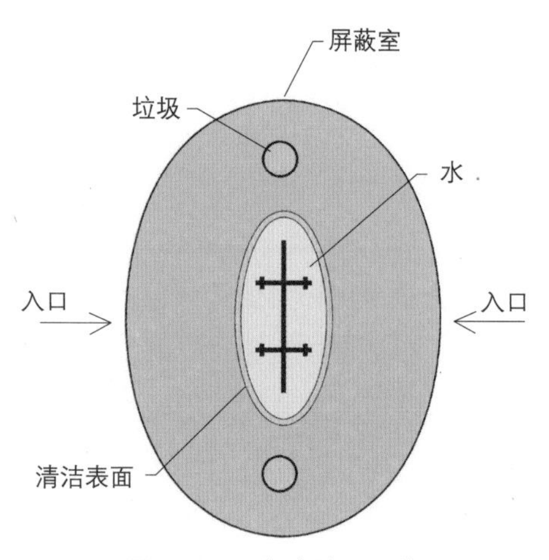

图 19.13　鱼类清理设施

船只清洗

在水质问题造成船只脏污的区域，有必要在下水坡道附近或在系泊服务区内提供清洗船只的地方。为了不阻碍下水和交通，一定要安排好位置。

系泊杆

在可行的地方给小船提供上限为25艘的夜间系泊杆。小湖泊和城市沿海海滩区域尤其需要这一设施。靠近野餐和游泳区域也应考虑日间停泊。咸水区的系泊杆必须由抗腐蚀材料制成。它们可以由内陆湖里的金属制成，但并不建议这么做。所有系泊杆必须足够坚固来避免停泊的船只被偷窃和暴风中船只被吹走。

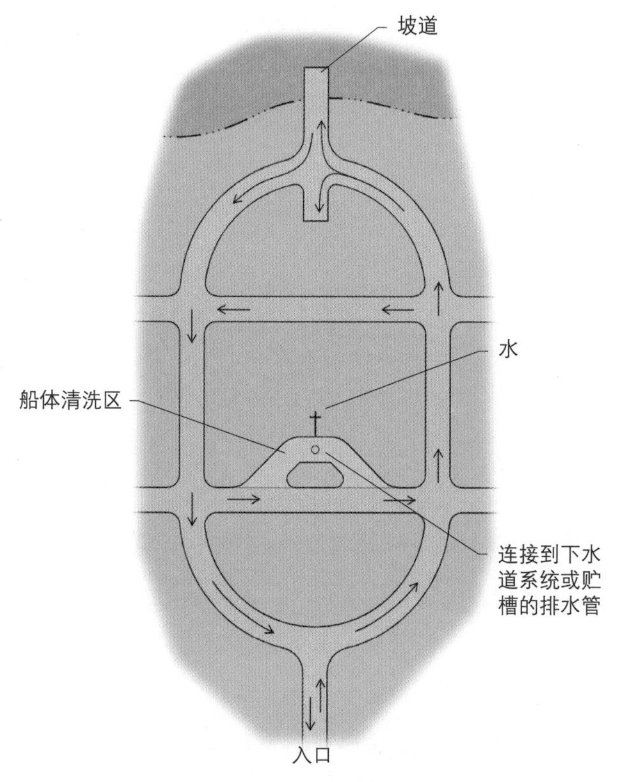

图 19.14　船只清洗地点

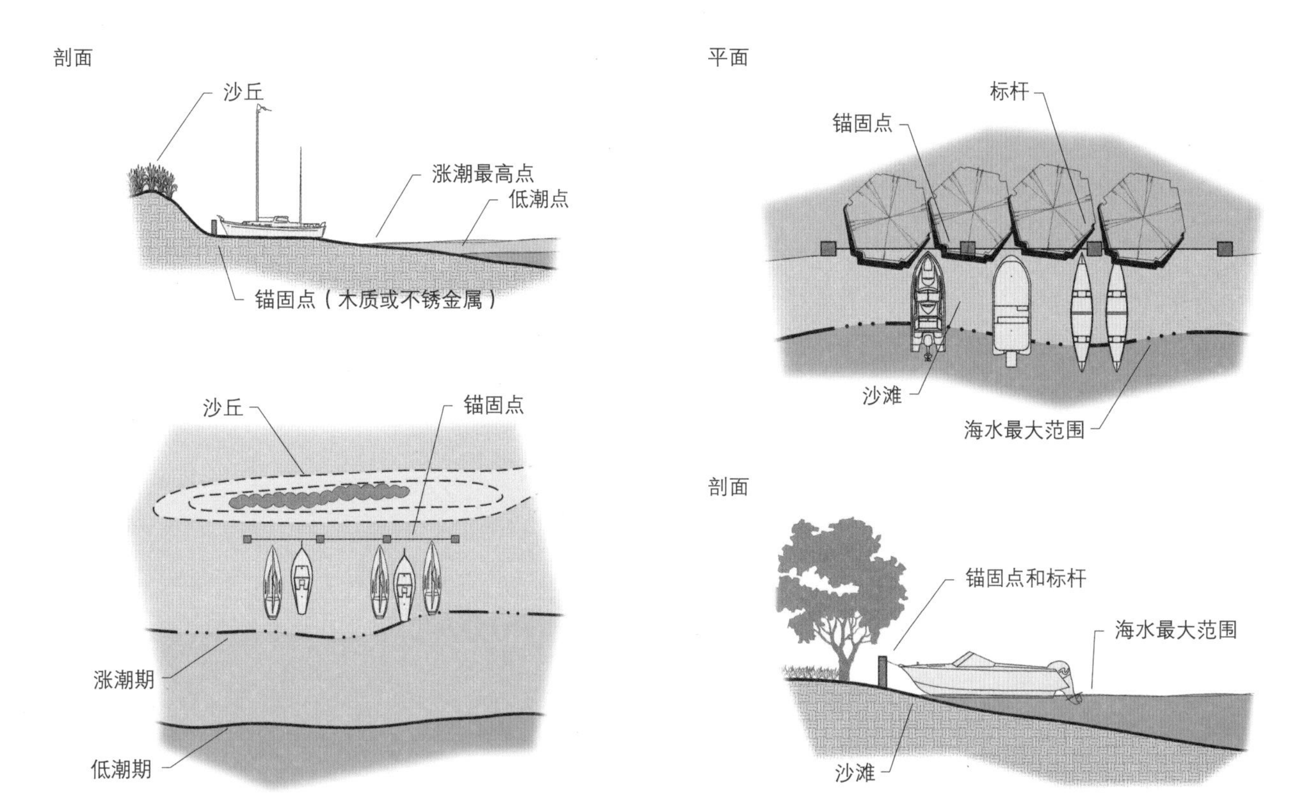

图 19.15　海岸沙滩系泊杆

图 19.16　稳定水域系泊杆

图 19.17　船只系泊杆——宾夕法尼亚州，弗拉奇河州立公园

第20章　高尔夫球场

许多大型娱乐休闲设施与住房发展计划已设置或正在规划设置高尔夫球场。高尔夫球场及其配套设施占用了大量的空间，维护与建设都需要花费昂贵的成本。在所有项目决定设置高尔夫球场之前，要对周边区域进行调查以决定是否需要建设。该调查应该提供球场数量及类型的信息，同时将现有的以及拟议的设施纳入调查当中。在每个高尔夫球场当中都会有一些附属场地，例如：网球、游泳、练习场、推杆练习、餐厅、酒吧等，其信息应当可以方便获取。

使用者特征

高尔夫是一个力量性的、技巧性的运动。它需要判断击球的力量，需要用技能来击球，控制球的方向，以及判断在哪里击球，或是用什么球棒击打。对于大多数高尔夫球手来说，高尔夫球场有着重要的地位，是一个享受高尔夫体验和社交的地方。

4名高尔夫球员大约需要4个小时或更多的时间打进18洞高尔夫，相当于2小时打进9洞。通过使用高尔夫球车可节约时间，每洞所需时间约为12分钟。在同一个时间，一个洞最多可以2-4人。在使用高峰时段，每轮4人球赛的开始时间必须至少有6分钟的间隔。这意味着最高每小时可容纳10组四人制球赛或单独40个人。有18球洞的高尔夫球场参加比赛人数是白天时间减去4小时（一轮所用的时间）的40倍。因此，在美国南部的冬季（南部的黄金季节），约可以容纳240人（10小时日照时间减4小时的打球时间即6小时的最大时间乘以40个人每小时），而在美国北部，夏季期间（在北方的黄金季节），约可以容纳360人（13小时减4小时×40）。通常，私人俱乐部和度假村计划每天只有200轮，而公共课将安排250到300轮。

据美国国家高尔夫基金会在1987年的统计数据显示，约有21700000人在打高尔夫球，在1987年到2003年总共有37900000人在打高尔夫球，在这些年间增加了16200000的人打高尔夫球，或者说是上升74%，而每年增加4.3%。那些每年至少完八轮的核心球员从2002年的12600000人上升5%至13200000人。高尔夫队每年轮数的增加，主要是由青少年和妇女加入。大约90%的高尔夫球手打18洞，需要指出的是，越来越多不会打高尔夫的人也都愿意参与其中。

图 20.1　海湾高尔夫球场——佛罗里达州，李伊郡

高尔夫球赛轮数每年仅增加4%-4.5%，需要每年数百个新的18洞球场来满足高尔夫需求的持续增长，每个场地每年进行约17000场（75天/年的能力），如果天数增加到每年100甚至150天，在美国将会需要至少超过100个的场地。高尔夫球员统计如下：

按家庭收入：

3.8%	高尔夫球员	小于$10000
12.9%	高尔夫球员	$10000-$19999
17.7%	高尔夫球员	$20000-$29000
20.5%	高尔夫球员	$39000-$39000
44.9%	高尔夫球员	$40000以上一年

按年龄：

4.0%	5–14	11%的高尔夫球员玩高尔夫球
7.2%	15–19	6.7% 的参加联赛
27.3%	20–29	73%的高尔夫球员玩高尔夫球
22.2%	30–39	62% 的参加联赛
14.1%	40–49	
10.2%	50–5	15%的高尔夫球员玩高尔夫
5.4%	60–65	31% 的参加联赛
9.6%	>65	

按性别

77%男性。

22.6%女性。然而，新高尔夫球手41%是女性，如果这一趋势继续下去，女性高尔夫球手比例的增加将会成为一个主要的长期影响趋势。

可以通过参与的频率来看用户身份。

20.2%的高尔夫球手每年只进行1–2轮，仅占总轮数的1.5%。

29.5%的高尔夫球手每年进行3–7轮占6.5%。

27.8%的高尔夫球手每年进行8到24轮占19%。

22.5%的每年高尔夫球手进行25轮，占近3/4（75%）

从这些信息可以看出，很明显极少数高尔夫球手打较多的高尔夫球。这些高尔夫球手主要是经济上富裕、较为成熟的男人和女人。根据法律，高尔夫球场必须在一定限制内开放。所有的场地都必须在设计时考虑到ADA可使用导则。另外，高尔夫球健身并不是大多数高尔夫球手的主要目标，高尔夫球手通常喜欢聚餐与社交。

劈球和推杆球场

在这种类型的场地通常有18个洞，洞的长度从25到120码（23–100m）不等，均为三杆洞，击球区的球座通常包括橡胶垫和橡胶球座，果岭（高尔夫球场中靠近球洞的平整区域）通常规模185到280m^2，沙的使用需要非常谨慎，因为在沙上会造成难度，大量受限制的自然和人为障碍都包含在这种类型的场地中，还需要设置灌溉系统，但灌溉系统较为昂贵，尤其在果岭区域，因为该区域使用的是自然草皮而非更常见的人造草坪。

场地要求

	最低的要求		理想的场地		每天的人数**
	英亩	hm^2	英亩	hm^2	
练习场	10	4			
劈球和推杆	20	8	30	12	
精英型球场	50	20	70	30	250–300
9洞规定场地	50	20	85	35	200–250
18洞规定场地	120*	50	170*	70	200–300

* 表示由于土地征用费用高，高尔夫球场面积正在减少。

** 表示如果天气允许的话

精英型高尔夫球场

这个地形通常是类似于监管型高尔夫球场，有多达8到10个三杆洞和一个五杆洞，大约60到62杆，这种类型的高尔夫球场提供下午和晚上约2.5–3小时时间。它与监管型球场一样有相同的需求和人才，但是需要的球场面积相对较小。总的来说，玩的时间越少，所得分数也就越低。大多数精英型高尔夫球场是18洞，需要与监管型高尔夫球场一样的考虑和规划工作。由于该类球场多在晚上使用，因而要考虑晚上的照明设备。

监管型高尔夫球场

本场地为高尔夫球手提供了终极挑战和各类型场地，大多数监管高尔夫球场建造至少18洞。根据场地的目的，每9个洞应该有2900到3300m，通常锦标赛场地码数约6500到6600m，常规场地从5800到6300m。

高维护成本和用于灌溉的水导致一些场地重新考虑场地的数量以维持球道外的草坪和植被。通常不需要维护的植物可允许自然生长。许多场地也考虑减少航道宽度，在可能的情况下，使场地更像欧洲早期的靶式场地。

选址

选择一个高尔夫球场，理想的情况下应该是一片较平坦的开放区域并有着零星的不同类型的树。

对于高尔夫球手而言，丘陵地是累人的，同样也很难维护草地。场地应可以使维修车辆和高尔夫球车正常行驶。临近高尔夫球场的街道可为球场提供广告机会。土壤条件是十分重要的，因为好的土壤才能生长出优质的草坪，这将会为球场带来人气。因此，土壤的分析是必要的。首先需确定发球区、果岭以及球道建设所要改造的土地，其次确定如何改变土壤以支持所需的植物，尤其是草的生长。在场地上，供给的电力、灌溉的水源以及污水的处理都是一个高尔夫球场需要考虑的附属设施。灌溉的水源是首要的，水源的缺乏会使草坪难以维持和生长，球场难以持续下去。因此，任何选址必须仔细考虑这些因素。

高尔夫球场发展的一个持续的趋势是将高尔夫球场与各种类型的房地产开发项目结合起来，例如独栋别墅、公寓、度假胜地。这些场地的经营通常是私人制并且限制会员的，人数约350人左右。所有的高尔夫球场都需要仔细研究场地的建设对于环境的影响。一个好的场地可能依赖于已有的资金支持，但所需的环境条件可能会使其有更高的成本或阻碍其发展。

高尔夫会所

入口处车辆、会所、专卖店、更衣室、练习区、练习果岭和第一洞发球台、辅助功能的位置都是需要考虑的重要项目。会所一般远离公路，要有足够的空间来建造一个功能性强的场地。第一洞发球区、第九洞果岭、第十洞发球区和第十八洞果岭最好在会所、专业商店和停车场附近。在停车场、道路和突出的标志物中，灯光是必要的。在有规划的小区内，会所将会发展成为社区中心。

网球

球场内至少需要2个有灯光的场地，4个会更好。在停车场附近的场地需要有一定的视觉遮挡。此外通常需要提供饮用水、长椅、裁判椅和与网球相关的其他标准设施。照明是必要的，但不是必需的。这种设备通常是由非球手使用，成本较高，但是在私人俱乐部，对于不打高尔夫球的家人和客人，这是一个必要的额外的便利，也可以获得很好的声誉。

游泳池

游泳池的设置对于高尔夫球手的家人是很有效益的。游泳池的大小依赖于预期的用途。游泳池最好位于没有高尔夫球手进行高尔夫活动的地方。夜间照明是非常重要的，尤其是在南部的旅游地区。

酒吧/小吃店

是高尔夫球场主要的收入来源，提供一个观看高尔夫球的视野良好的环境。

必须提供食品服务，应提供休息和聚会空间。

餐饮

餐饮设施可以出租产生可观的收入，也是一个场地当中非常重要的部分。高尔夫俱乐部会时常用来举行招待会、聚会和会议。设计前必须弄清是否会提供这些活动。

停车

私人高尔夫俱乐部需要空间来容纳汽车，在公众或是私人的俱乐部里，理想的停车位为120-140个，而代客泊车是一个非常好的方法。

高尔夫球车

大多数高尔夫球场提供高尔夫球车租赁，这是一个主要的收入来源。俱乐部必须有一个高尔夫球车暂存区域，需要大约80到90个车位。储存设施，包括电池充电在内都是必要的。此外，为维修高尔夫球车，必须提供单独的室内空间。在发球区和果岭需铺设有步行道和车行道。为大量使用的高尔夫球车设置的步行道和车行道应该覆盖整个场地长度。

图 20.2　高尔夫球车在专用道上，佛罗里达州　那不勒斯

练习场

练习场最小面积应该 930m^2，最合适的大小为1100到1400m^2。

图 20.3 具有照明设施的私人高尔夫球场，佛罗里达州 那不勒斯

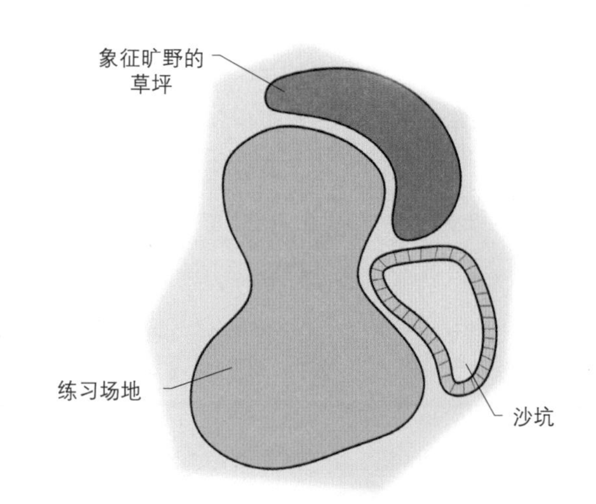

图 20.4 练习场

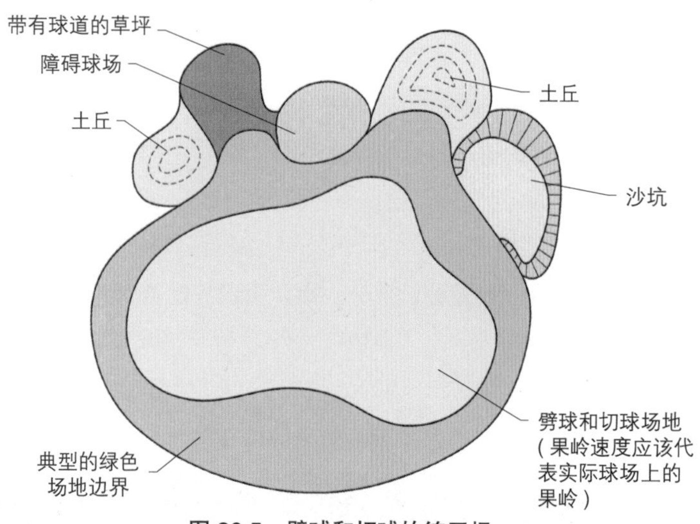

图 20.5 劈球和切球的练习场

典型的切球和劈球的练习场

专卖店/运动员室

这是高尔夫球场的交通管制点，球场入口位于高尔夫专卖店（通常为私人）或运动员室（有时用于公共）。参与者车辆可由此进入到达高尔夫俱乐部。专卖店是一个方便的地方，提供许多的高尔夫用品、设备和维修服务，当然还有高尔夫课程。

图 20.6 高尔夫球包放置区，佛罗里达州 那不勒斯
照片提供 Wayne Hook

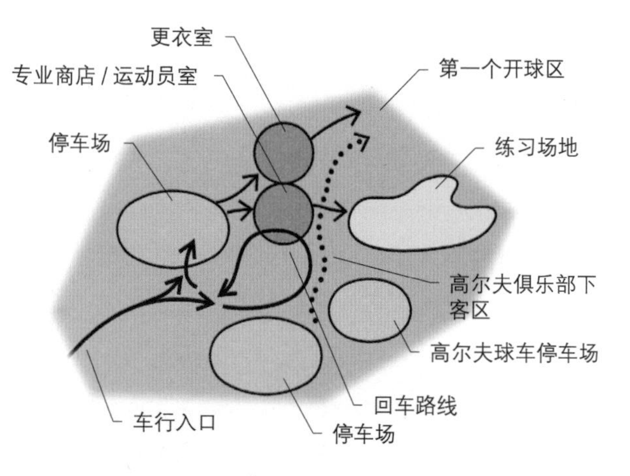

图 20.7 专业商店、运动员室以及更衣室区位

图 20.8 高尔夫球练习场位于大型水域边，佛罗里达州那不勒斯

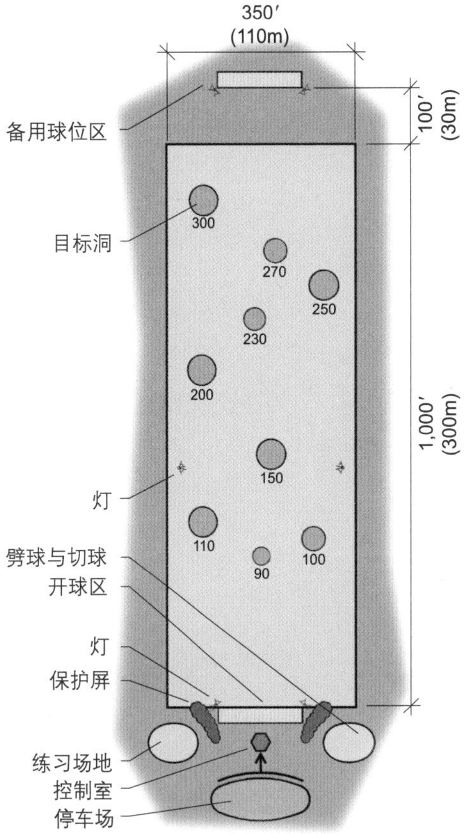

350′
(110m)
100′
(30m)
1,000′
(300m)
备用球位区
目标洞
300
270
250
230
200
150
110
100
90
灯
劈球与切球
开球区
灯
保护屏
练习场地
控制室
停车场

图 20.9 练习场

练习设施

多功能练习教学区域是一个理想的“额外”场地，包括一个练习场、练习果岭、切球和劈球场。如果空间允许，它可以附加到任何高尔夫球场，空间最小需要100m × 305m，南北向布局，如果可能，布局应该是北/南向。

- 部分练习应该由私人教练指导。
- 果岭和球道应该成为练习场的主要场地。
- 水可以代替练习场草地，目标将会浮于水面上。

设计

高尔夫球场的路线规划，要考虑自然状态下高尔夫球的特性和危险性，但首要考虑因素是土壤的性质和场地位置。树是最好的障碍物之一，是一个极其重要的视觉和自然资源。

大多数高尔夫球手是右撇子，所以约有90%的球是向右发出的，是场地设计要考虑的因素之一。应设计适当位置的孔、遮蔽物（植物或人造物）以及将地点的障碍最小化。在设计时应该考虑到夕阳，不应该让高尔夫球洞贯穿东西方向，如果不可避免，则应从第一个开始，规划前几个高尔夫球洞的方向为东西向。在北方地区，如果方向为西北则是非常糟糕。果岭和下一个发球区之间的距离不应超过70m，最理想的距离大约是27m，第一个孔相对容易，大约330到350m长。

相对自由的障碍和地势起伏较大的场地可能会使球丢失。第一个洞周边应平坦开阔，随后几个洞难度逐渐加大。

每个9洞场地应该有2个三杆洞，2个5杆洞和5个4杆洞。每个9洞场地杆数应该是35、36或37，高尔夫球场完整的杆数应该是71、72或73（精英型场地将会减少），应该避免6杆洞。设计时首先考虑3杆洞，第一个应该是大约120–150m长；第二个应该在165–210m长；5杆洞还应该具有不同的长度，第一个在短边约430m，其他长度从475–550m不等。

230m和320m之间的长度，不应该被用于一个高尔夫球洞的长度，这被认为是无人区，对于3杆洞来讲距离太长，而对于4杆洞来讲这样的距离又太短，因此如果可以的话应该避免这种长度。

在每个9洞球场中，各类型球洞的混合是很重要的。一个好的监管型球场规划如下：(精英型球场需要减少适当的长度)

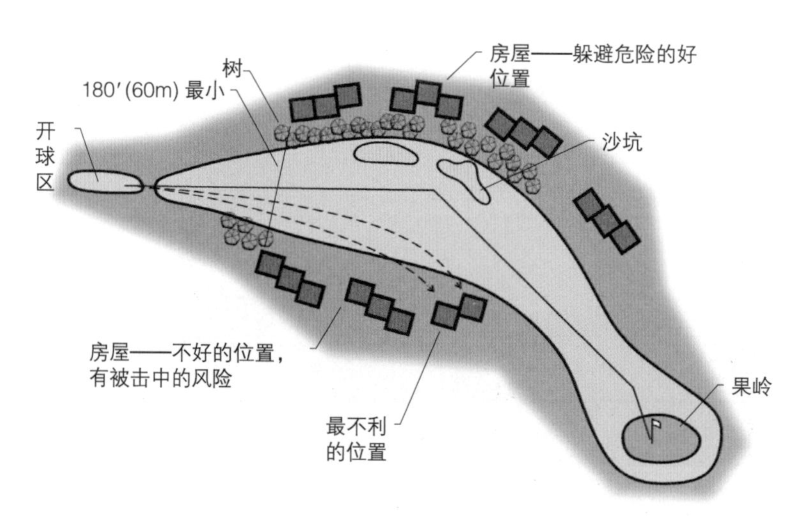

图 20.10　领近球场的房屋区位

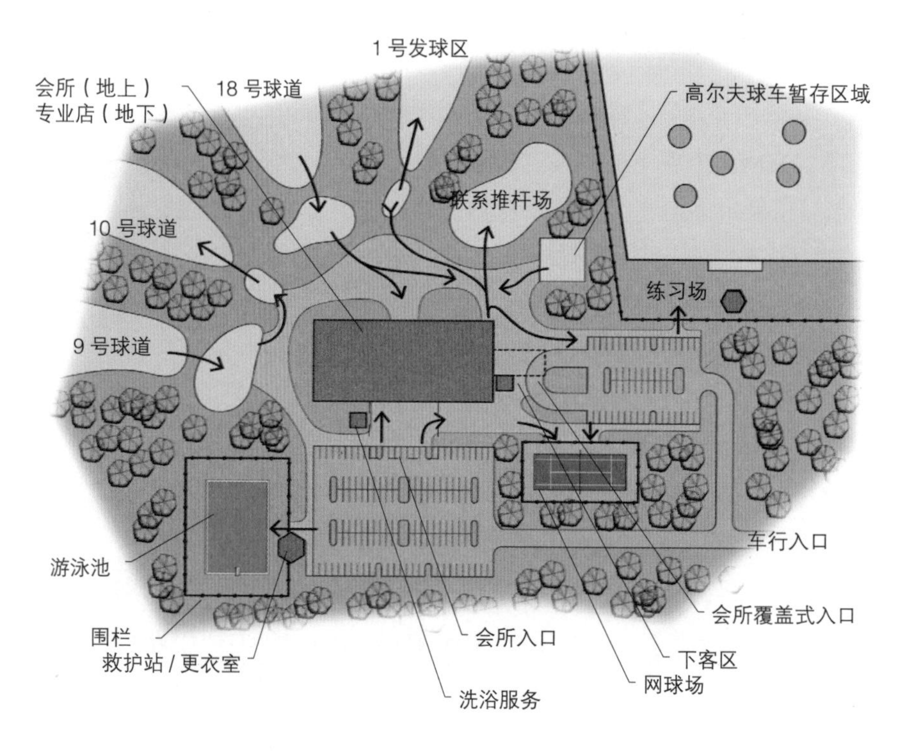

图 20.11　会所场地平面图

高尔夫球袋里提供了不同的球杆以适应不同长度的球赛。

球道宽度一般约为27至36m。理想的球道是有额外空间的，以适应在比赛中的挥杆和观众区。两个建筑之间的距离应高于55m，最好为65–70m。通过保证球道最小宽度，集约式土地维护量可以减少到约28hm^2，大大减少了草坪维护成本。

在一轮中，不应该让球手出现场地相似的感觉，即不同类型、长度和特色应当纳入每个高尔夫球洞的设计中，为高尔夫球手制造一些兴趣和挑战。

洞数	码	
	男性	女性
4个三杆洞	100–250	小于 210
10个四杆洞	350–470	210–400
4个五杆洞	470–625	400–575
	meters	
	男性	女性
4个三杆洞	90–230	小于 190
10个四杆洞	320–430	290–390
4个五杆洞	430–570	390–520

前9洞	杆数	码	meters ±
1	4	380	350
2	5	485	445
3	4	400	365
4	3	260	240
5	4	410	375
6	5	580	530
7	4	420	385
8	3	180	165
9	4	440	400
前9洞总数	36	3555	3255

后9洞	杆数	码	meters ±
10	4	390	360
11	5	550	500
12	4	370	340
13	3	200	180
14	4	430	395
15	5	520	475
16	4	370	340
17	3	220	200
18	4	450	410
后9洞总数	36	3500	3200
18洞总数	72	7055	6455

* 在 1 号洞、9 号洞、10 号洞和 18 号洞，保证最小杆数以免增加时长，同时要保证最大限度的美学考虑。这样的设计必须符合球场整体设计。

图 20.12　建议的球洞间距与前后 9 洞的杆数

果岭应该清晰可见。陷阱沙坑和其他障碍应该明显区别于其他区域。一般来说，球道直接倾斜向上或向下的斜坡是不可接受的，因为以下几个原因：

1. 陡峭的坡球道考验的是广大高尔夫球手的运气而不是技巧。
2. 向上/向下的行走会造成高尔夫球手的疲劳。
3. 草坪难以在这样的区域维护。

在球道边需要清楚地标明此处距果岭的距离，使玩家可以准确判断，以便更好地选择自己的射程和必要的球杆。

在高尔夫球场的设计上，有三种类型的高尔夫球洞：（1）惩罚式设计，（2）战略式设计，（3）英雄式设计。

惩罚式设计

沙坑陷阱形成瓶颈或岛屿样式。高尔夫球手必须要么打一杆准确到果岭上，要么不到果岭以避免麻烦。1–2个这样的洞通常在18洞的高尔夫球场就足够了。

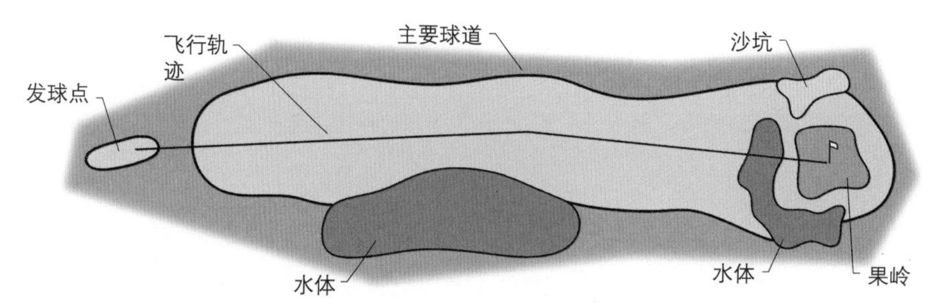

图 20.13　惩罚式设计——需要精准击中避免伤害

战略式设计

特定的位置，以获得最佳效果。约50%的球洞都属于这种类型。这些通常是距离更长的四杆洞和五杆洞。

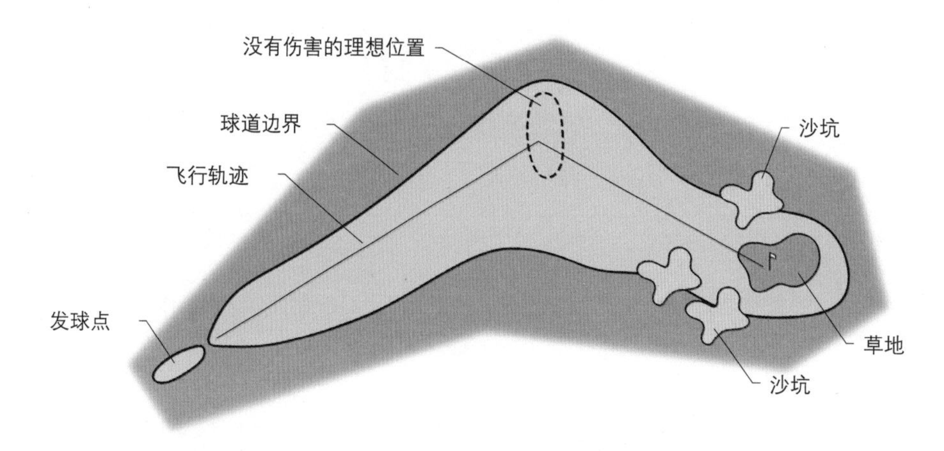

图 20.14　战略式设计

英雄式设计

这种类型的高尔夫球洞的是惩罚和战略设计的组合。将自然障碍或沙坑放在对角线，为高尔夫球员的

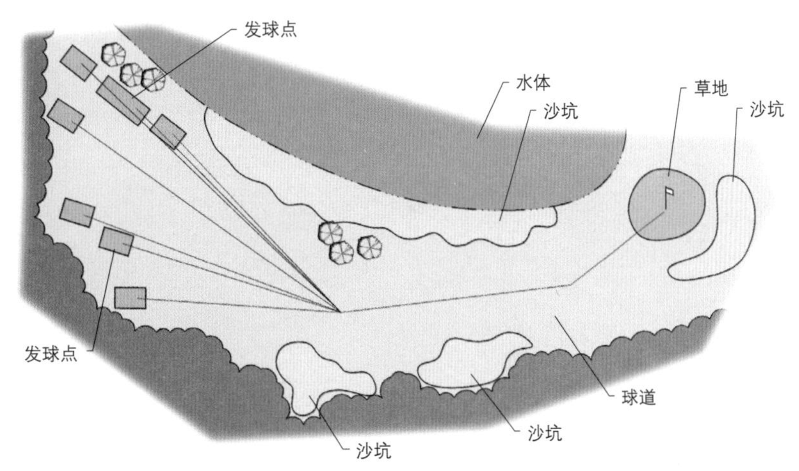

图 20.15 战略式与惩罚式的不同

孤注一掷做好准备。对球手而言，能绕过越多的障碍，对于他下一个挥杆来讲就越是容易。高尔夫球洞的30%-50%都属于这种类型。

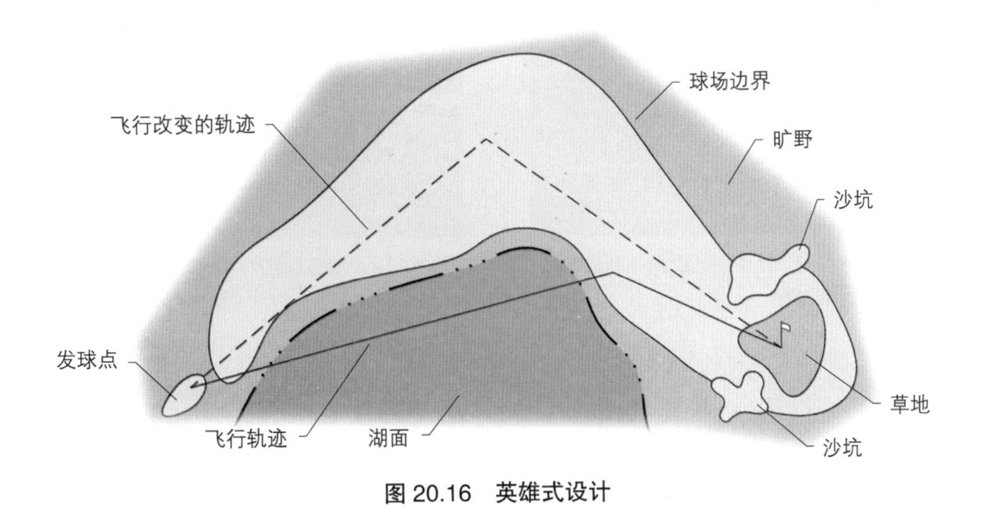

图 20.16 英雄式设计

果岭和发球点

在开始高尔夫球场球路选线之前，果岭和发球点可能分布的所有区域都应首先进行检查。果岭尺寸465-745m^2，取决于洞的长度；发球台应为220-465m^2，以适应各类能力不同的用户。一般发球台呈现狭长形，且有时包含不止一个球座。

果岭的倾斜方向是由前向后，坡度应不超过5%。靠近果岭的坡度可以高达20%，果岭两侧和后侧的坡度可至20%。

高尔夫球运动员服务区应在每一个果岭/发球点附近，并包括球洞信息，高尔夫球清洁器（每2个洞一个）和饮水设施（至少每3个洞一个）。

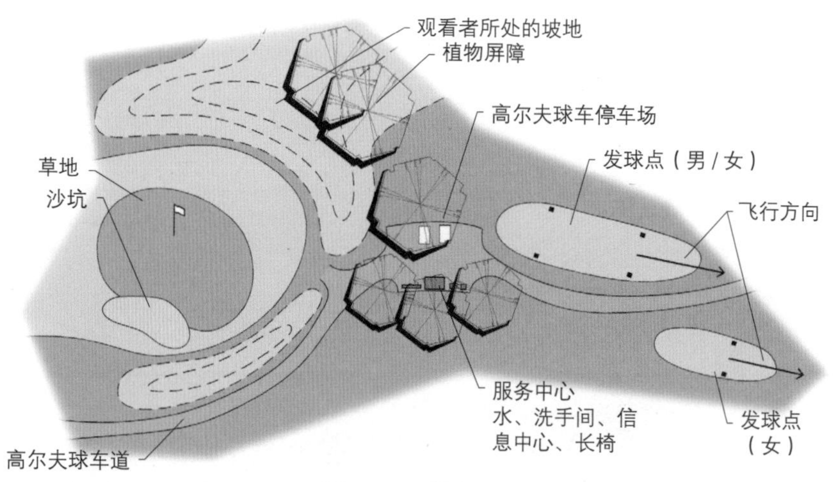

图 20.17　服务中心

图 20.18　发球点，高尔夫球车道，球洞信息，胶球清洗，那不勒斯

图 20.19　独立厕所，Quail Run 高尔夫球场，佛罗里达州那不勒斯

在大部分球场，2个卫生间设施是必要的。设置一个在每9洞（更好的是第4和5球洞、第13和14球洞）之间。这对于服务老年人的高尔夫球场尤为关键。

障碍

有三种基本障碍类型：植被，水潭和沙坑。每个的数量、大小、位置和类型都是依据现有植被、地表水供应和技术的可操作性决定。

植被

乔木、灌木和其他植物材料可以是难度较大的障碍。植物的保留或种植具有战略位置。由于成本，该类障碍的需求正在增加，相对应的一些需要经常维护的障碍在逐渐减少。

水潭

水潭通常出现在像加利福尼亚州的金石滩滨海高尔夫球场，并与丰富的降雨和高水位有关，如许多佛罗里达的球场。其中，水可被利用形成水障碍或体现其固有的审美价值。

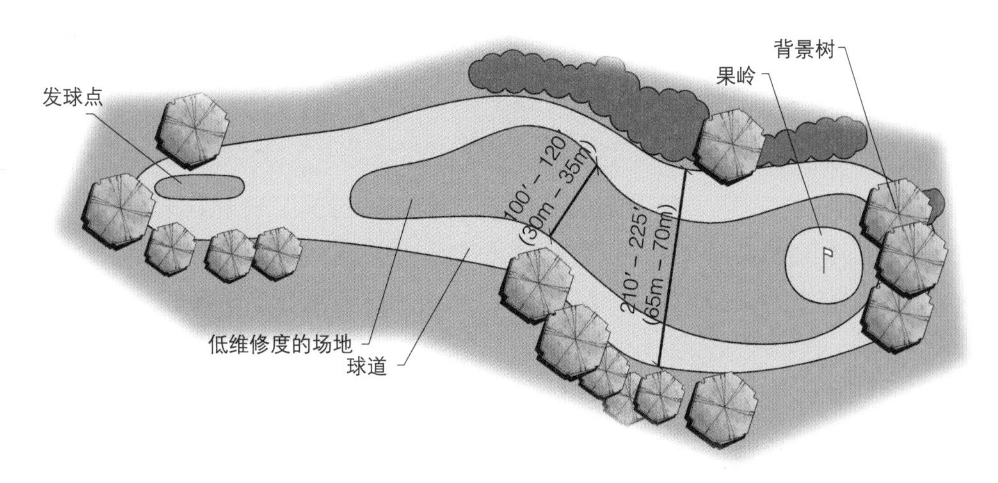

图 20.20 植物作为球场的障碍

沙坑

在果岭前面或侧面的沙坑坡度为30%到40%。在沙坑的入口，坡度应不超过25%，这样的高尔夫球手的挥杆可以有一个完整的、干净的行程。

图 20.21 水潭，Quail Run 高尔夫球场，佛罗里达州那不勒斯

灌溉

一个良好的灌溉系统在规划一个高尔夫球场时是重要的。高尔夫球场使用的是草坪，如果没有灌溉，它很可能整年不会有厚且健康的草皮。

灌溉系统的目的是为主要运动区提供所需要的水量（每周约2.5cm的水，包括自然降水）。一个18洞的高尔夫球场灌溉系统必须覆盖至少约18hm^2的球道，36hm^2的草区，约2hm^2的果岭和发球台。一个好的灌溉系统将会采用最经济的管道尺寸和生产灌溉过程，并需要最少的劳动力来操作和维护。

发球台和果岭对水有特殊的要求，因此应该与球道划分开。草区的灌溉应该最小化，并在可能的情况下排除在外。所有灌溉系统的设计必须在球场较少使用或不使用期间完成灌溉。它们基本上是钟控和自动系统，并且应能够容易地重新编程以节约用水。当地管理机构常常需要湿度传感器作为灌溉控制器。应认真考虑以减少不必要的浇水。

灌溉设计的两种主要类型是：

1. 枝状系统：该系统利用来自水源的干管，并有较小的支管连接干管。
2. 循环体系："循环"系统，一般都比较昂贵，应考虑水的压力或其他设计条件，如足够的防火保护等。

排水

高尔夫球场所有地区必须有足够的排水系统以保证在雨停后球场可以很快恢复运作。特别注意要确保在果岭上的良好排水。

维修区

高尔夫球场维护设施应该靠近公共道路/高速公路以方便供货商交货。它还必须可以直接方便地抵达球场。此外，它必须受到公众监督。

在维修区必须安装栅栏和灯光，必须有充足的可调节温度的室内空间，使员工在恶劣的天气条件下能正常进行设备维护和维修。同时还应有满足员工需求量的停车场，以及室内或至少有屋顶的设备储藏空间以保护割草机，前端装载机，修剪机，维修车等设备。另外，球场的其他材料同样也需要该类室内或有顶空间。

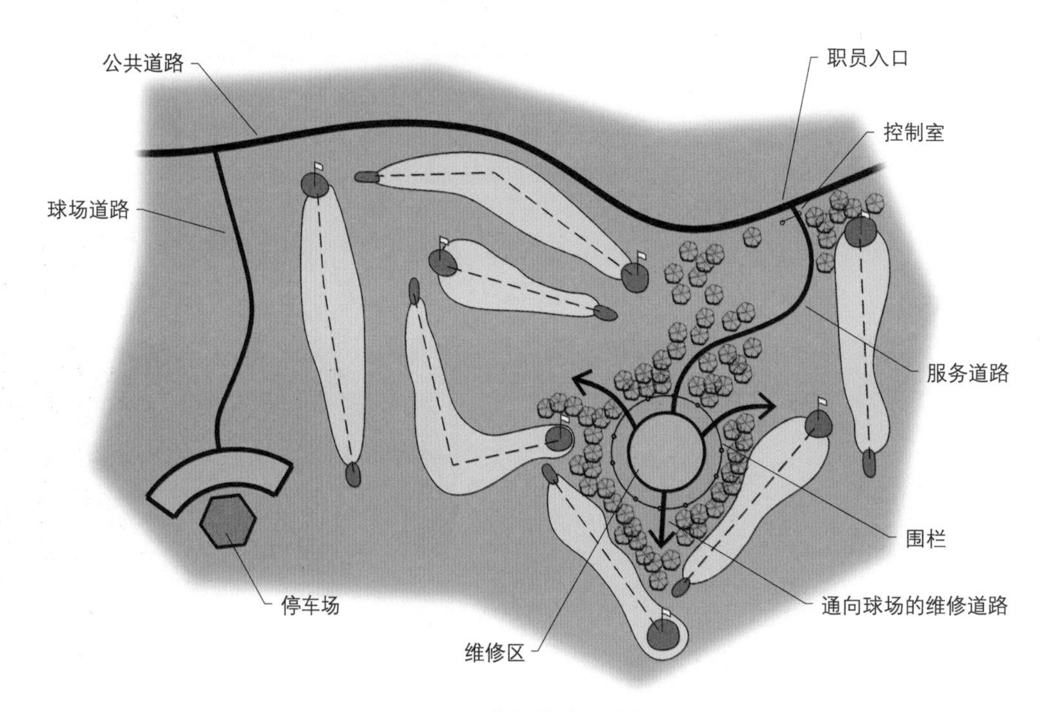

图 20.22　高尔夫球场维修区

第21章　冬季使用区

应该对所有在寒冷地区的公园进行冬季活动研究。滑雪橇、平底雪橇滑雪、滑冰和冰钓等活动都应该纳入考虑中。对40hm^{2}以上的较大场地来说，可增加越野滑雪、用雪鞋行走和雪地摩托车。对于有陡峭资源的地方，若北面朝着山脉，可以考虑开展速降滑雪。

概况

用来确定冬季使用设施开发场地的因素有：

- 雪季（在没有使用造雪设备情况下的可用雪的天数）。
- 冰冻季（冰可用的天数，需要1.2m以上的厚度）。
- 合适的用来滑雪、滑板和平底雪橇滑雪的山坡。
- 冬季用于维修、搬运积雪和煤渣的通道，尽可能没有陡坡。
- 停车场——需要有清理积雪空间的平地。
- 需要的建筑——包括有温暖的小屋、热食服务、租赁设备、有暖气或空调的卫生设施、售票处、滑雪指导、滑雪巡逻、住屋等等。所有的东西都要被充分加热来保持所有公用设施远离冰冻。
- 冬季运动区域可在夏季使用。这可以扩大使用时间以进行最大化的投资，比如在夏天安装一个长的水滑道以利用爬坡电梯，或在越野雪道上修建步行道，在过冬湖泊上钓鱼等等。
- 城市地区——可能包括夜间活动（需要户外照明）。
- 公用设施——必须有防冻装置。
- 坡向——北向、西北方向要有树木覆盖（最好是乔木）来提供树荫。如果原始情况没有植物覆盖，那么应该进行栽种（最好是常青树）。
- 山坡可进行滑雪或滑雪橇等活动，为了安全、更好的活动且易于维护，应将山坡进行分级并种植树木。
- 需要确定该地区人工造雪天气（可以造雪的天数）。

如果人工造雪被包括在项目中，那么需要供应

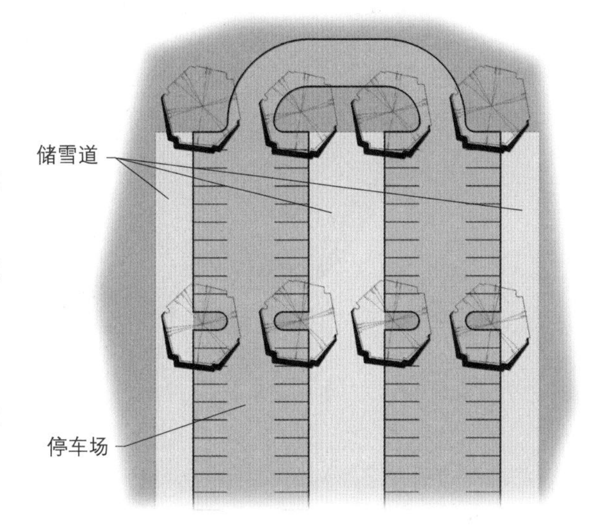

图 21.1　搬运积雪空间的停车场

图 21.2　在宾夕法尼亚州乘雪橇
照片由 Michael Fogg 拍摄

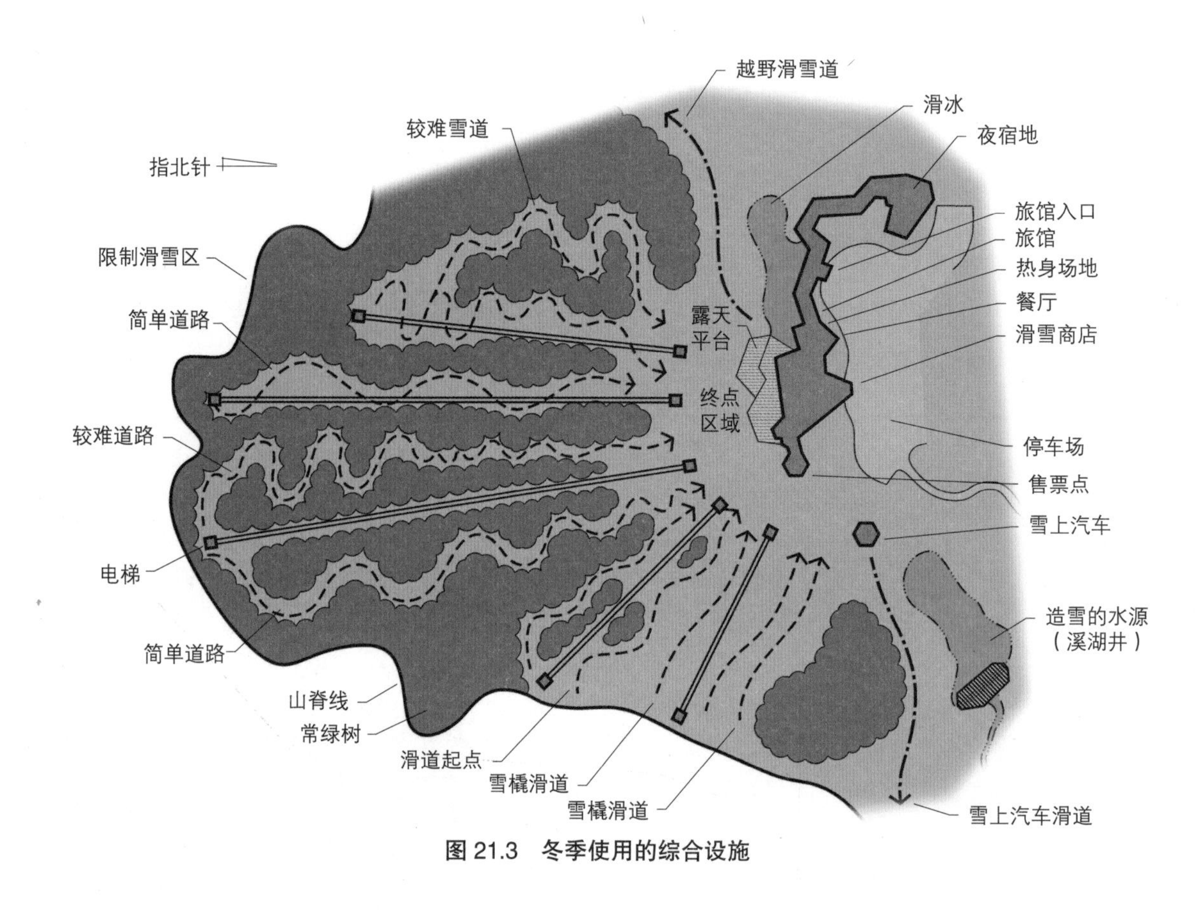

图 21.3 冬季使用的综合设施

充足的水量，比如非冻结流水、储藏水或者地下水。在多数情况下，人工造雪决定了商业冬季项目的成败。

速降滑雪和滑板滑雪

传统类型的滑雪仍需要强有力的支持。每年滑雪日在20天以上。滑板滑雪已经变成了速降滑雪的主要部分，特别是在年轻人当中。现在30%的滑雪场所使用的是滑板滑雪。不经常滑雪者占了总滑雪人数的12%，经常滑雪者占了总数的45%。剩下的一般滑雪者是35%，滑雪天数在5–20之间。

使用者特征

滑雪者大多为年轻人，30岁以下，有60%是男性，40%是女性；他们拥有较高的收入，受过良好的教育，并且滑雪者的平均滑雪时间超过了6年。近来滑雪领域的趋势是为了人们能够继续将滑雪的习惯变得更加专业。速降滑雪者要经过平均322km的距离才能到达山坡，而且会停留2–3天。老年人会继续滑雪直到五六十岁，有的甚至会到70岁。

图 21.4 在宾夕法尼亚州的滑板滑雪运动

照片由 Michael Fogg 拍摄

使用者态度

单日滑雪者更喜欢：

- 滑雪场地靠近住所。
- 具有良好质量的山坡。
- 廉价的拖绳和滑雪票。
- 良好的滑雪设施。

在周末和假期的滑雪者更喜欢：

- 具有良好质量的山坡。
- 较短等待时间且滑雪设施良好。
- 在滑雪者中有很好的声誉。
- 不拥挤，特别是在周末。

需求：

- 3m厚的降雪（无人工造雪设备）将会带来80-85天的滑雪时间。
- 距市中心1小时车程内的滑雪场地，需要考虑夜晚的滑雪设施。
- 能容纳3000人的600hm^{2}山坡，游径处于相对拥挤的情况。
- 滑雪山道的宽度——至少12m，较大的区域应该在陡峭山坡的顶部。单向道的开发应该在自然积雪的地方。
- 应该经常为初学者和无经验的滑雪者提供一个简单的办法来从坡顶滑向坡底。
- 绳拖——最多400m、25%的斜坡。
- 所有区域都应该在垂直高度60m或以上的山坡设置升降椅。
- 贡多拉游船在主要的滑雪区域也是可用的并且还能在夏天被观光者所使用。
- 在滑雪电梯的基础上必须为了那些想要爬到山坡顶部的人提供等待的空间。
- 垂直降落高度至少55m，合适高度的最小值为110m。
- 山坡坡度：

  初学者——5%-20%

  中级——20%-35%

  专业——35%及以上
- 避免山顶有大面积开放区域。解决方法：设置植物屏障。
- 避免大面积开放区域暴露在盛行风的方向。解决方法：设置植物屏障。
- 为了运作利润人工造雪设备是必须设置的，而且在冬季需要水源的持续供应。
- 售票亭应该位于停车场和山坡之间，最好是在主要滑雪场地的外面。
- 为了提高滑雪运作效率，辅助设施是必须设置的。

  餐饮服务
酒吧
娱乐场所
住宿
设备租赁
教学

  } 20%或者更多的资金花费在这些活动上

其他的冬季活动，比如滑冰、雪地摩托车（见第10章，越野车）、越野滑雪和雪鞋健行也应该被考虑进来。

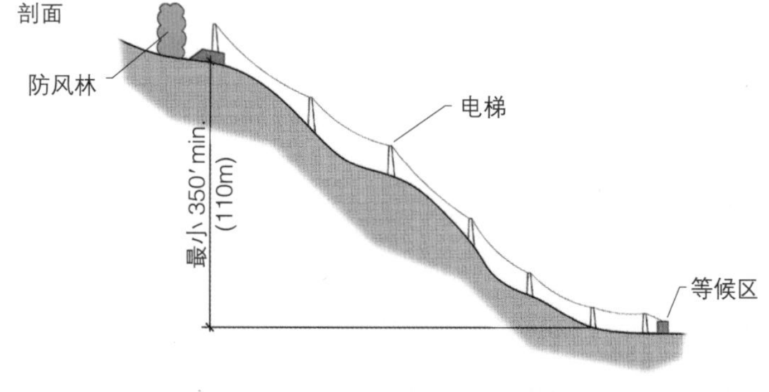

图 21.5　滑雪山坡高度的最小值

越野滑雪（北欧）

这类滑雪已经变得非常流行，并且它的流行程度在继续增长。

使用者特征

通常越野滑雪者都有一些速降滑雪的经验。他们经常寻找荒僻的地方，并常常在夏天慢跑，有长达近3年的经验。他们喜欢户外运动和探索自然环境。对周末外出来说，可以推荐一个短暂的下午或在周边的夜间旅行。很多老年人也正在参与这项越野滑雪的活动。

需求：

- 位置——靠近用户住处（约30分钟车程）
- 通行——最好无需使用汽车就能到达；然而，方便停车是必须的，停车场可以和其他需要的冬季活动相结合。

图 21.6　越野滑雪——考尔爱达荷州
照片经 Fethke 一家人许可

游径

（1）概况：

是提供景观多样性的幽静之处，具有多样化的地形和植被。越野滑雪和雪地摩托不可兼容——甚至不在同样的盆地。尽可能使用现存的夏季游径。自行车、徒步和骑马道对于冬季的越野滑雪都是可以利用的。但是请注意，偏僻地区的徒步游径其宽度往往比滑雪游径的宽度要窄很多。在所有冬季活动中，游径必须定位在山坡北面和隐蔽的区域。这对在边界的雪域十分重要，可以延长雪的覆盖和游径的可用性。推荐设置循环游径、带有充分标识说明的边侧游径以及为了更多高级滑雪者而提供的多种难度等级的游径。

（2）长度：

1-2小时为开始游径

1/2天　5km——中级

　　　10km——高级

全天　10km——中级

　　　15km——高级

（3）布局：

基本上和所有的游径相同，除了要避免短距离和急转弯路段。在遇到障碍物（桥梁、急降、道路）之前要在山坡底部提供逃生出口。应该提供不同的坡度等级，大约1/3上坡路，1/3下坡路和1/3平路。

（4）坡度：

初级　　尽可能低于8%

中级　　8%，有些坡度可以到10%

高级　　17%，有些坡度可以到20%

大部分的游径应该比提到的分级坡度要小很多，而且较陡峭的山坡应该要尽可能地用来速降。

（5）净宽度：

初级——2.5m，坡度小于8%

　　　　4.1m，坡度大于8%

高级——1.8m，坡度小于10%

　　　　4.1m，坡度大于10%

垂直净空——平均积雪深度之上2.5m，要考虑到积雪覆盖后树下的净空。

图 21.7　越野滑雪——北部威斯康星州
照片经 Fethke 一家人许可

（6）铺筑路面

在积雪层的下面，滑雪游径应该没有障碍物，特别是石头。如果游径在夏天没有用来做其他的活动，那么就应该播种草籽形成草坪。

（7）标识系统

对所有的从停车场到滑雪区的滑雪场地来说，在滑雪线路上充足的标识和游径标记是很重要的。在偏远地区的较长游径中，游径标记显得特别需要。为游客能尽情享受滑雪活动，应设置说明标志牌。

（8）室内庇护区

在所有小道的起点和冬季使用的道路上，应为取暖和雪橇上蜡而提供室内庇护区。在需要1.5小时的较长游径上，大约1小时的间隔可设置一处庇护室，可享受到温暖的炉火。

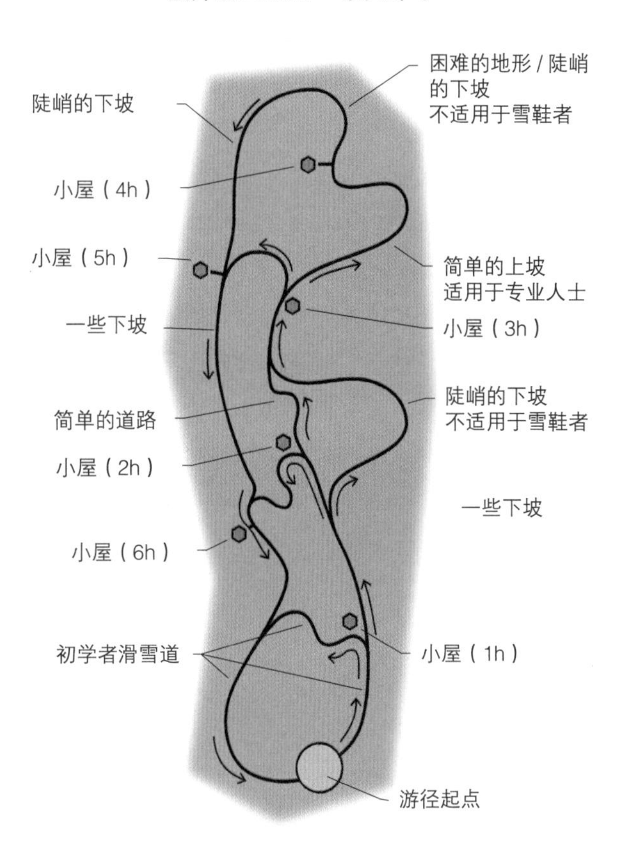

图 21.8　越野滑雪（北欧）和雪鞋健行

雪鞋健行

这项休闲活动在冬季运动中是最新鲜和热门的。

（1）概况

一般雪鞋健行可以使用任何准备好的人行步道。这些步道最好应该在山的北面和东面，更特别的是在生长有常青树的地方，不要选择需求量大的路段。

（2）长度

不同的分段有着不同的长度的循环系统。1609-3218m是为了初学者设置的循环路线，而半天的路线是给有经验的雪鞋健行者。更长的步道并不推荐。

（3）坡度：

标准步道坡度（见第8章，道路和游径）

（4）净宽度：

和标准步道一样（见第8章，道路和游径）

（5）净高度；

每个标准步道的高度加上最大平均积雪深度则为净高度（见第8章，道路和游径）

滑冰

滑冰的地点应该考虑到冰面的可用性和冰雪条件下的安全性。

要求：

- 在城市区域和主要的冬季综合使用区需要夜间活动的照明。
- 需要照明生火的庇护区。需要休息的长椅和柴火供应。
- 需要北面种有常青树林或有山丘遮挡，但并不是必需设置的。
- 公共卫生设施——有防冰装置并且最好有室内空调。
- 可以考虑人工室内溜冰场。
- 10cm深的平滑积雪厚度是必需的。
- 停车场可以用来存放积雪。
- 如果可能的话，为了安全因素可使用浅水池滑冰。池深可以只有90cm或更浅。水深的地方必须提供安全设备（至少要有救生圈和轻木梯子）。
- 滑冰区域要有所限制，要让滑冰和冰钓活动两者分开。
- 停车场地和平坦的场地可以设计成为一个可利用的滑冰场地。如果是沥青材质的停车场，那么需要改造成为某类表面来减少热吸收，比如在建造的时候刷上油漆，覆盖上沙子或者水泥。

冰船运动

有着良好平滑的冰面覆盖的大片水体100hm^2左右可用来进行冰上帆船运动。这并不是冰上主要的活动。

要求：

- 停车场尽可能靠近滑冰区。
- 公共卫生设施——有防冻装置。
- 冰面深度——至少10cm。
- 为了淡季考虑，可使用现有的帆船设施。
- 如果可能的话考虑结合辅助设施来进行其他的冬季活动，如滑冰、沿海航行和冰钓。
- 提供某些生火取暖的区域，至少应设有火环和一个取暖室。

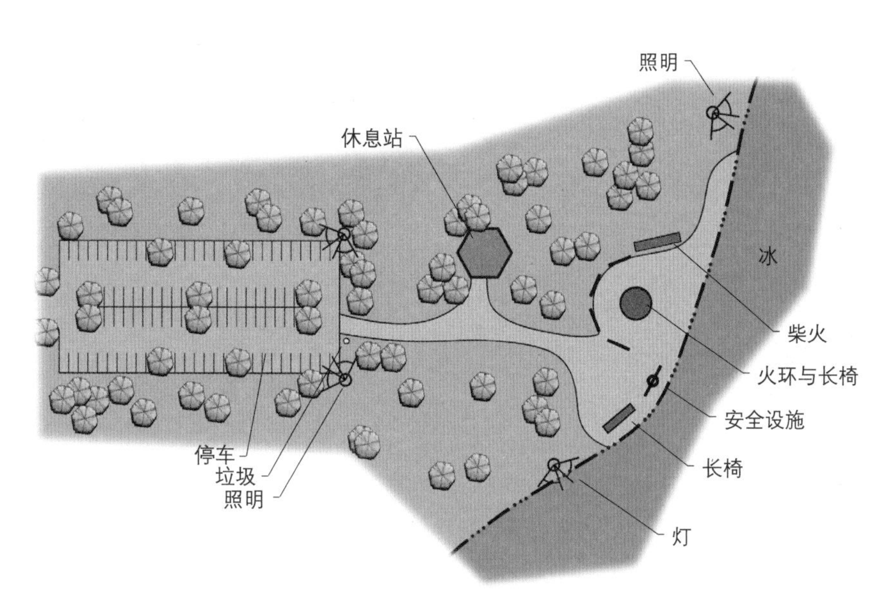

图 21.9　滑冰区

平底雪橇滑雪

要求：

- 没有障碍物的山坡，特别是没有岩石；10%到45%的坡度，推荐30%。需要在山坡底部设计出口。
- 北一东北朝向。
- 在出口处种植常青树以遮阳并减缓融雪速度。
- 可接受非冲洗的掩埋式公共卫生间，冲洗式卫生间必须有防冻和供暖装置。
- 需要设置取暖区。
- 在平地设置可到达的停车场。
- 设置冬季可通行的小路，可拖着平底雪橇从山坡的底部到达顶部。

滑行

应该设有从城区和人口集中区1小时车程就能到达的停车场。

要求：

- 北一东北朝向。
- 5%-40%的具备出口的山坡。
- 多个起点。
- 植被——在山坡侧面有用来减缓融雪速度的常青树。
- 可接受非冲洗掩埋式公共卫生间，冲洗式卫生间必须有防冻和供暖装置。
- 取暖区需要的火盆/围坐
- 在使用频繁的区域要有夜间照明，特别是在城市区当中。
- 从山坡底部到起点要有冬季使用的通行道。

图 21.10　乘雪橇——宾夕法尼亚州
照片由 Michael Fogg 拍摄

图 21.11　雪地摩托——照片经 NOHVCC 许可

雪地摩托

见第10章，越野车辆——雪地摩托。

冰钓

应该包括具有良好鱼类资源且可允许的冰面区域（特别是公园）。

要求：

- 10cm深的冰面。
- 与其他使用冰面的活动分开，特别是滑冰。
- 停车场——平坦且便于到达。
- 安全的设备。至少要有救生圈或绳索，以及轻质木梯。
- 供暖的卫生设施。冲洗式卫生间是需要的；非冲洗式卫生间也可接受。

最佳：

- 每次滑冰都要有取火设施。
- 遮蔽棚——渔夫经常会自带。
- 可能的话将停车场、安全设施、卫生设施、遮蔽棚、取暖生火处和其他冬季使用设施结合在一起。

图 21.12　在冬季钓鱼——威斯康星州
照片经 Fethke 一家人许可

图 21.13　通过钻孔进行冰钓——威斯康星州
照片经 Fethke 一家人许可

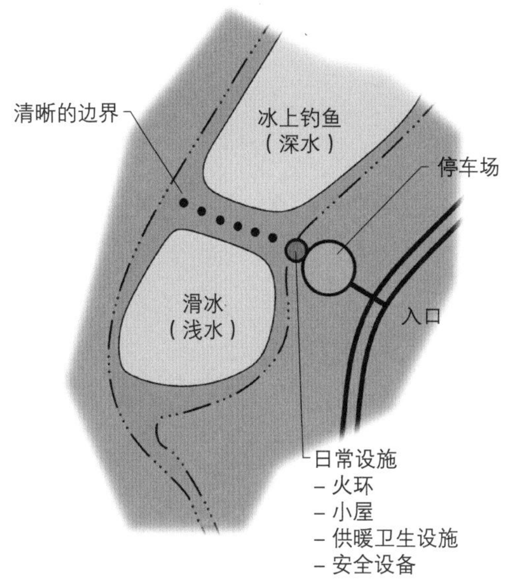

图 21.14　滑冰和冰钓的分隔

第22章 垂钓

在未受污染的水域可以提供某些类型的垂钓活动，且该类活动常为全年性活动。

图 22.1 小溪垂钓——威斯康星州
照片经 Fethke 一家许可

使用者特性

据2001年统计，共有3400万个16岁以上的人从事垂钓活动，总计天数达5.57亿天，平均每人每年有超过10天进行垂钓活动，其中有1000万垂钓者在咸海捕鱼，男性比女性进行更长的天数。在65岁以前，年龄不是重要的因素，超过65岁的垂钓者人数只有65岁以下的1/2。

垂钓是一项收入来源易受影响且学习内容非常小众的项目，高加索人从事垂钓比其他人种更多。

目前，人们垂钓的比例较为稳定。

活动

在部分从事垂钓行为的人中，冬季冰钓也是一个相当流行的活动，有关细节详见21章。

图 22.2 参与打猎和非消费性野外游憩的垂钓者百分比

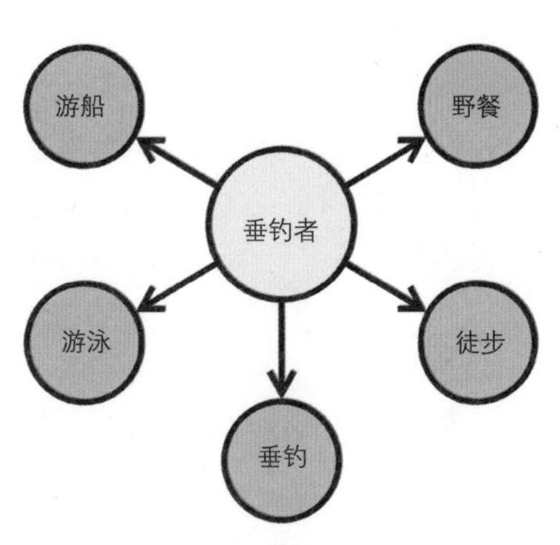

图 22.3 垂钓者参与的其他活动

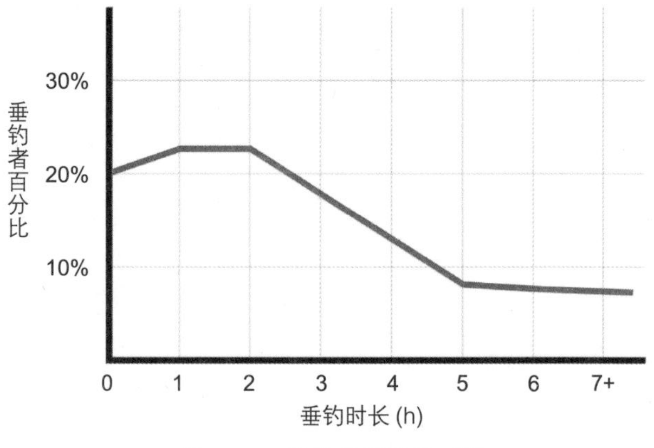

图 22.4 垂钓者的垂钓时间

使用者态度

垂钓者希望垂钓可以被允许且周边环境较吸引人，他们想要干净的水源、当然还有大的且能够被捕捉的鱼。

生产力

渔业生产力取决于水域的物理与化学特性。有许多方法可以增加生产效率，包括栖息地的改进与繁殖，但两者皆会影响其他水生资源。补充与放生只会短暂的增加鱼群的总数，但是短时间内增加的垂钓强度以及食物的缺乏会使鱼群逐渐减少至原先水体的承载量。

图 22.5 某些情况下捕获的鱼非常大，图为近 190 磅的鲟鱼照片经 Fethke 一家许可

垂钓的方式

垂钓的方式取决于水体的类型、目前鱼群的类型、季节以及垂钓强度。常见的方式有以下几种：

1. 在堤旁、海岸线或者码头的传统型垂钓
2. 沿着河畔移动
3. 涉水捕鱼
4. 定点锚固渔船
5. 移动中的渔船
6. 冰层垂钓

图 22.6 涉水或飞钓——威斯康星州照片经 Fethke 一家许可

入口

入口是为了使某片区域为垂钓者使用而设。对于行人来讲，需设置沿着海滨步行的小路，而对于汽车而言，应设置合适的停车空间。

许多钓客较喜欢在清晨或者傍晚使用设施，通常可在控制进入的垂钓区内专设一处特殊钓区。

为了垂钓区域不受影响，船只码头应设置在一个合理距离之外（取决于船只许可的类型）。

必须为残障人士提供无障碍道路，尽可能地提供好的垂钓区域。特殊的垂钓码头必须要提供合适的围栏和带有铺面的道路，有关无障碍通道细节详见第6章。

图 22.7 瑟顿公园的垂钓码头——佛罗里达州，柯里尔县

总体考虑

最理想的状态是某些垂钓区可以邻近其他公园设施，如此全部家庭（某些成员并不垂钓）可以一同享受乐趣。

高强度的垂钓通常具有周期性，像是鲑鱼季开放日、放生日或者各种鱼类洄游时节等。为了保证停车场需求、卫生设施需求等，其他与水上活动无关的游憩设施应当集中于其他场地。

在较为偏远的地区，垂钓可能不是开展最多的水上活动。

公共卫生设施需要设置在岸上垂钓集中的地方以服务这些区域，足够的垃圾桶必须设置在停车区域附近以及垂钓集中的地点。

冰钓在冰层达到10厘米的地方是一项非常流行的活动。详见第21章，冬季使用区。

在主要垂钓点提供清理设施（详见第19章，游船码头）。

在垂钓活动较多的小溪中需禁止涉水捕鱼。因为涉水将会干扰到其他垂钓者，同时也会破坏堤岸以及河流底部，造成水中其他生物和鱼类受到侵害。

飞钓、人工饵钓，以及捕捉与释放的钓客区域应当小心设置，他们可以存在于许多较偏远的地区，多数该类钓客并不在意走路的距离，到这些区域的小径可以是完整道路系统中的一部分。捕捉与释放区域可能例外，它可以同时在易到达的区域和高强度的垂钓区进行。

可以将某些水质良好、易于垂钓的区域专供12岁以下孩童或者残疾人士使用。

在大型溪流、河流中，浮钓是相当流行的。通常小船从上游处出发直到下游再靠岸，露营设施、饮食区等可以沿着航道在岸边设置。

码头

码头应该设置在不进行垂钓的地方，像是深度较浅的湖泊、滨海处以及难以垂钓的湖岸线上，所有的码头应可供残疾人士通行。

每个凸式码头所要求的宽度为90cm。

设置必须要考虑到以下几点：

（1）停车

停车位数量是由垂钓码头的宽度决定的，每米宽的码头需设置2.5个停车位，观光者停车场总面积可为垂钓者停车场的一半。

图 22.8　那不勒斯码头——垂钓港口和观光客的中心——佛罗里达州　那不勒斯

（2）码头尺寸

使用率低的区域码头最小宽度为1.8m。

有少量观光者的中度使用区的最小宽度为2.7m。

有大量非垂钓者活动的垂钓区码头宽度应在3.60–6.20m，该类型码头在旅游度假区较为常见。

（3）垂钓区清理

清理区附近需要有流动的水体与充分的处理设施。在海岸码头，这些必要的清洗设施将会吸引一些海鸟，这对于观光客来讲可能是个问题也可能是令人愉快的惊喜。详见第19章，码头。

（4）零售亭

仅限大型使用区，通常在有充足客源的地方特许经营。

（5）垂钓商品

采用特许经营的方式出售诱饵、钓线、钓具以及垂钓。

（6）封闭区

在寒冷季节的部分湖泊里，会建立起流动区、封闭区和全年垂钓区。

（7）灯光

用来夜间照明的灯光使用通常在城市或郊区。

（8）食物贩卖

通常在使用强度较高或者范围较大的码头上进行特许经营。

（9）观光者

若允许观光者进入码头，则这些观光者将会成为码头的主要使用人群。除夜晚外，其人数几乎与垂钓者相等，在旅游区域甚至会达到2倍之多，日间观光人数可能是垂钓者的数倍。

（10）厕所

此类设施需设在120m内没有其他公共厕所的码头上，可以是男女共用式厕所。

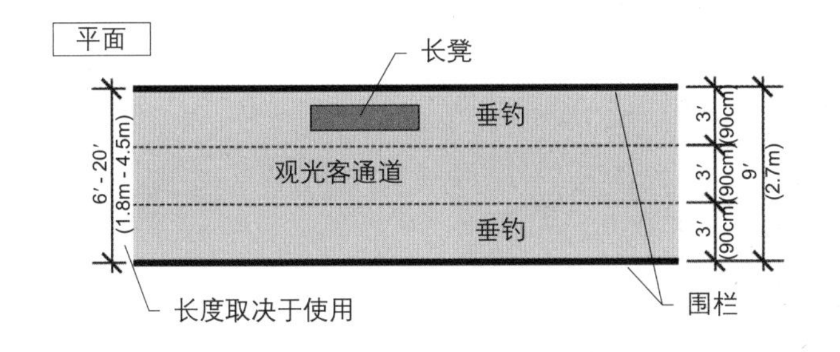

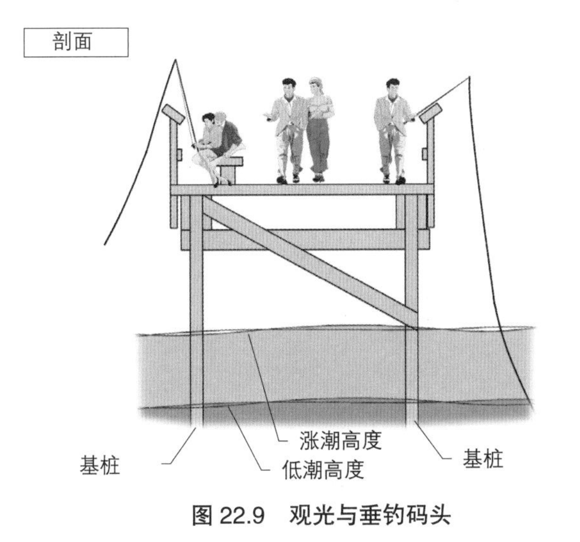

图 22.9　观光与垂钓码头

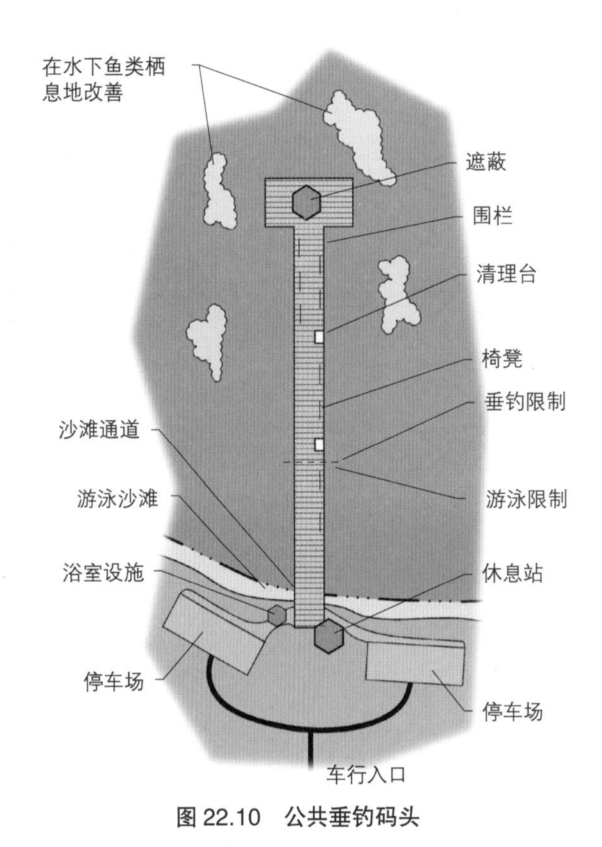

图 22.10　公共垂钓码头

垂钓/海岸线使用

在100m范围内可以进行无垂钓行为的其他沿海活动，如游泳、浮潜、淘沙及走路等。

栖息地管理

鱼类专家与水生物学专家认为确保垂钓水域良好使用是极其重要的。为游泳、划船与其他活动而改变海岸栖地对鱼类具有不利的影响。

垂钓区评估的要点之一是避免其他水上游憩活动对垂钓活动的冲击。水中的树枝、折断的树梢以及其他鱼类遮蔽物可能会影响划船与潜水活动。例如，水生植物可为鱼类提供必需的食物与遮蔽，但这会使船只航行与游泳受到干扰。

图 22.11 海岸线的垂钓者与助手——佛罗里达州，那不勒斯

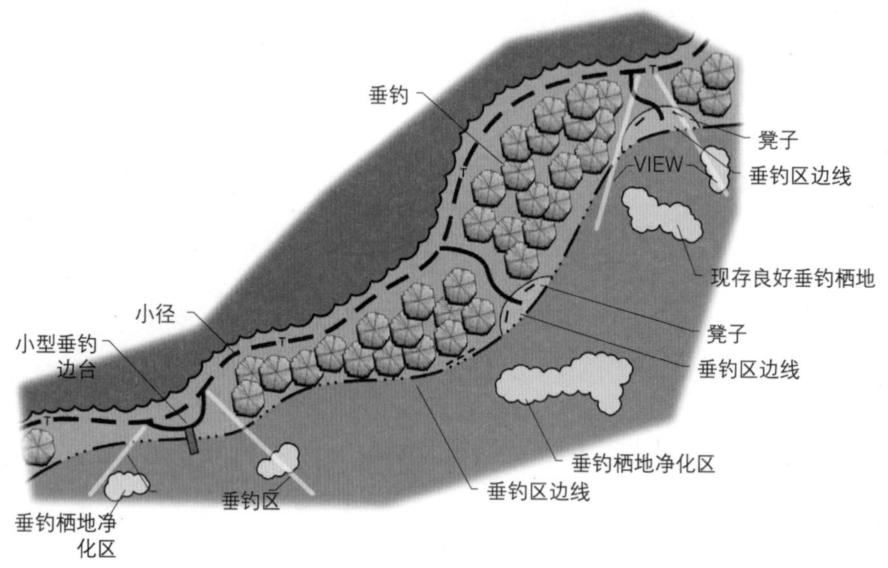

图 22.12 海边垂钓区与游径

水下栖息地改善应该考虑到那些高强度使用的地方。在淡水与咸水栖息地中，适当的栖地改造可以提高捕鱼产量。

在沙底湖区和幼鱼的栖息地中常常可以设置人工礁和其他鱼类躲避场所。

在许多区域的水下环境中可以放置一些修饰物，如老旧船体、废弃车辆、大圆石以及干净且大尺寸的建筑残骸都可以加以利用。

溪流–河流垂钓

应当为不同类型的垂钓活动提供合适的服务设施，同时需要考虑水体的面积、鱼量和区位。

考虑溪流当前或潜在的能力，安置改善溪流的相关设备以保证鱼群的可持续生长。同时也要注意这些改善的做法不会降低视觉景观，尤其是在公园与旅游地中。

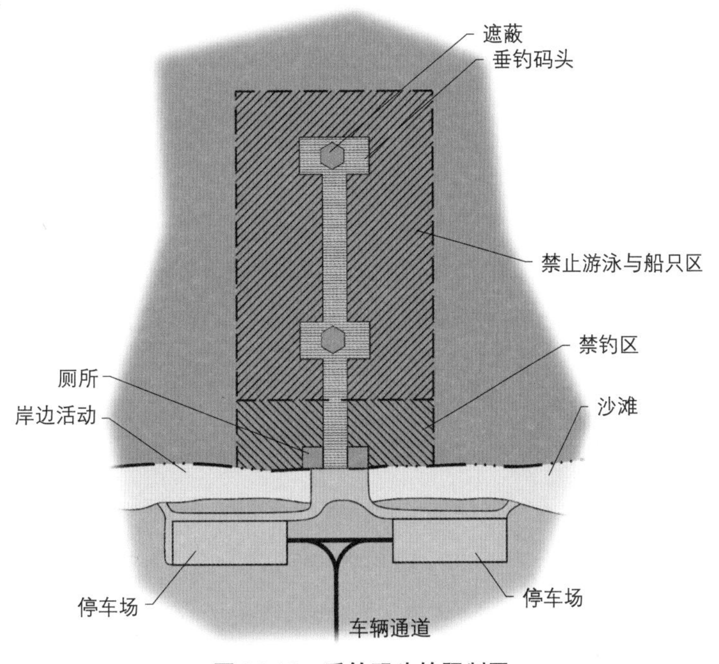

图 22.13　垂钓码头的限制区

可以建立飞钓或人造饵钓的专门垂钓区。但同样需要关注年轻的或收入较低的这类垂钓群体，他们通常会使用自然诱饵，在钓区设置时要一并纳入考虑。

一些地方可以实行垂钓寻乐的活动，限制每日一个鱼篓只能限放一条鱼，可提供无倒钩的鱼钩。

冲击/垂钓

垂钓与其他大多数休闲活动无法共存。鱼类需要栖息地，而这些区域无法满足某些人类活动。垂钓也可能是危险的（如钩到人而非鱼），这可能会发生在游泳者与沿岸垂钓者之间，因此设计时必须将两者加以分区。

在狭窄的水域中，如果某些不受限制的快艇、水上摩托车被准许使用的话，分区则显得更加必要。航行的轨迹是具有危险性的，至少会打乱垂钓体验。

第23章 狩猎与野生动物管理

狩猎

狩猎活动常常在160hm^{2}以上未开发的自然地区进行，水域边界若有可持续狩猎能力的话，则可考虑发展狩猎活动。应当注意的是，狩猎是一个非常有争议的领域，在决策以前，需要与环保人士、从事狩猎活动者与当地居民就此进行商议。

打猎需要在最小冲突的前提下自由探索狩猎区。每公顷狩猎者的理想平均密度是有着极大差异的，这取决于猎物的种类以及狩猎的容许量。因此，与相关专家深度合作发展这项活动是极其重要的。

在猎区内的打猎时机、活动区域、武器选择需考虑到猎物种类、白天或夜间数量、在打猎季节的场地条件等。准许在人口稠密地区打猎可能并不理想，尤其在度假高峰季节。

狩猎者特性

在2001年，有1380万人从事狩猎并且将其认定为主要活动，比1985年下降了300万人，平均每人花费18天在猎场，总狩猎天数达到2.28亿天，比1985年的3.34亿天普遍大幅下滑并且这趋势将会持续。见第27章，非消耗性野生动植物游憩，此类活动与过去比较如下：

大型游戏	1080万人	自1985年下降14%
	1.53亿天	自1985年增加44%
小型游戏	540万人	自1985年下滑50%
	6010万天	自1985年下滑52%
过季候鸟	290万人	自1985年下降42%
	2900万天	自1985年下降18%

图 23.1 在森林中狩猎，照片提供 Mark Anderson

其他	110万人	自1985年减少61%
	2000万天	自1985年减少89%
	总猎人数	自1985年减少74%
	总天数	自1985年减少17%

图 23.2 猎鸟，照片提供 Mark Anderson

2001年从事这项活动的年龄分布，16-17岁，16%（比1985年下降10%）；17-24岁，10%（比1985年下降1%）；25-34岁，19%；35-44岁，27%；45-64岁，8%；65以上岁，3%；其中90%是高加索人种，3/4来自非都市区域。参加者的比例不受教育或收入的影响。

男女性别比例为10：1

狩猎活动目前正在小幅下降，调查结果发现自1985年流行起下滑了16%。

对于大多数类型的狩猎活动，猎人一般在日出前准备，为了将失误降到0%。车道与车位必须能够容纳所有的狩猎者，经计算约1.2人/每车。

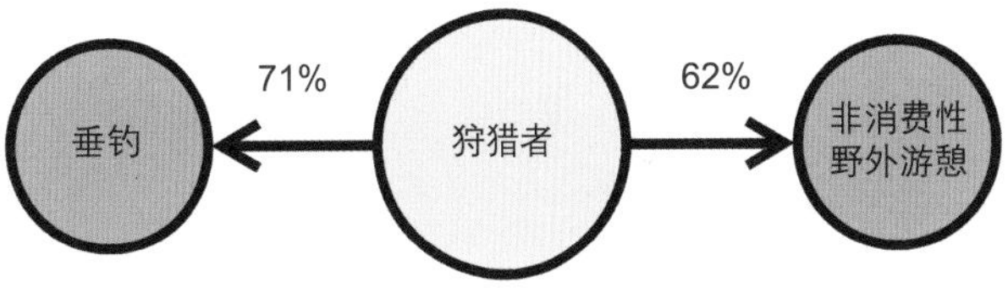

垂钓 ← 71% — 狩猎者 — 62% → 非消费性野外游憩

图 23.3　狩猎者活动百分比（基于年数据）

要求

土地要求

广阔的陆地、湿地或是经评估确立的可狩猎使用的水上栖息地。

设施

道路（砾石、土路是可以接受的）–必须在夜间能够容易辨别。

停车场——小型（3–10部车），分散的砾石或稳固的草皮车位，硬质的石板铺面是不需要且不理想的。车位必须在狩猎季节的夜间也足以识别。此类区域也能在非狩猎时节供非狩猎者使用，成为观测野生动物与步行活动的起始点。见第27章，非狩猎活动。

图 23.4　清洗换装屋——南佛罗里达州水管理区

活动清理区——阴凉处的桌子用来清理不需要的动物尸体。

废弃物清理

野餐用品或过夜露营用具取决于狩猎以及当地顾客。狩猎通常仅准许在低使用的淡季进行，此期间公园设施常被频繁使用，尤其位于非狩猎区的露营地。

公共卫生设施。公共卫生设施应设置于人群密集度高的狩猎区域，且要在夜晚容易察觉，灯光不一定是必要的。填埋式或者便携式厕所均可，因从事狩猎行为的男性居多，男女通用的厕所是较为合宜的。

管理

必须以清楚可见、良好界定与标记的边界划分狩猎与非狩猎活动区。必须提供足够且安全的缓冲区（保护空间）。狩猎的类型、地形、使用武器等必须纳入到划定缓冲区的考虑因素中。

多种狩猎方案

场地分析确定了单一的捕猎可能不切实际，以下是一些可发展的替代方案：

飞镖、陷阱、猎枪或弓箭（见第25、26章）。

猎犬的训练与测试须经核准与提升。

活动管理

区域内自然资源的保护和改善可使狩猎栖息地得到很大的提升。改善措施包括：

植被管理。

种植可以为食的乔木、灌木，也可包含粮食作物。

建立附加的蓄水或湿地。

在森林中开辟一些栖息地和喂食场地，可移除某些植物。

提高非狩猎参观者的野生保护意识同维护可持续的狩猎环境一样是同等重要的。详见第27章。另外，出于对生物繁衍的考虑，需要在某些特定的季节如繁衍或其他敏感季节关闭狩猎区。要始终认识到保持一个健康的狩猎栖息环境对所有野生族群来讲是极其重要的。增加一些非捕猎的鸟类和动物也可提高使用者的兴趣。

一些非消费型野生动物和自然观测设施，例如步道、照相与隐藏观测等可考虑在狩猎区内设置。当准许在非狩猎季节开放观测鸟类或野生动物时，应当保证人类对野生环境的侵害最小。（详见第27章，非消耗型野生动植物游憩）

第24章 马术设施

使用者特征

图 24.1 马 / 驹 – 芬兰私人农场内向游人展示马越障碍

骑马是较偏向女性的活动，可能占有70%的比率。因此，所有具有性别差异的设施必须倾向女性。厕所也可设计成无性别设施或男女比为1∶3比例。

骑马通常是短时间的活动，许多骑马活动都在离家不远处完成。骑乘时间占活动总时间的50%，有时骑行活动常常会与露营或越野相联系（见第8章、14章）

马术场地的成功发展与一个完整的马术道路系统息息相关。不同特色的游径越多，马场的游客将会越多。

许多马厩将寄养马作为其主要的收入来源。此类运动可与出租（寄养）产业结合。因有着高额的保险费用，仅靠出租马匹较难维持下去。

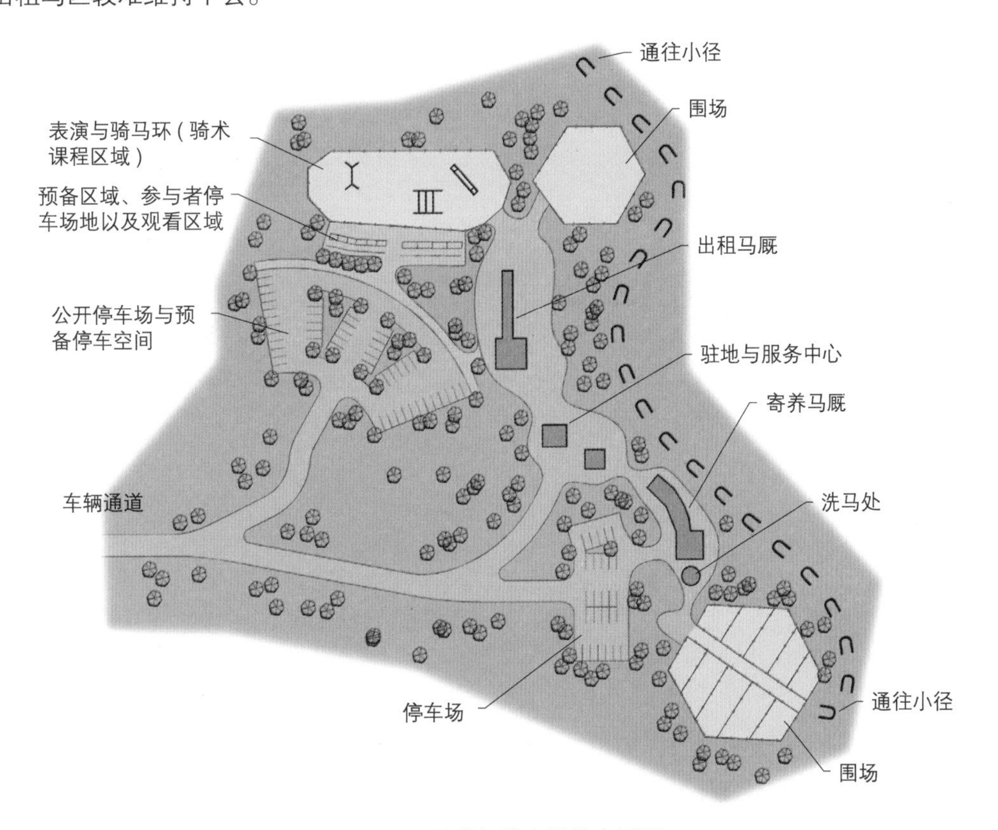

图 24.2 马术场综合设施布局图

需考虑的项目

1. 需要多大的场地?应包含哪些设施?

2. 马厩种类

- 寄养（30匹为最小值或它的倍数）*
- 出租（30匹为最小值或它的倍数）

*单人所能照顾马匹数约为30匹

3. 园区内活动种类

- 表演
- 牛仔竞赛
- 狩猎（非常见的美式方法）
- 越野赛跑
- 跳跃表演
- 马术课程
- 花式骑术
- 乘坐装有干草的马车出游
- 越野马道（见第8章）
- 马术露营（见第8章）

*详见马术运动

4. 停车场（含马车）

- 寄养区停车场——1车/2马
- 出租区停车场——1车/1马
- 观众停车场——如规划有马术活动则设。
- 员工停车场

5. 可通过的马道，没有马道的马术场地很可能会失败

6. 围栏/围场

7. 公共卫生设施

8. 野餐区域

9. 食物服务

10. 员工宿舍——出于安全考虑这点是十分必要的

11. 顾客夜宿小屋——不一定提供

12. 基础设施——水、排水、电、通信

13. 室内骑乘场所——应对恶劣气候（雨、雪或炎热）

14. 马术露营（见第14章，过夜场地）

图 24.3 围场——照片由提供 Rowland 家

图 24.4 跳圈——照片由提供 Rowland 家

图 24.5 准许骑行的峡谷小道，大峡谷国家公园，亚利桑那州

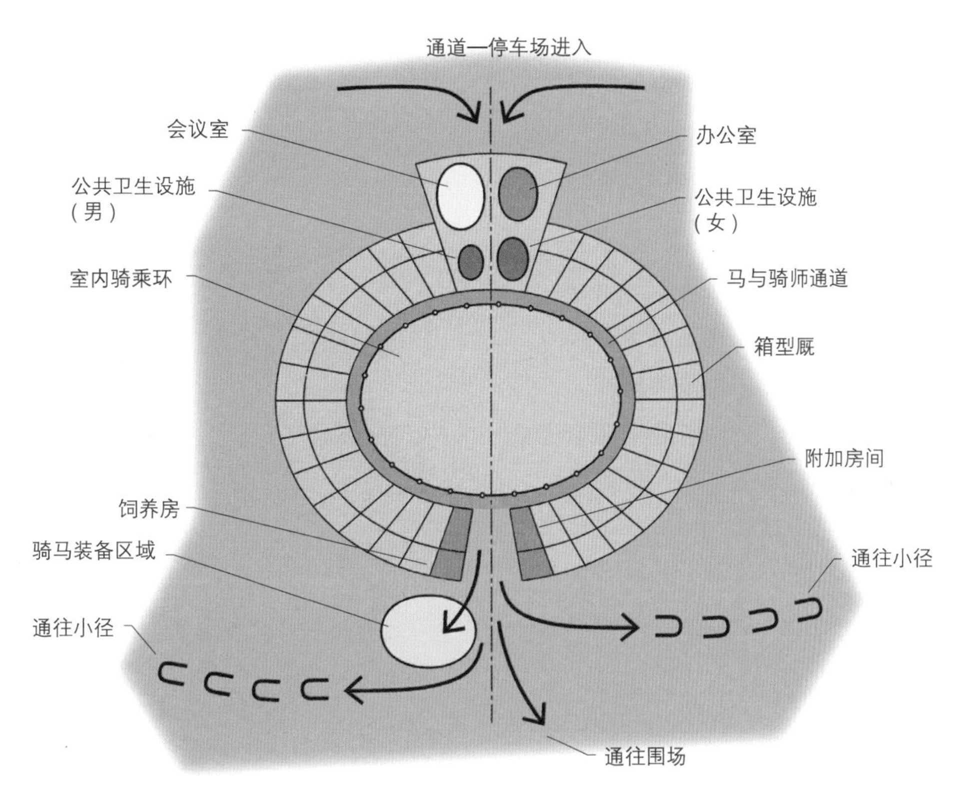

图 24.6　室内马道环线

15. 清洗马匹的空间（位于马厩附近）

16. 除粪场地

17. 储存粮草（谷物、草料——需设卡车通道、含半独立式建筑）

18. 马具房

19. 聚会处、酒吧、办公室

20. 特殊马车——可方便驾驶到活动地

图 24.7　旅游区的马车活动

第25章　箭术

箭术共有三种类型——靶场射击（开阔场地）、实践射击和狩猎射击。这三类箭术都可用于竞技。实践射击通常用于提高弓箭手技能。弓、弩以及相似的设备现在也仍可用于狩猎，且具有杀伤性。因此，安全性是所有射击场所首要考虑的要素。特别是新型的“快弓”，它有更远的射程和更快的速度。

3D射箭适合于所有年龄层的人，1/3的参与者是女性和儿童，3D射箭项目有20到40个靶子不等。

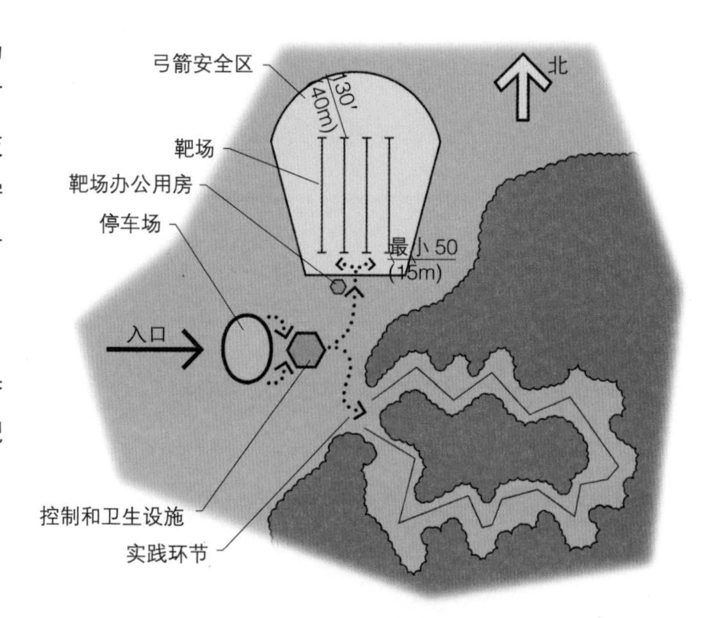

图 25.1　综合射击场概念规划图

靶场

1. 最小需求：

- 对于10个射击位置的场地来讲，需要设置一个约$1hm^2$的缓冲区；对于有25个射击位置的场地，需要一个$2hm^2$的缓冲区。
- 靶周围的场地需要优质的、无石块的土壤来保护弓箭。
- 安全防护围栏至少位于25m处。
- 在长约250m的扇形射击场地周围需要有明显的标记与围栏以保证安全。
- 需要安全路堤或挡箭设施。尤其是在综合性公园，其活动空间有限，射箭活动可能会与其他公园使用发生冲突，因此必须设置安全设施。
- 尽可能将靶场设成南北向。
- 应将靶子设置于不同距离处。
- 通讯——至少有一条可用的（电话通信）有线线路。如果场地信号接收能力足够的话，移动电话也可使用。
- 需要进行供电，特别是对于在夜间使用的靶子来讲，可使用太阳电池板或其他可替代能源进行供电。
- 卫生设施——可以是男女通用的无冲洗填埋式厕所。
- 停车场——每个射击位置至少需要一个停车空间。如果场地预期会有很多观众，则需要设置更多的沙砾或者草地型停车场地。
- 无障碍通道——主要是为了行动障碍者设置。
- 必须提供充足的信息牌和方向指示牌。
- 每个靶道需要3m。

- 垃圾桶。

2. 理想设施：

- 会所
- 观众区
- 风向指示器
- 支持设施至少需要有：会议室，登记注册室，设备储存室和卫生设施
- 维修和仓储建筑
- 抽水马桶
- 饮水供给
- 弓架（便携式）
- 观众停车场（可将需要的停车场设置为草坪铺面）
- 能够承担餐饮服务运营的大型设施
- 夜间照明
- 遮阳的登记区
- 若经常有赛事举办，固定的记分牌将会很有用
- 射箭练习区
- 野餐设施

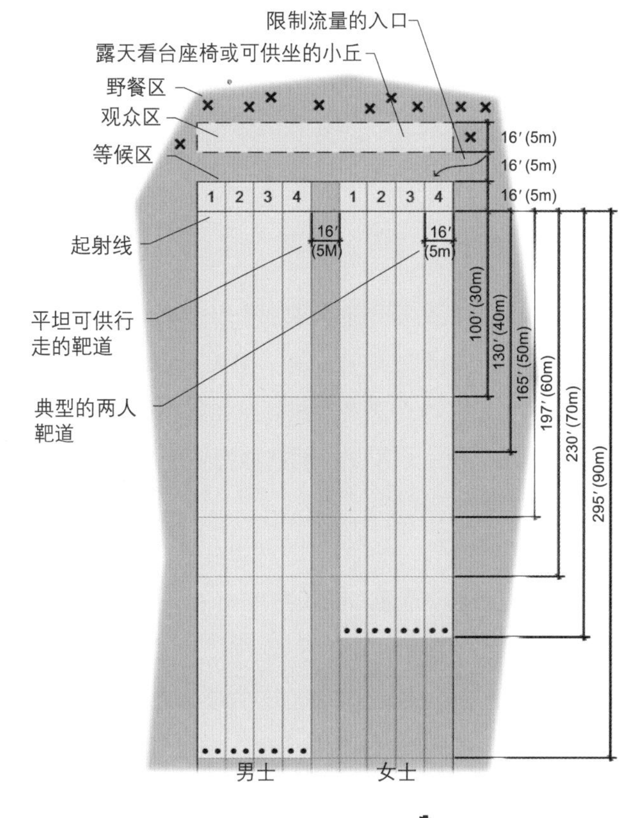

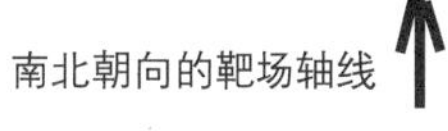

图 25.2　靶场

3. 靶场细节

- 开阔的草坪区域——大约120m长，以南北方向为轴线。
- 男士——最大90m射击距离加上25m高的飞越空间。
- 女士——最大70m射击距离加上25m高的飞越空间。
- 如果空间位于临界处，可以安装挡弹墙。一般根据靶的大小来决定挡弹墙的大小，以三个靶垛的宽为宽×两个靶垛的宽为高—3.65m×2.4m。
- 5m宽的靶道通常来讲足够一次供两个弓箭手使用；然而，主要赛事会限定每个弓箭手使用3m的靶道。

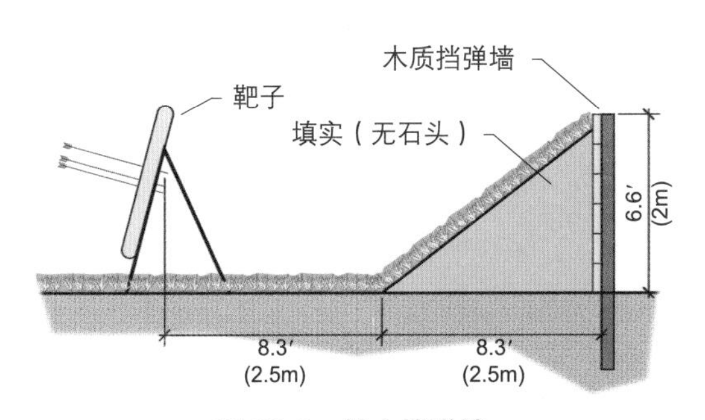

图 25.3　射击挡弹墙

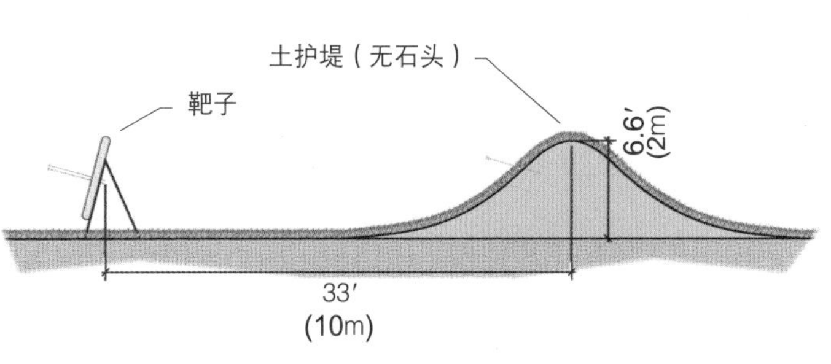

图 25.4　备选射击挡弹墙

- 靶和起射线都可以移动来适应不同的目标距离。

取决于射击距离，靶垛有四种常见大小，从76cm × 76cm到106cm × 106cm。

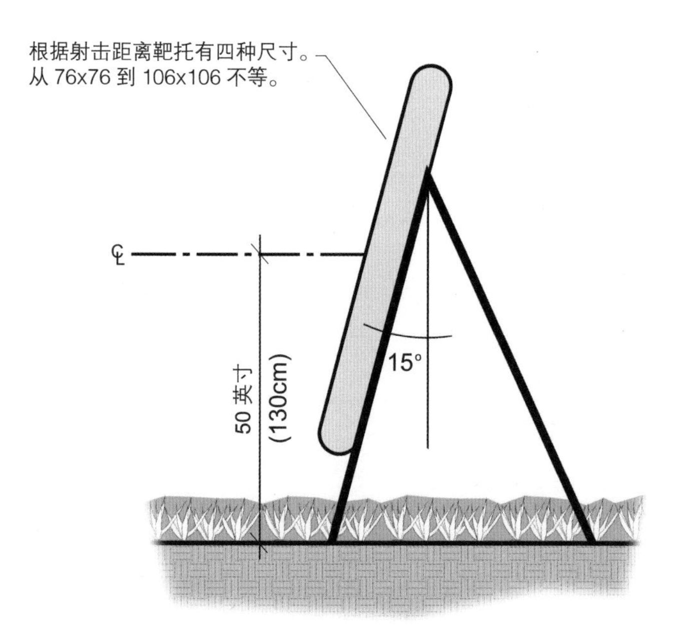

图 25.5 典型靶子（17，41）

实践射击

实践射击包括移动射箭项目——类似高尔夫球，参与者移动至连续变化的不同长度和难度的靶子进行射击。一个竞赛实践环节通常包括14个靶子，场地设计上采取尽可能自然的建造方式。

1. 最小空间需求：

- 需要大约$16hm^2$的场地。其中曲折道路和优良地形的最小面积是$8hm^2$；大概每公顷2.5个靶子。
- 原野射箭游径通常由夯实的沙砾或者压碎的石头构成。也可以由木屑组成，特别是在林地当中。
- 所有靶子至少需要48个射击位置来完成竞赛，总长度为1480m 左右。
- 必须有清晰的标识。

实践射击包括两种类型——实践课程和猎手课程

（1）实践课程

一个典型的竞赛型实践课程包括以下内容：

距离	靶数	靶子尺寸
50′/65′/82′/98′ (15 m/20 m/25 m/30 m)	4	14″ 35 cm
130′/148′/165′ (40 m/45 m/50 m)	3	20″ 50 cm
180′/197′/213′ (55 m/60 m/65 m)	3	25″ 65 cm
65′/82′/98′/115′ (20 m/ 25 m/30 m/35 m)	1	8″ 20 cm
98′/115′/130′/148′ (30 m/35 m/40 m/45 m)	1	20″ 50 cm
165′/197′/230′/263′ (50 m/ 60 m/70 m/80 m)	1	25″ 65 cm

图 25.6 典型实践课程靶子尺寸

（2）猎手课程

一个典型的竞赛型猎手课程包含以下内容：

距离	靶数	弓箭飞行总长度	Ø靶子尺寸	#使用箭数
单射击位置	4	260′/80m	不定	8
4个射击位置	4	1050′/320m		16
2个射击位置	3	1970′/600m		20
4个射击位置	3	1600′/480m		12
		共计4880′±/1480m		

图 25.7 实践和猎手课程典型靶子距离

- 14个靶子（很少以同一顺序射击）
- 使用动物轮廓的靶子
- 猎手课程占用的空间比实践课程大很多。

2. 要求：

- 安全栅栏非常重要，尤其是在林地中。它们的用途是为了保护公园使用者及其他未察觉到射箭场地范围和安全隐患的人，因此必须用栅栏隔离出一定的安全区。
- 应急通讯设备。至少一条有线线路，信号充足的安全移动电话也是可以的。
- 卫生设施——非冲洗填埋式厕所即可*。厕所的数量取决于参与者的使用量。
- 供使用者的停车场——最小10个车位或者至少满足每1.5个参与者有一个停车位。

* 可以与靶场共享。

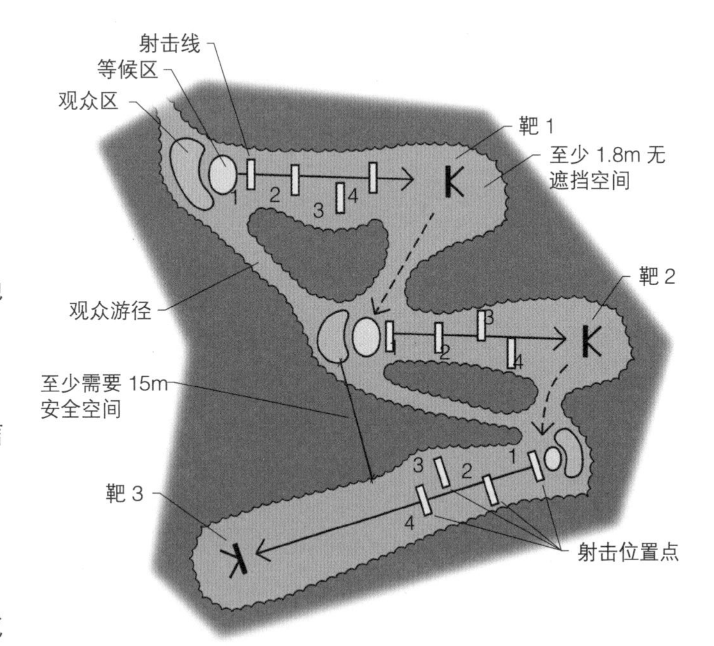

图 25.8 理想猎手课程平面布局

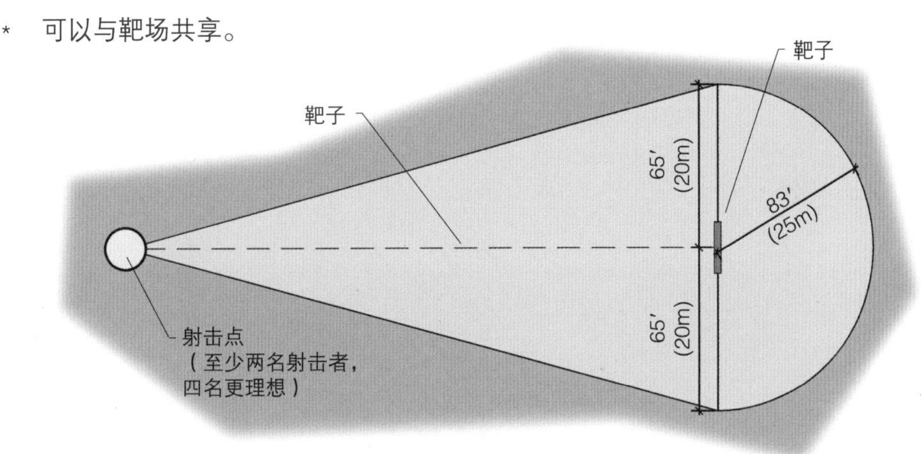

图 25.9 一个靶子的安全区范围

3. 理想的补充场地：

（见靶场）

- 观众区
- 永久性的弓架
- 观众停车场（可以与靶场共享设施）
- 在射击桩后面4.5m的长凳
- 方向牌
- 练习区（一个或者多个靶垛，长55m）

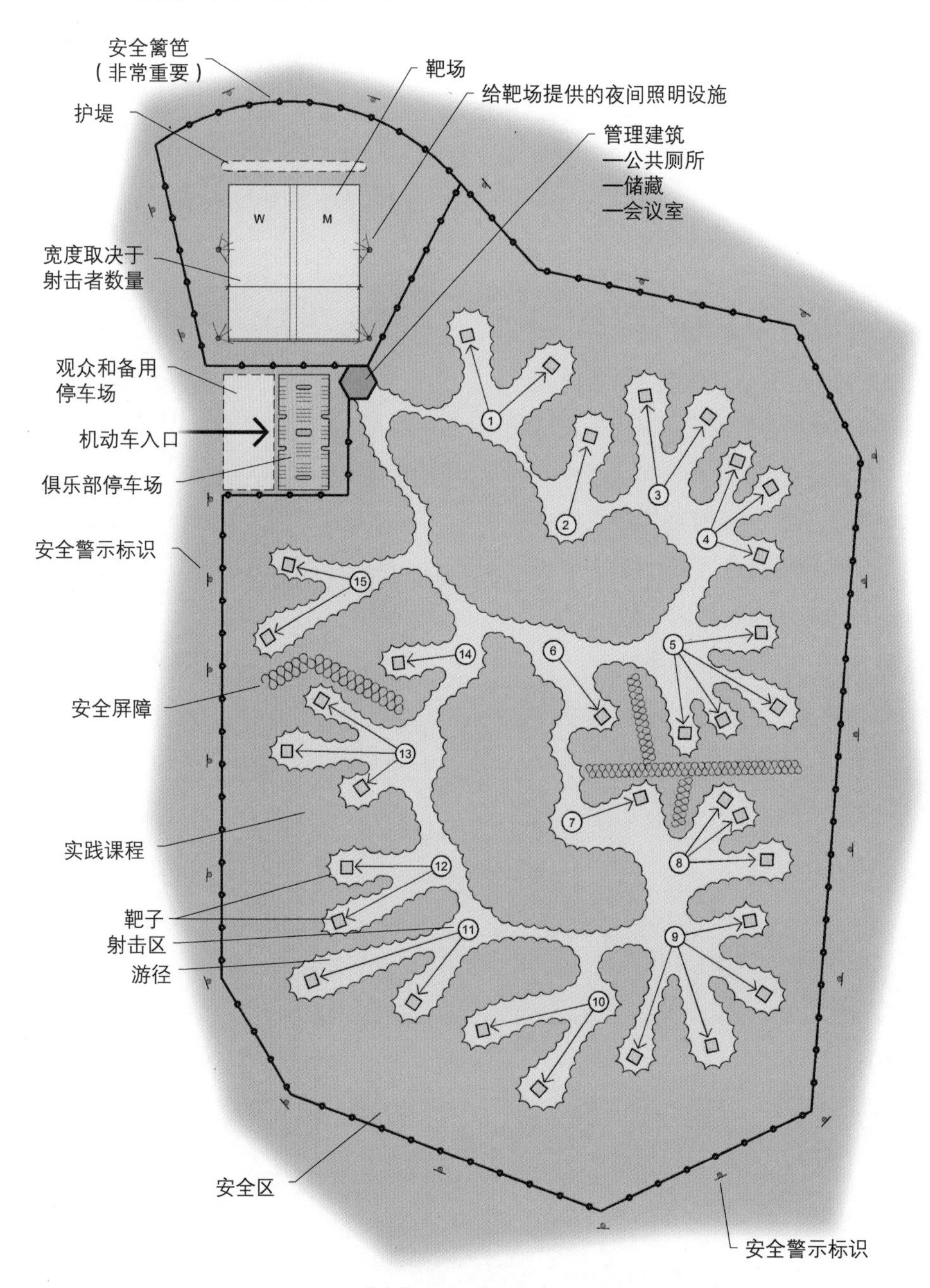

图 25.10 联合靶场和实践课程的弓箭设施场地

第26章　射击场

猎人数量在过去的几年中保持相对稳定，但是占总人口的百分比有所下降。假定打靶射击手的数量与猎人数量直接相关。如果这个假设成立，将预示着对新射击场的需求将会减小，只有在那些人口增长的地区才会有需求。老的、已经建立起的射击场无论如何都将需要更新、补充，也有可能需要被重新定位。美国步枪协会（the national rifle association）有着所有各类射击场发展和运营的大量详细信息，在规划场地时应当与其联系，给这一地区的游憩设施发展提供更多信息和建议。

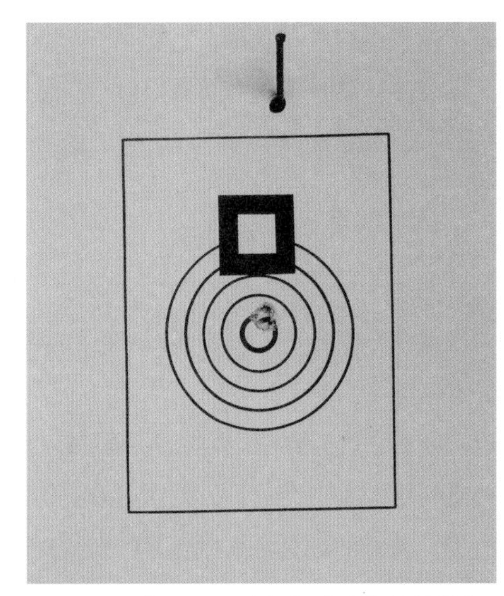

图 26.1　靶子——波尔斯波（华盛顿州）

关于步枪使用者的一些统计数据如下：

- 男女比例为10：1。
- 步枪使用者对种族很敏感，相对于其他种族，参与者十之八九为白种人。
- 步枪使用者更集中于乡村地区和城郊。乡村与市区的使用者比例大约为3：1或更多。
- 教育水平不是步枪使用者的显著关联因素。（见第23章关于狩猎的内容）

射击场可包含多种利用不同装备进行的各类射击活动。

活动	设备
标靶射击	手枪——静止射击和速射 来福枪 精准依托目标射击枪 气枪 大孔径步枪 奥军用前装枪 霰弹猎枪 弓 十字弓　}（见第25章，弓箭）
抛靶和双向飞碟射击	猎枪
实战射击	手枪 来福枪 猎枪 突击机枪

这类活动可以达到（1）学习（2）技能强化（3）竞赛的目的。一个射击场可以只进行一项活动，也可以包含上面提到的所有活动。同时也可以包括射箭和狗狗训练地区（在步枪自身场地范围以外），但这非常少见。射击场可以是室内也可以是室外，射击点从10个到100个甚至更多。

许多射击场是由运动员俱乐部或者执法部门运营的。这些俱乐部给射击爱好者提供交流的机会，这也正是射击活动的主要功用。

许多运动员俱乐部有他们自己的场所，有的则采取合作制，从政府机构租赁土地。这一章只包括为个人和公共发展服务，具有户外射击场的大规模场所。

选址标准

声音

基于安全需要和枪械噪声（步枪804.5米；霰弹猎枪1207米）的考虑，射击场必须与其他户外活动分离。噪声距离（除了带有挡板的）使俱乐部和射击场的位置离最近的公共道路很远。孤立的射击场会导致需要很长的公共管线连接至附近可用的公共管道接口，同时也会增加一般入口道路到活动节点的建设费用。

图 26.2 手枪射击场／挡弹墙和多档射击线——佛罗里达州科利尔郡

安全区

步枪，达5km；霰弹猎枪，达600m左右；手枪，2.2km。

面积

步枪和手枪	大口径——510hm^2 小口径和手枪——270hm^2
霰弹猎枪	150hm^2

所有类型射击场所需的面积，可通过建设护堤和隔音板而大大减少。

图 26.3 来福枪靶场——波尔斯波，华盛顿

设计

1. 需要的设施：

- 射击场安全性是所有射击区域中最重要的方面。见本章安全因素部分。
- 所有射击场的朝向（安全允许的前提下）应以南北为轴。
- 停车场——需要给参与观众在每个带有停车场的射击点提供1.2个车位；并水泥铺装供日常使用，但排水好的沙砾场地也可使用。沙砾或者稳固的草皮适合于参与者和观众。所有停车场必须位于安全扇形外。必须要提供残疾人公园设施和通往无障碍设施的无障碍通道。

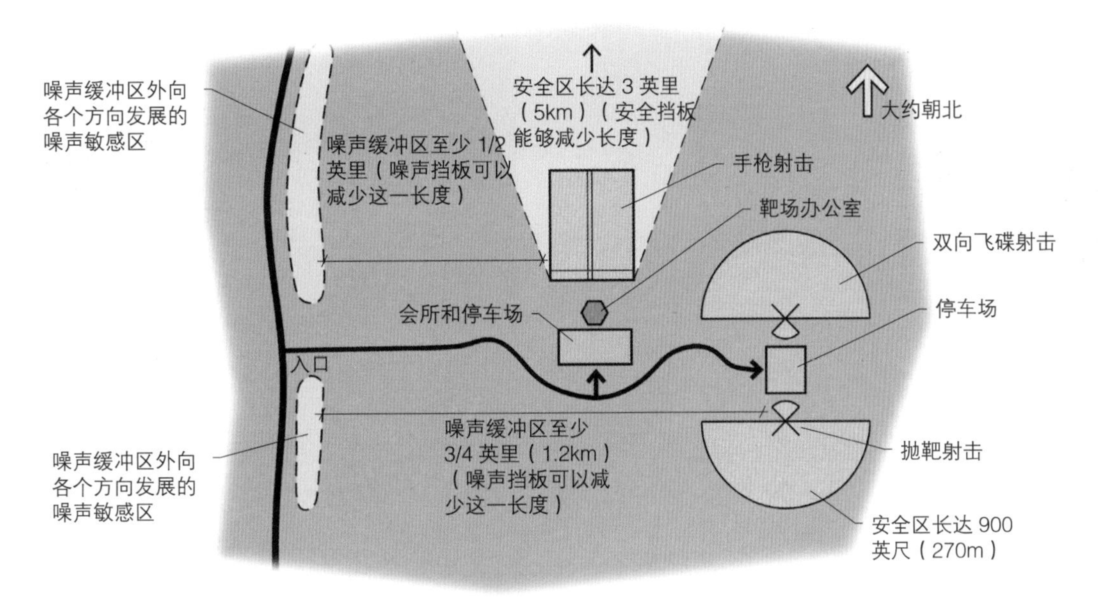

图 26.4 来福枪综合靶场

- 会所

  –储藏室：靶子，弹药必须被严格保护，提供桌椅。

  –会议室。

  –卫生设施，可以男女共用——设施数量以男士使用为主——大约5：1即可。冲水马桶系统非常理想，也可以设置成填埋式厕所。

  –设置计分区，提供桌椅来记录打靶得分。

- 供电：会所，射击塔。

  –如果价格划算，也可以采用太阳能供电。

- 需要有线电话服务供紧急呼叫，对于日常使用亦有帮助。如果移动电话信号佳，也可无需有线服务。
- 水——供饮用。
- 场地周围最好靠近城市公共事业，可以产生一定的经济联系。
- 如果水质没有问题，井水也可满足饮用需求。
- 可以用瓶装水。如果市政用水和井水不可行，这也许是唯一可用水源。
- 污水——若有必要则可以用污水处理系统或者堆肥处理。如果很有必要的话，可使用填埋式厕所。
- 自动售货机提供饮料和零食，也可以成为很好的收入来源。
- 出于安全考虑，入口道路必须由可封闭的门禁控制。
- 射击塔——必须能够看见所有的射击点。需要扩音器和电力支持。
- 射击线——地面需进行铺装并最好带有掩护和挡板。

图 26.5　铺装，带有挡板，有屋顶的射击线，设有长桌可供精准依托射击——华盛顿波尔斯波

图 26.6　精准依托来福枪射击——华盛顿波尔斯波

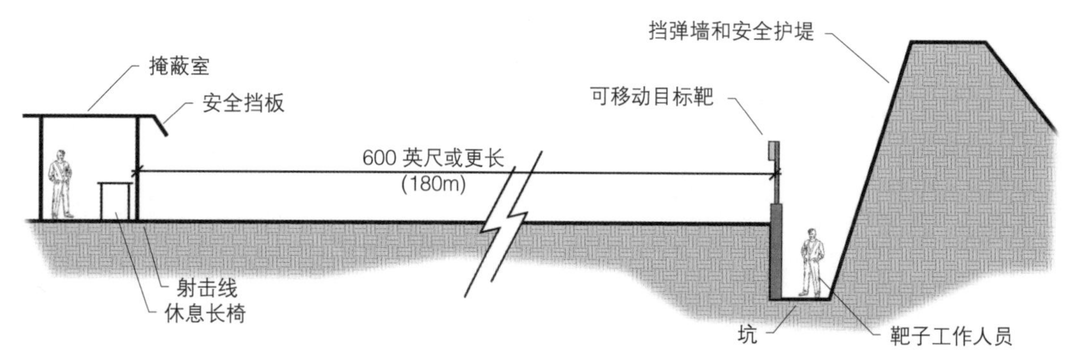

图 26.7　凹坑（只设置于射击长度会发生变化的靶场）

- 枪架——每个射击点留有两杆枪的空间，每个射击点有90cm长桌供手枪射击。
- 长桌供精准依托式射击。
- 靶子——通常有滑轮系统来缩短距离——可缩短50m。
- 给靶子配备有工作人员的凹坑，对于大火力步枪来说几乎不需要，仅为180m或更长距离的射击场设置。
- 挡弹墙——高度取决于射击点的挡板和安全区的大小。必须能够收集和再利用子弹。
- 侧边护堤——遮挡非活动区。
- 安全挡板——通常需要在射击线处或者附近设置。

图 26.8　有挡弹墙的手枪靶场——佛罗里达州科利尔郡

- 维护建筑／储藏建筑——只有在大型综合场地，并且不可使用该地方其他项目的维护设施的情况下设置。
- 固体废物处置系统——通常由大型垃圾装卸卡车和垃圾桶组成。通常是由政府运作，但由营地设备管理人员负责。
- 小路——用于小型服务车辆的进入，以收集垃圾、设施维护和确保设施安全为目的进行巡逻。
- 内部通讯——场地内所有大型综合设施及带有凹坑的射击场地均需要进行通讯联系。可以是移动电话或者有线电话。
- 地形——必须使射击线和靶子处于同一海拔高度。最理想的是靶子后面有陡峭的山坡。

2. 理想的设施：

- 装货的工作房间等
- 水网接入市政系统
- 污水处理管道接入市政系统
- 夜间照明——在可能会有夜间使用需求的射击场地设置
- 有庇护设施的射击线——通常需要人工照明。也可以考虑预防寒冷天气而建造供暖设施。
- 观众席——需要与参赛选手分开，但是仍然能够清楚看到比赛进程，最好有遮阳避雨设施。

安全因素

有三个地区需要考虑：直接射击区，安全区，跳弹区

直接射击区

子弹从射击线开始经过的范围均是直接射击区。对于大火力步枪来讲，这一距离可达几公里，除非遇到山坡或者人造障碍物的阻挡。

- 大功率步枪——5000m——大约5km
- 小口径步枪——2700m——大约2.7km

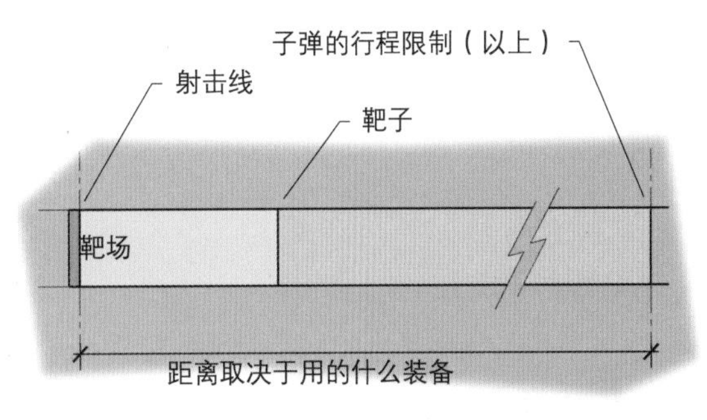

图 26.9　直接火力区

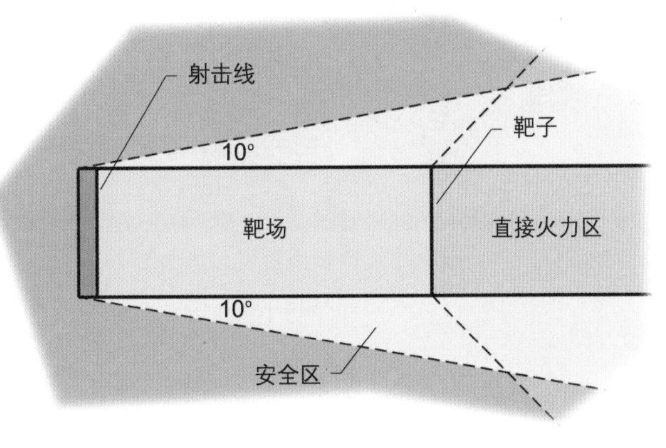

图 26.10　安全区

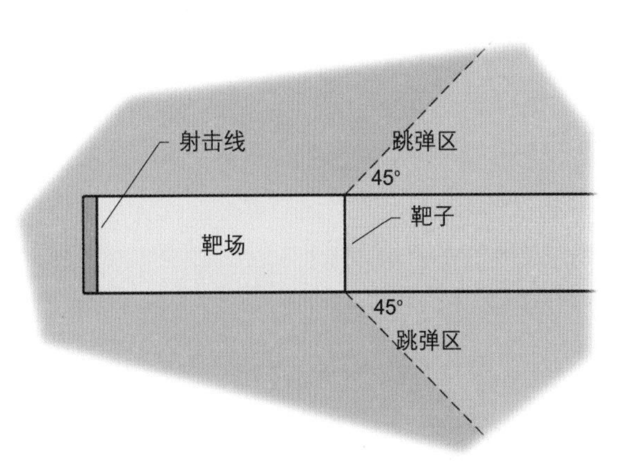

图 26.11　跳弹区

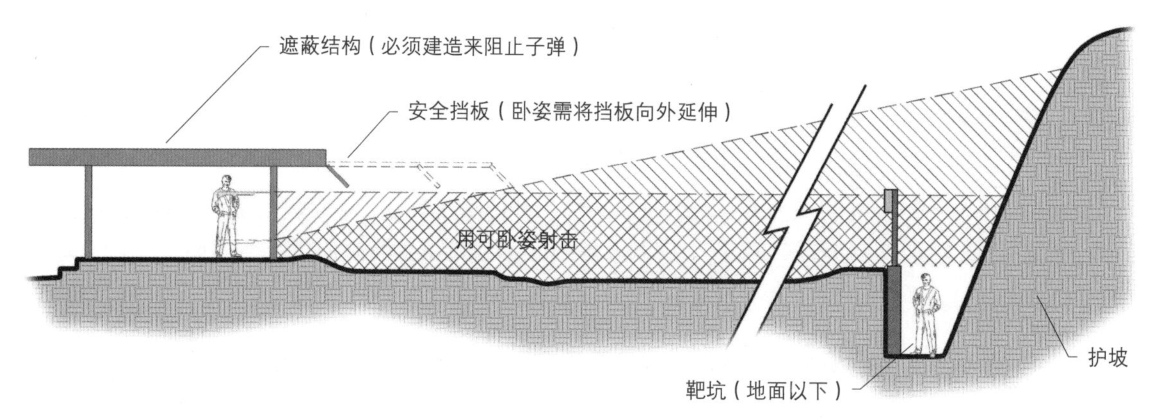

图 26.12 安全设施

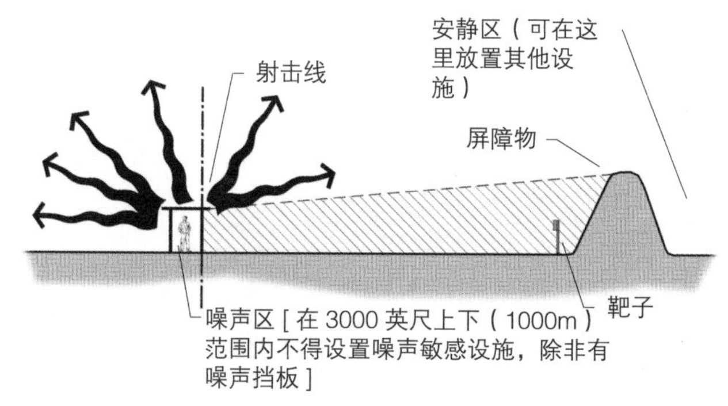

图 26.13 射击噪声的影响

- 手枪——最大2700m——大约2.7km——正常约2.2km
- 霰弹猎枪——600m或者更少，射程取决于射击场允许使用的子弹（shell）。

安全区

射击线垂直两端向外10° 或者更大角度范围内的区域。（如图26.4）

跳弹区

从靶子及其延伸区大约45° 角范围内的区域。（如图26.5）

屏障

因为射击场所需的大量的土地都没有挡板或者屏障，因此最好将场地位置选在丘陵地带或者给他们安装挡板和屏障。这些屏障还可以帮助减小噪声。通常情况来讲，声音会在人们视线范围内传播，因此，如果从射击线处看不到噪声敏感的地区（除植被遮挡外），那么这些敏感区就会几乎没有噪声。（见第3章公园景观）

图 26.14 手枪射击（注意侧边护堤和挡弹墙）——佛罗里达州科利尔郡

安全挡板

一个结构或者一系列结构能限定子弹／弓箭在一定的空间内。基本来讲，应通过构造使射击者无法看到天空或射程以外的地方（除了植被以外），且该类构造应尽可能是无需维护的，例如：表面生长着植物的平台，以及由防弹木构成的顶部构件。通过在射击线

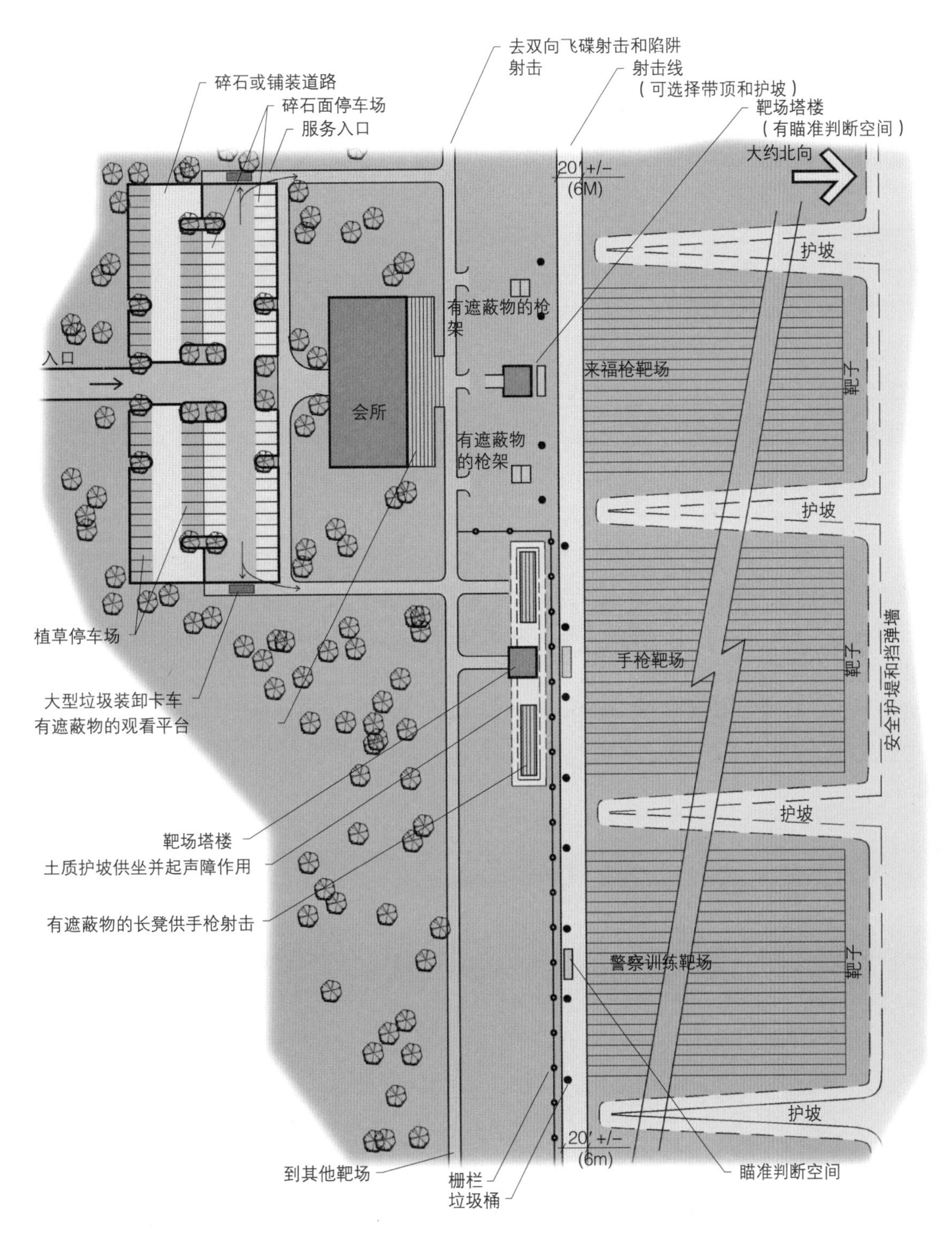

图 26.15　射击场——综合射击区

处建造覆盖头顶的遮蔽设施和侧边护堤，以及设置挡弹墙可实现安全。挡弹墙可以是自然的小山，侧边护堤建议用植被覆盖地表，但其他类型的结构也可以，鉴于空间有限，需要认真考虑。护堤高度大约为2.4m，取决于射击线所提供的挡板保护高度。

射击场长度

射击线到靶子有不同长度的距离。

小口径步枪——7.5m到100m

步枪射击场——200m到300m；远程射击达到900m是理想的，特别是对于台式射击来讲。

手枪——8m到30m

气枪——5到50m——最大安全区300m

前装式手枪——50m——最大安全区达2.4km

前装式圆弹手枪——达100m

前装式迷你弹手枪——25m到100m。与大口径步枪相同，前装式迷你弹手枪的距离为100m或者低于正常的最大安全距离。

双向飞碟射击和多向飞碟射击

双向和多向飞碟射击最早源自对射击手技能的提高，如同其他许多体育活动一样，凭借自身的实力，很快成为竞技项目。多向飞碟射击是射击运动中最活跃的部分之一，必须受到所有综合射击场的重视。它是一项完全户外的活动，除了噪声问题，其可占据相对较小的空间。双向飞碟射击占地大约1hm^2（300m×300m），多向射击稍微小一些。

用于多向飞碟射击和双向飞碟射击竞技的抛靶房需要满足一些特殊规格要求。

详见最新的NRA，射击场规格指南（range manual for specifics）。

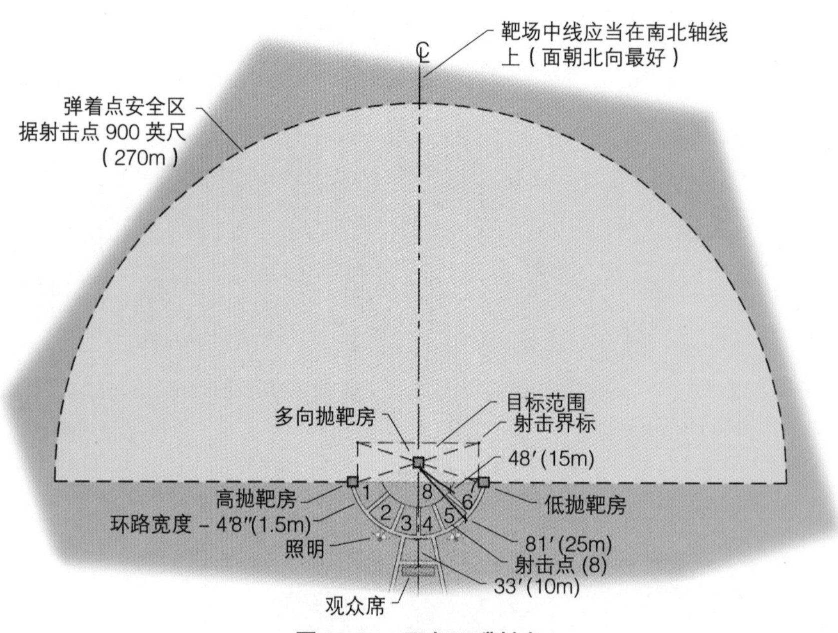

图 26.16 双向飞碟射击

奥林匹克和国际竞赛的射击场可能会与以上布局略有出入。如果射击场是用于国际竞赛或为相关竞赛而进行的练习场地，它们应该按照举办竞赛的主管部门制定的最新标准进行建设。还有许多其他种类的射击场，例如，土耳其射击（turkey shoot），疯狂的鹌鹑（crazy quail），跑鹿靶（running deer）等等。本导则将不对这些项目和其他地方变化提供信息。想获得更多帮助，请联系美国步枪协会。

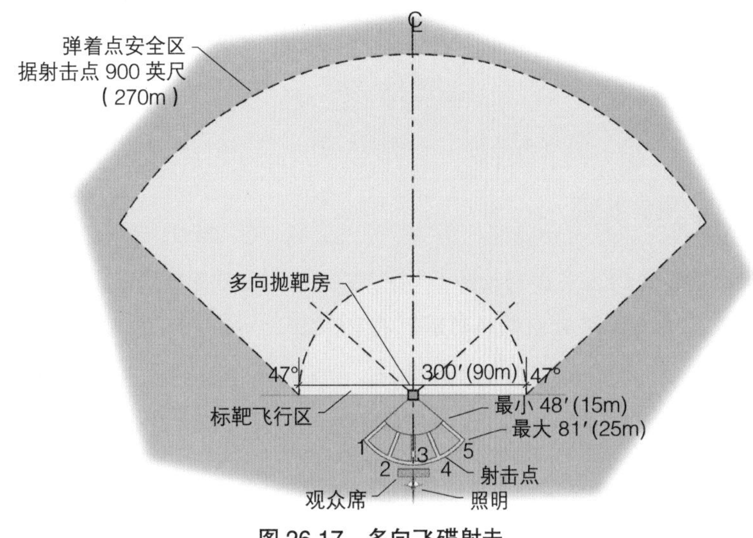

图 26.17　多向飞碟射击

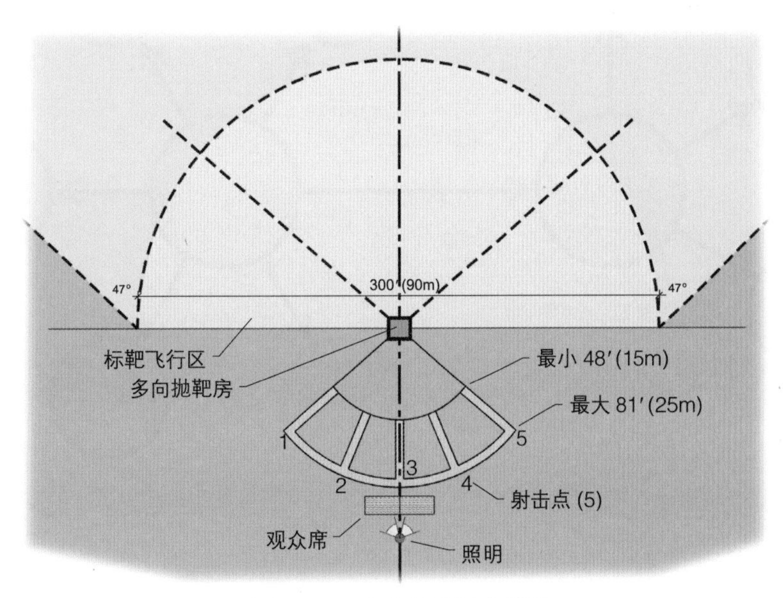

图 26.18　多向飞碟射击详图

第27章 非消耗性野生动植物游憩

使用者特征

许多美国人会参与一些非消耗性野生动植物游憩活动，例如喂野生动物（尤其是鸟）、植物养护、观察野生动植物或是大自然摄影等。在2001年，约有22%的人口参与其中。其中大约25%的活动时间是离开家的，而余下75%的是在家附近进行。例如游泳作为一项主要活动也许会与次要活动采贝壳结合；或者一家人去一个典型的公园郊游，也会在公园内进行观鸟或者在去公园的路上进行观鸟活动。

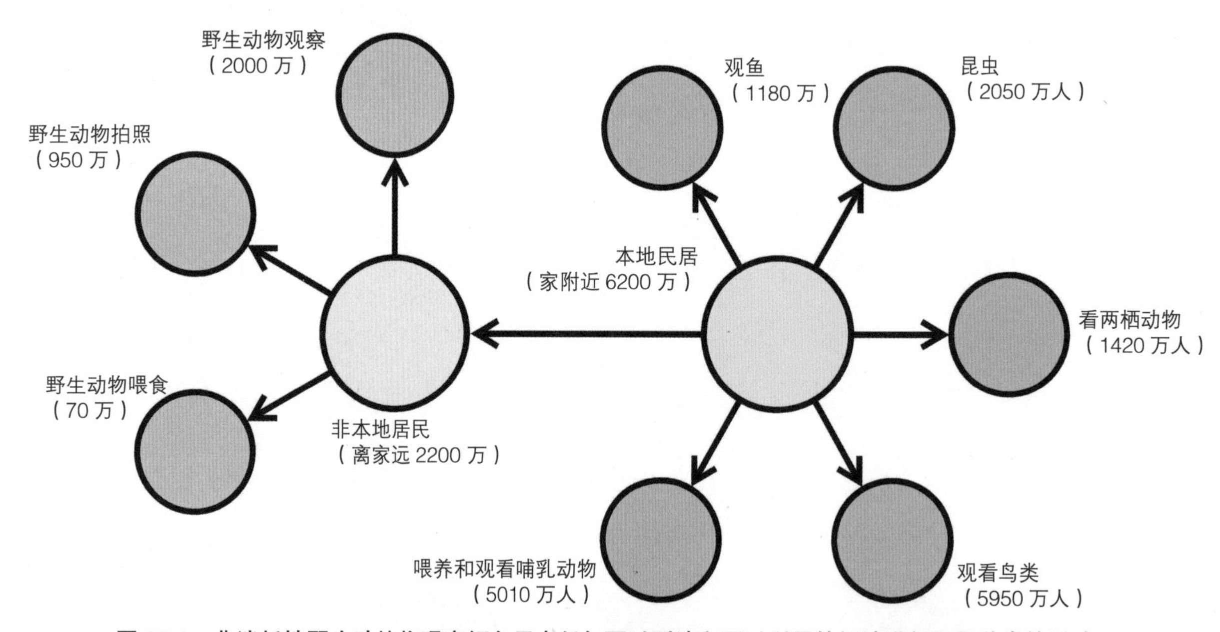

图 27.1 非消耗性野生动植物观察倾向于在任何可以到达和可以利用的场地进行不同种类的活动

大约33%的非消耗性野生动植物游憩人群，同时也是猎人或捕鱼者。

2001年将野生动植物观赏作为主要活动的大多是白种人，女性略多于男性。更高的家庭收入通常意味着更多的参与（1∶2）。更高的教育水平也同样意味着更多的参与，低学历与高学历比也是1∶2的比例。

图 27.2 驯鹿——对于幸运的非本地居民，非消耗性野生动植物观察者来讲是一个壮观的景象——位于挪威北角

概况

所有现存的公园、游憩活动区、保护和保存区，以及含有一些游憩活动或保护其现存状态的地

区，均应当盘存、清查找出可以观察和拍摄野生动植物的地方。

找到这些人类使用能受到约束限制并可被管理的地区，例如不同的动植物栖息地，在那里可以看到觅食的鸟类，但又不会干扰到这些鸟类。同时也应考虑加强建设或改善栖息环境，鼓励更多的野生动植物停留在人附近区域。

所有用于自然野生动植物观察的地区应当提供场地内相关动植物的解说信息。相关规划设计内容详见第7章解说设施以及第31章管理规划，从实践上来提供持续保证质量的服务和设施。

图 27.3　穴居沙龟——一种濒临灭绝的物种，能够从佛罗里达的那不勒斯的蚌通县公园沙滩入口道路看到

观鸟

对那些会穿过可能存在鸟类栖息地的各类道路及入口建立起管控措施。通常来讲，田野树林、湿地沼泽和海岸线边缘或是交界处地区（尤其是沿海和江河口地区）是观赏野生鸟类的最佳地带。

（1）最小需求：

- 适宜的自然或人工栖息地。
- 设置到达场地周边的通道，无论是通过步行，还是机动车或者其他类型。
- 停车场——需要谨慎设计，使之能够融入周围的自然环境。
- 在水滨地带，有时需要100m的缓冲禁区来保护这些鸟类。核查物种并确定它们对该地区的需求和保护区的范围。

图 27.4　朱鹭——佛罗里达西南部

图 27.5　鹳对于当地鸟类观察者来讲是一种绝佳的景色——东欧

图 27.6　位于东英格兰自然保护区观鸟场地的栖息地环境

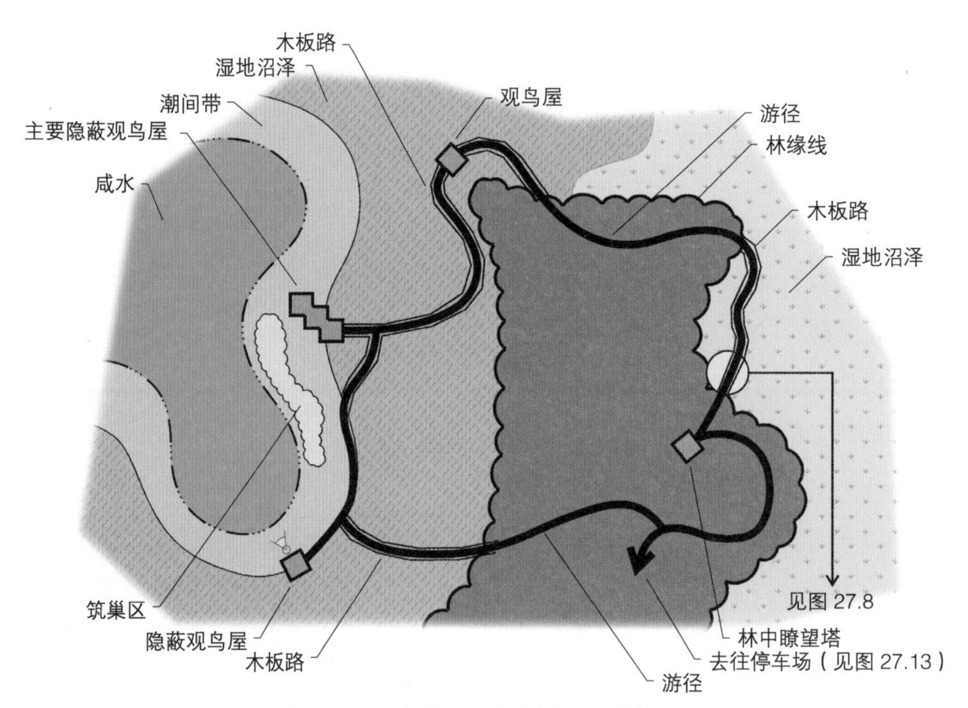

图 27.7 理想的不同栖息地和观赏体验

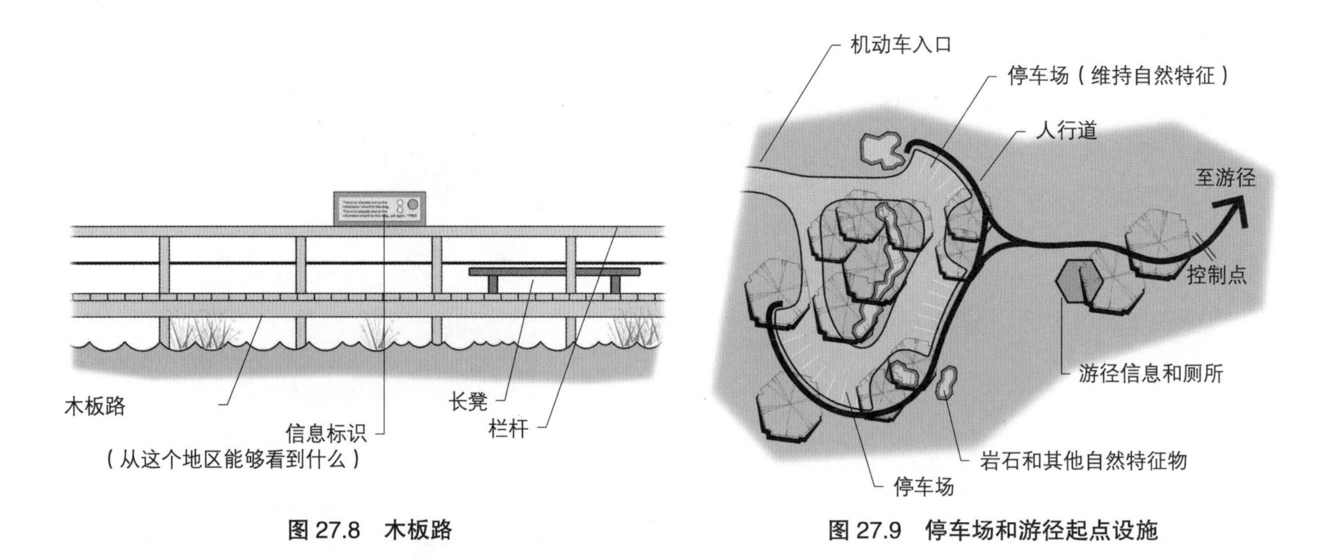

图 27.8 木板路

图 27.9 停车场和游径起点设施

- 地图和解说信息对场地进行说明并指出最佳观鸟地区。
- 游径
- 路旁信息
- 固体垃圾收集和处理系统
- 厕所

（2）理想设施

- 有可能被观测到的鸟类的地图及名录

- 在停车场提供关于场地内将可以看到什么及最佳观鸟点的位置信息
- 观鸟屋
- 解说陈列——可能会依据季节不同而变
- 卫生设施——可以是堆肥型男女公用厕所
- 夜间照明（清晨和傍晚）。观察者需要照明来到达或者从停车场出发
- 饮用水
- 观察平台，最好依据鸟类筛选出几种类型

图 27.10　精致的观鸟屋——位于英格兰东部鸟类保护区内

图 27.11　一个大型复杂观鸟屋的内部通常用于教学目的——英格兰东部

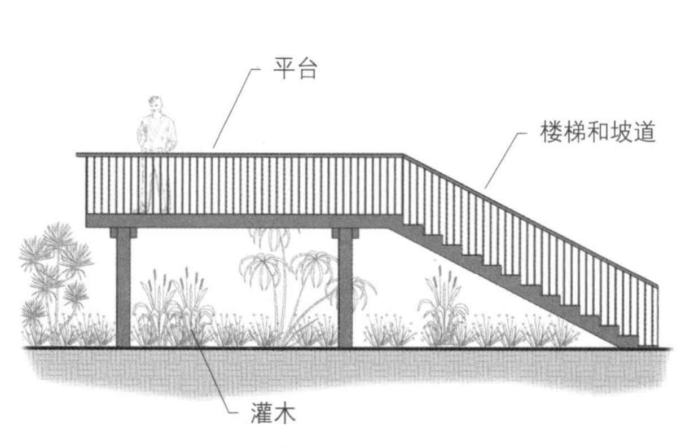

图 27.12　最小鸟类观察平台特别适用于湿地沼泽地带

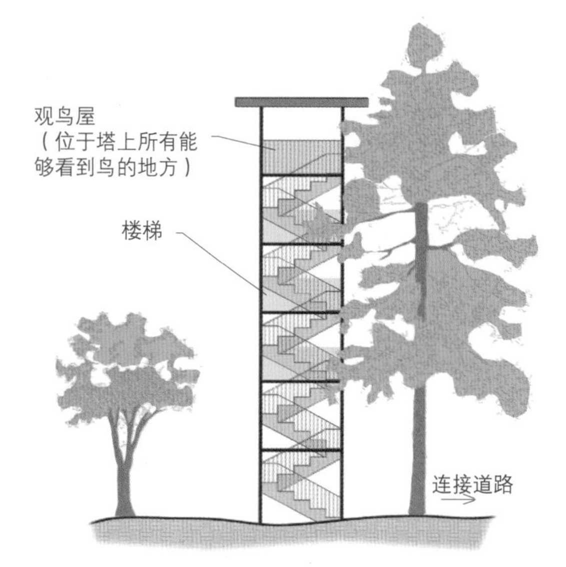

图 27.13　高塔——在森林地区特别适用，能够使观察者从地面到林冠的不同层级看到生物。提供可以到达的通道通常是一个挑战，但也能提供令人兴奋的可能性

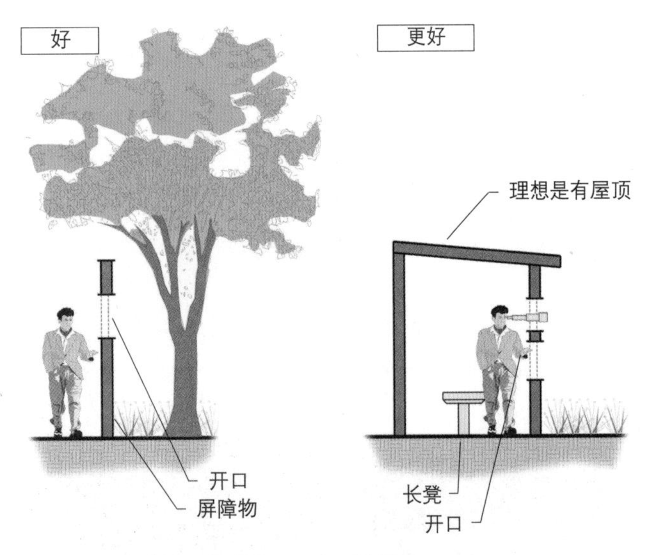

图 27.14　观鸟屋

图 27.15　自然观鸟处和屏障——位于英格兰东部鸟类保护区

- 供摄影和观察的鸟屋
- 沿游径的解说标识

在某些情况下，游客在一些特殊条件下可能会在游船中、徒步道、（沿海滩的）木板路和允许机动车低速通行的单项车道上进行野生动物的自然观赏。有趣的是这些在其附近的野生动物似乎并未受到低速行驶的机动车的不利影响。事实上，这些在机动车上的野生动物观察者相对那些在游径上的人能够更近距离地观察野生动物。

车行游径

（1）要求：

- 单行道——3.6m宽，应尽量减少美学上的要求及对周边环境的影响，并确保开车观看鸟类和其他野生动物者的行驶更加安全。
- 在可能进行野生动植物观察的地方设有许多临时停车位。

（2）理想设施：

- 在指定的观察区域改善栖息地来吸引目标种群。
- 能够从汽车内就可看到解说标识。

其他非消耗性野生动植物游憩活动

观看野生动植物（除了鸟类以外）

与观察研究野鸟的需求相同，除了一些特殊栖息地需要一些更改，如：水下观看或者采取其他保护措施免受动物例如短吻鳄的伤害。

在陆地上，最好从机动车上观察，或是在一个自动引导的轨道上进行观察，如弗吉尼亚州的亚萨提格岛国家自然保护区或是佛罗里达州的丁达林保护区；也可以在带有导游的小型客车上进行观察，如非洲野生动

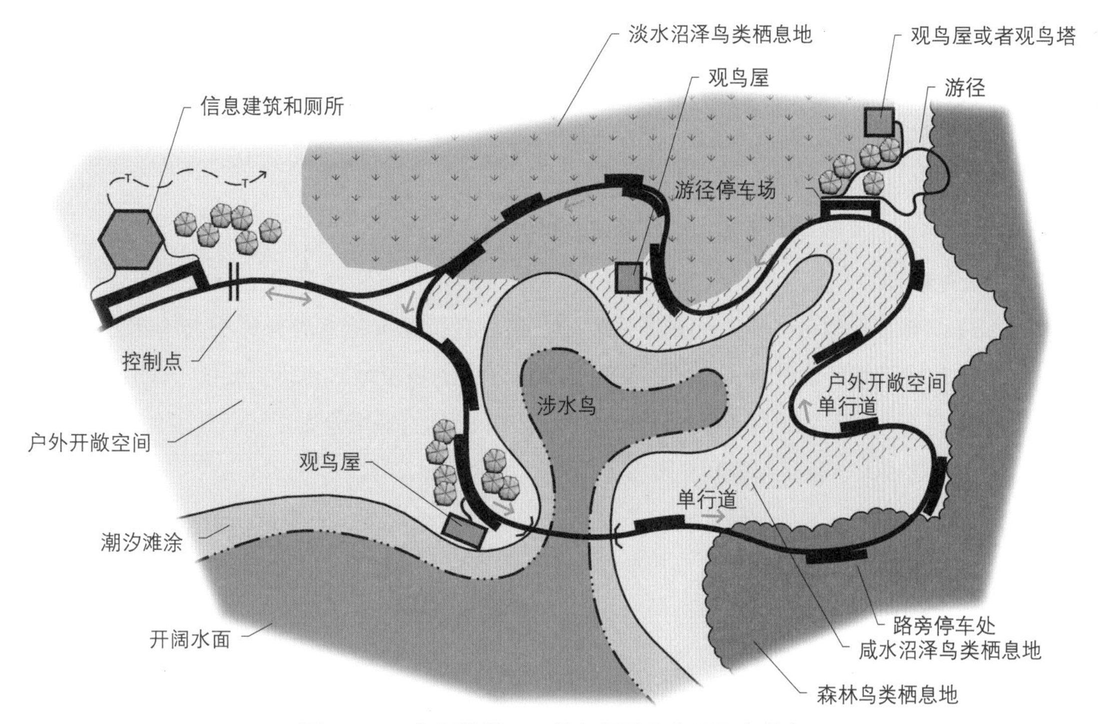

图 27.16　车行游径——单向行驶是出于安全考虑

植物探寻旅游或阿拉斯加州的德纳里峰国家公园。鸟类或者其他野生动物似乎并不把低速行驶的机动车当成威胁，且常常会忽视它们。这些广阔的机动车游览区域在特殊观赏位置要增设停车场。水下观赏非常壮观，特别是在珊瑚礁和人造栖息地处（见本章鱼类观赏信息）

图 27.17　短吻鳄——佛罗里达南部

（1）要求

- 在机动车上进行游览，最好设单行道（见本章图27.8）；
- 铺装的道路要防止扬尘（使用沥青、碎石等等）；
- 设置信息标识和解说展示；
- 路旁设置临时停车场。可能的话，当观察者在驾车时最好与景物间有庇护物，庇护物是很重要的，特别是在特殊区域观赏时；
- 特殊观赏区域的停车场；
- 风景区域的可达性；
- 厕所 – 可以是堆肥型男女公用厕所；
- 在危险动物、高地、植物处设置保护栅栏。

（2）理想设施

- 被观看物种（鸟类、植物、动物）的详细信息；
- 在主要停车区设置有饮用水；
- 在特殊兴趣点设置有遮阳物；
- 设置人造或者自然屏障以防止被观看物种受到惊吓；

鱼类和水下无脊椎动物观赏

在旅游地，可以有偿乘坐带有导游的玻璃底游船，参观鱼类主要栖息地允许进入的部分。这一类型的参观目前在许多自然水下景观处开展，例如：佛罗里达群岛的约翰彭尼坎普州立公园（John Kennekamp State Park），澳大利亚大堡礁的绿岛（Green island），加勒比海的邮轮停靠点等。

许多旅游地正在建设人造水下暗礁和鱼类及无脊椎动物的栖息环境。

水下观察是另一种选择。这类空间和它们所展示的内容非常受欢迎。它们像一个水族馆，只有人在容器内，而鱼在自由自在游动。这些生动的展示不需要考虑通常所讲的栖息地维持的需求。

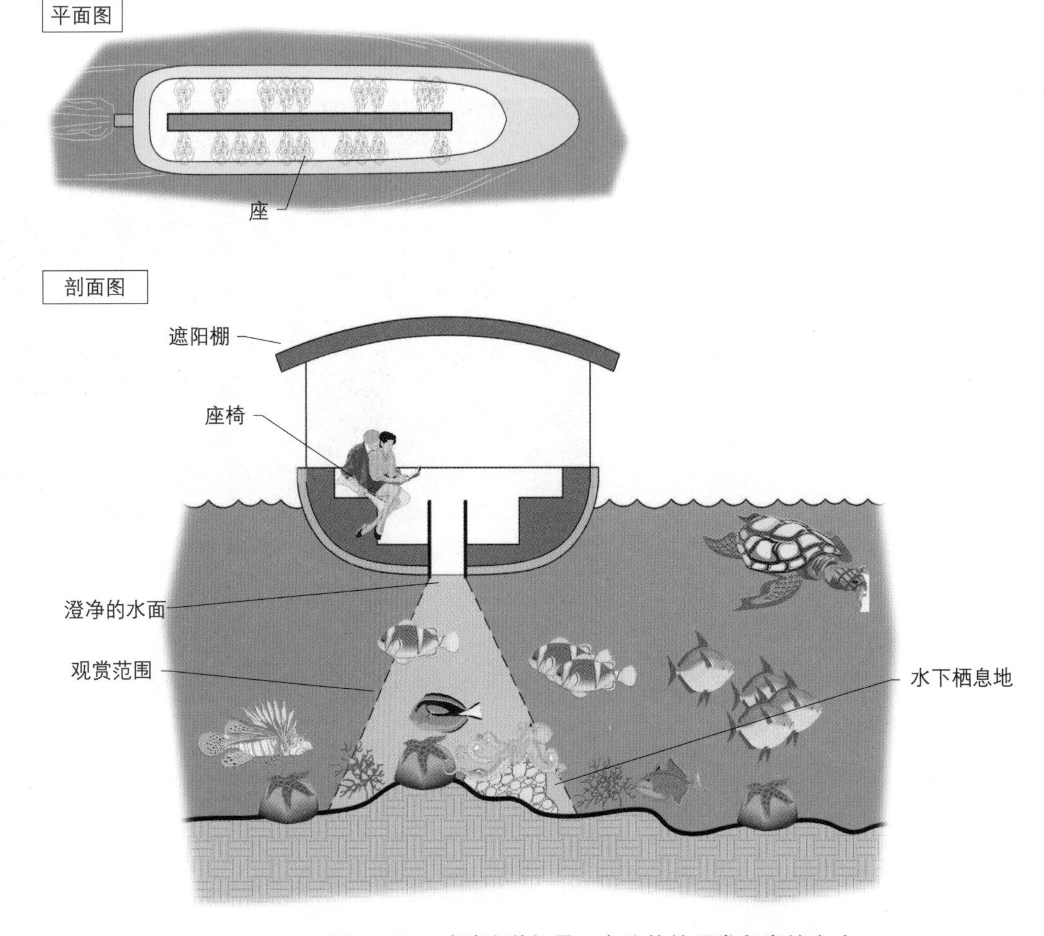

图 27.18 玻璃底游船是一个绝佳的观赏鱼类的方式

（1）要求设置

- 售票处
- 必须可达（扶梯或者电梯）
- 停放空间（小汽车或船）
- 厕所
- 饮用水
- 解说展示标识

（2）理想设施

- 能够遮阳的等候区
- 在等候区设置有长椅
- 场地内有食物和饮料，在车／船停放区或者售票处设置。

从事自然研究进行浮潜和深潜

目前，浮潜人数持续增长。它不仅是一项低消费活动，而且能够在任何有水的地方进行，也几乎能够满足任何年龄层和游泳水平的人参与其中。浮潜路线可以设置在水下，并包含信息标识。

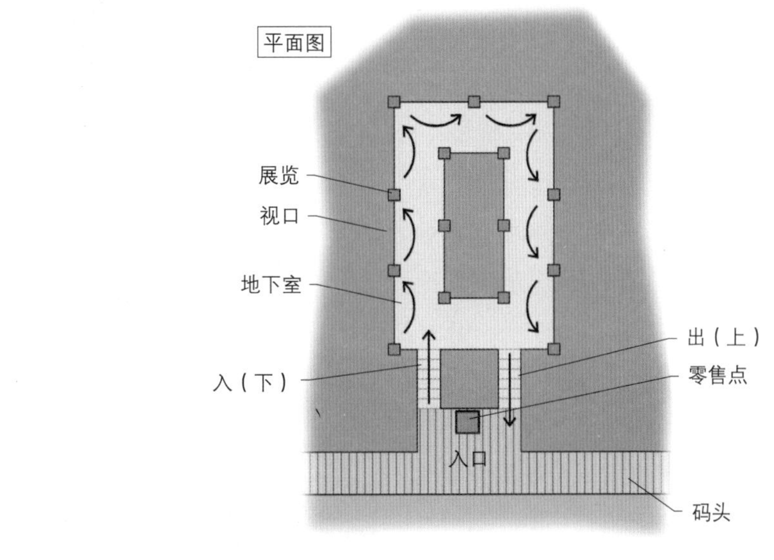

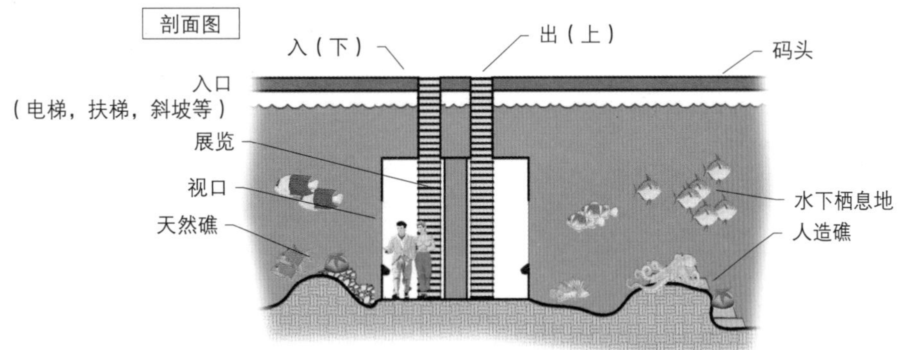

图 27.19　水下观赏存在多种不同方式来观赏鱼类及其栖息地，它们必须可达

（1）要求

- 特色景观元素，例如沉船残骸、鱼类群聚、有趣的无脊椎生物和不同种类有趣的植物；
- 从船上或者岸上入水；
- 场地对机动车、游船以及残疾人的可达性；
- 停车场；
- 卫生设施 - 可以是堆肥型男女公用厕所；

（2）理想设施

- 饮用水；
- 在所有岸边等候区都有遮阳物；
- 特需服务：
  - 设备租赁
  - 鱼食
  - 餐饮服务
  - 纪念品
- 抽水马桶；
- 淋浴室，尤其设置在咸水区；
- 关于场地的解说信息

摄影

野生动植物摄影与观鸟、观看野生动物和欣赏自然风景有着相同的基本需求。但唯一不同的是要为摄影师提供额外空间以确保他们不受一般交通的妨碍干扰（摄影师通常需要大量时间来安装他们的设备并且等待合适时机来拍出一张好照片）。

图 27.20 野生动物摄影

野生动物饲喂

进行该活动通常仅仅是为了增加指定区域动物的数量和种类，但饲喂站通常很受观光游客的欢迎。许多野生动植物专家认为这是一个不可取的行为，因为野生动物正常的栖息环境被人为篡改扭曲，并且如果这种饲喂一旦被长时间打断，这些鸟类和动物就会发现适应“自然”条件是如此的困难，甚至成为不可能。同时，饲喂也会吸引其他本不想有的物种或者非本土物种。

与此同时须对供料器进行特殊关照，以确保提供给所需动物的食物种类正是它们所需要的，并且这些食物不会对它们有危害。

图 27.21 设置供料器来增加保护动物的数目和种类——赖特自然保护中心

栖息地增强或改进

进行这项工作的目的在于增加给定区域内物种的种类和数量。

- 供料器最好置于好的视线点，这点对于吸引鸟类有很大帮助。最好将其安置在多为老人或行动不便的人所在的住宅区。
- 安置盐块（供野生动物舔舐食盐）有助于吸引野生动物到人们可以观赏到它们的地方，这点被广泛用于一些非洲地区的狩猎公园。
- 之前讨论的人工鱼礁和水下栖息地通常建于大多数沿海海岸地区，尤其是美国南方各州。
- 在特定场地种植对于野生动物如蝴蝶和鸟类等友好型的植物，能够显著增强“野生”昆虫、水鸟和陆生鸟类的数量。
- 干旱区的水坑是另一种栖息地环境改进的类型，有助于在气候干旱地带聚集起各种类型的野生动植物。
- 创造边界型生态环境能够显著增强野生动植物的种类和数量，就此而言，也培育了生命。
- 对牧草场地进行适当的管理有助于增加野花的数量和种类。
- 种植粮食和其他饲料作物能够促进本土鸟类和迁徙鸟类的生长。
- 与周围农场签订管理协议能够增强该区野生动植物承载力。

最后两项对于迁徙鸟类停留非常有益，已经实行的公园有：皮马土宁州立公园，宾夕法尼亚州野生动物保护区和其他许多州野生动物保护区和国家野生动物保护区。

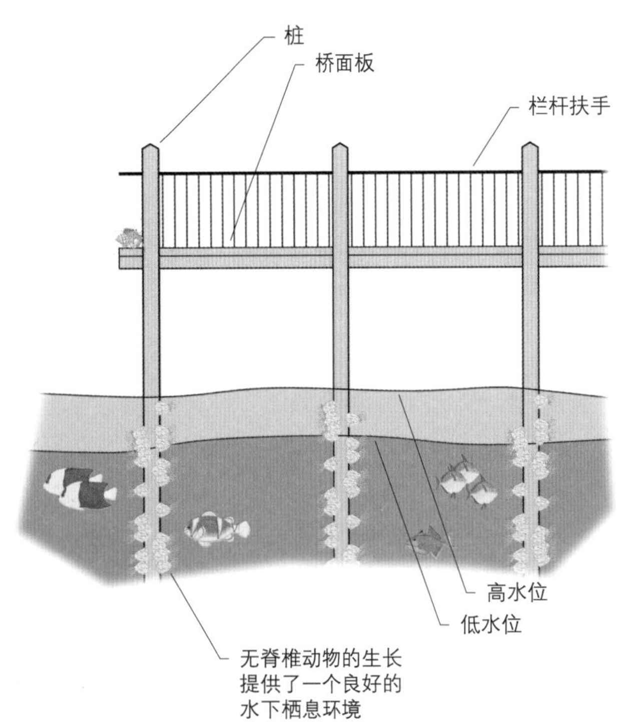

图 27.22　桩对于鱼类繁殖和生活地区的积极作用

游客管理手册和持续的栖息地管理规划对于所有野生动植物观赏区的长期成功运行来讲是至关重要的。

第28章　小型旅游设施

旅游作为一项主要的游憩活动，引起了世界范围内休闲产业的大规模发展。场地设施、辅助设施和旅游纪念品服务于世界各阶层人士。然而，这些设施大都只适用于那些有可支配收入和闲暇时间的人群。这使得在众多旅游投资中，这些设施都主要面向于最有价值的老年人群（年龄超过55岁），因为他们是这些设施的主要使用者／参与者。事实上青年人通常也是主要的旅行者。建立任何旅游设施都非常有必要预先进行细致专业的市场分析，因为这决定了其主要使用者类型。

图 28.1　芬兰的农场被当作旅程中的一个野外旅游点

旅游设施通常服务于小型团体（一般乘坐小汽车或者公交而来），或大型团体（乘坐大巴或者大型交通方式来，如飞机、船、火车）。本书对上述2种各列出1个章节进行介绍——小型旅游设施和大型旅游设施（第29章）。这两章集中对两者各自需要什么设施进行指导，以及如何最高效的安排设施。

必要设施

首先，游客来这里旅游必须要有动机／理由。例如一个华盛顿哥伦比亚特区购物中心旁的喷泉，一个位于马萨诸塞州的国立科德角海滨公园的灯塔，一个在东欧村庄新开放的修道院，或者一个小型国家公园。

图 28.2　游客在华盛顿哥伦比亚特区购物中心旁的喷泉前

所需设施

确定了游客来旅游的动机后，下一步最重要的就是确定游客量（此决定了设施需求量），游客如何来（道路的可达和停车场需求），以及他们在场地内可以做什么。同时还要考虑到旅游目的地周边会发生什么，哪些会直接影响到场地所提供的支持设施。

以上通常需要与当地主管部门进行认真细致的协调并且和周边财产所有者进行真正有效的沟通。

将上述信息集中，就可以准备设施资源发展计划，并创建场地概念性总体规划方案。由美国国家游憩与公园协会出版的《场地设计和管理方法》（A SITE DESIGN AND MANAGEMENT PROCESS）一书就具体方

图 28.3　灯塔——国立科德角海滨乐园

图 28.4　霍普韦尔铁炉国家历史遗址

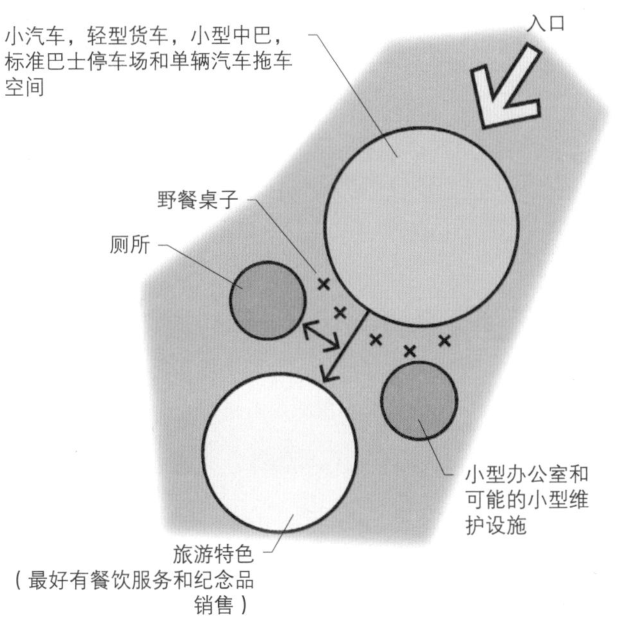

图 28.5　小型旅游设施概念性平面图

图 28.6　场地便利设施，例如长椅和遮阳顶，对于任何要吸引游客的地方都很重要

法，如何准备计划及总体规划三方面进行了详细介绍。这样一个规划必须至少要考虑入口、停车场、内部环路、紧急通道、厕所、废物处理及各种业态的商业。补充设施最理想的是提供维护区、导游、餐饮服务和游客便利设施，例如：野餐用具、长椅、遮阳设施、饮用水源等。

场地入口道路

许多小的旅游地只允许机动车进入（小汽车，皮卡车——包括拖车和客车）。入口道路无论从横截面还

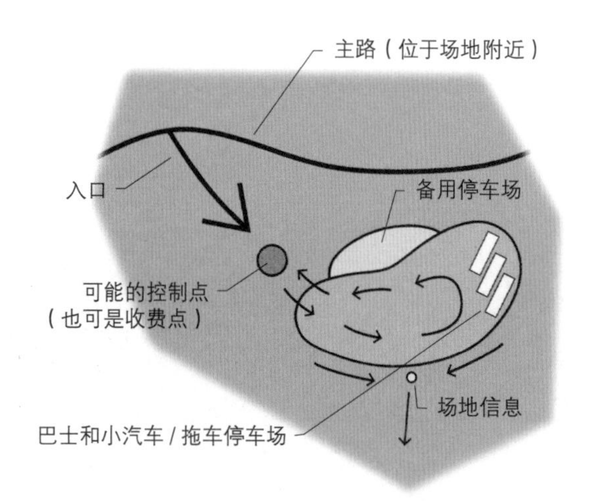

图 28.7 服务于旅游设施地的小型巴士和汽车停车场

图 28.8 多瑙河的内河船只（承载 100 游客上下）——东欧

是纵断面都必须能够适应这些机动车。现存的低于质量标准的道路必须要提升改造以使大型机动车能够通行到达场地。

一些旅游地位于可通行的航道上，能够通过渡船或者小型游览船到达。如果到达场地的部分方式或全部方式是乘船，则应当从水边开始设置步行入口。通常需要一个上岸码头。

停车场

图28.7是一个停车场的示意图，能满足大多种类的机动车辆停放。为预期数量的种类的车辆提供足够的停放空间是很重要的。所有过于频繁使用的、大流量的停车场并未有效考虑到巴士或皮卡拖车。如果没有对这些大型机动车进行合理规划，它们每个都会占用4–5个标准停车位。

必须提供通往停车场入口的道路，并且要易到达场地入口。

需要公交上下车区域。最理想的是上下车区域有遮阳设施和1.8m到2.4m的长凳。如果已有大量的游览设施，最好在常规停车场也设置带有长椅的遮阳区。许多游览地有高峰使用日。

值得注意的是许多游览设施也需要附加的职工停车区。职工停车场的位置不能利用游览所需的空间，也

图 28.9 葡萄园酿酒厂的巴士和小汽车停车场——位于罗马尼亚黑海附近

图 28.10 皇室家族教堂——英格兰，桑德林汉姆

不能造成游客对旅游特色或景点模糊不清的印象。

图 28.11 旅游信息标识能够提升绝大多数人的满意度——英国，圣彼得堡大教堂

常见的附加设施

场地信息标识

许多小型旅游场地能从信息标识或显示屏中受益良多。它们最好位于人行主入口处，详见图28.1、28.2和旅游信息照片。下图所示的旅游信息标识就是一个能够在展板上有效描述的典型案例。在黄昏和夜间使用时，可对标识区提供照明。

另一个理想的信息标识是对游径的解说。（见第8章，游径和通道）

在某些情况下，小型的博物馆能够成为场地一个很有用处的补充。但在很多方案里小型博物馆并不常被提出，主要是因为它有着较高的建造成本和高昂的年运营维护成本。如果确定场地有丰富有趣的信息和人工制品能供展示，就应当提供这样一个博物馆空间。建议这些展品和人工制品能够成为场地内历史建筑的一个有机部分，或者发展成为建筑中新的、所需结构的一部分。

紧急通道

任何为游客提供餐饮服务的设施必须有疏通的、易于到达且可供警车、消防车、救护车等急救车通行的道路。为使这些机动车能够从不同方向到达设施周围，可设置不同的机动通道。消防通道对于通道要求非常敏感，例如，不能紧贴任何建筑设置停车场或车站，必须在所有建筑周围给消防车提供通道。

联系当地的消防部门来获得相关规范。鉴于场地位置距离医疗设施过于遥远，理想情况下可设置一个应急直升机降落场地。这对于大型设施和场地尤其重要，特别是频繁举办人数众多的活动场地。

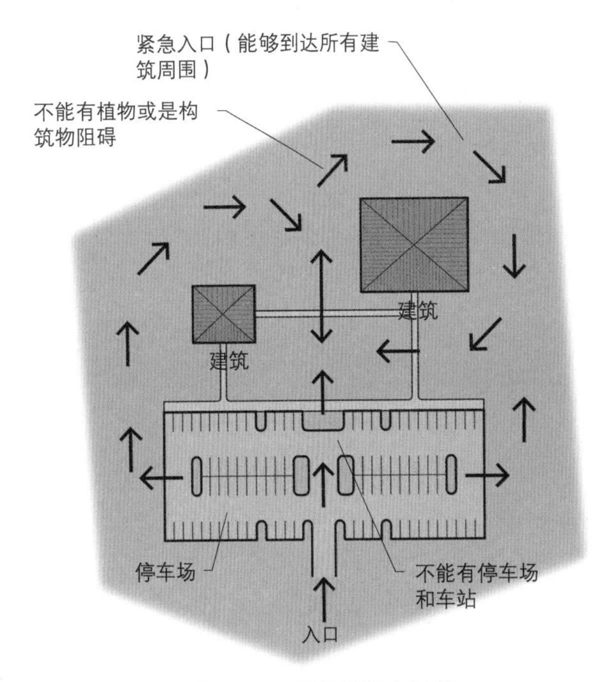

图 28.12 紧急消防车通道

厕所

这是任何旅游地或游憩设施的关键。各场地内厕所的数量和每个厕所的大小取决于2点：（1）人们需要花多久时间到达每个场地以及（2）场地会有多少人及男女性别比例。如果游客行程在1个小时以上（有时会少些），厕所应尽可能设在停车场或者车站附近，若游客主要是女性或者老人，这点尤其重要。如果设施很小或者相对游客较少，一个独立的厕所建筑或其他建筑内有卫生间就足够。如果场地是在一个地区散布，厕所应该被划分为若干个独立设施，并且相互距离不超过300m。

餐饮服务和零售区

大多数旅游地通常是自营运行的，可以通过游客费用（通常是门票），停车费和营业收入（餐饮服务／或者旅游纪念品）实现盈利。必须针对这些具有重要功能的空间制定相应规范。

门票通常在实际景点入口处收取。停车费通常是在进入停车场前的入口亭处收取，或是在整个停车场内其他容易辨识的位置处。停车计时器不经常使用，但在市区或者市郊可考虑设置。

旅游纪念品和餐饮销售点必须位于最主要的活动区，并且有服务通道（通常位于建筑的背面）。

图 28.13　英格兰中部一个大教堂旁的厕所

垃圾清运

所有的游憩项目必须有合适的、易于收集的垃圾废物处理设施。该设施通常有2–3种类型：（1）对于游客来讲具有吸引力或是有主题的垃圾桶，按照一定的策略安置在人行道旁（2.4m到3m 宽可允许服务货车通过）、停车场和其他任何零售区和饮食服务区；（2）在场地运载区或服务区，必须提供大型垃圾装卸箱。要选用合适的材料把垃圾箱与游客视线阻隔开，可以用植物或是风格相协调的墙和大门。若场地是一个历史性设施则这个屏障就更有必要。在大型场地包括大型停车场，最好有一个以上的配有屏障的大型垃圾装卸箱。

公用设施（见第12章）

水、下水道、电、通讯设备是场地内必需的公用基础设施。

对饮用水必须做特殊处理，这些水源最好在停车场、特色建筑和厕所处。此外，旅游区通常要有较高水平的景观维护，因此需要灌溉系统支持。

通讯对于一个旅游设施的持续发展极其重要，传真线、互联网连接和良好的电话通讯－无论是有线电话还是移动电话，都是需要的。对于大众来讲，设置可靠的随时可用的紧急电话线路非常重要。

遮阳的人行道路和休息区

对于大多数旅游场地来讲，理想的附加设施就是遮阳的人行道和长凳。如果期望老人来访，那么这就非常重要。

其他设施和特征

当地市场，特别是食物和手工艺品，通常成为吸引游客的旅游附属品，或自身成为吸引游客的主体。如果有这些市场或相同类型的供应商，它们对于主要场地设施的补充作用必须列入旅游设施规划的考虑之中。它们能够影响厕所等其他支持设施的位置分布。与当地主管部门的密切合作对于这些供应商的高效经营非常有必要。

图 28.14　加勒比海的当地农贸市场

图 28.15　东欧——小镇工艺品销售

第29章　大型旅游设施

大型旅游设施和小型旅游设施相比有着更大的规模和复杂性。其在一定程度上对当地经济发展起着巨大的推动作用，例如位于美国奥兰多市的迪士尼世界和亚桑尼亚州的大峡谷国家公园。本章将会讨论大中尺度的旅游发展规划和设计，介绍设计过程中需要考虑的一些条件，为旅游规划设计及周边地区发展提供指导性建议。

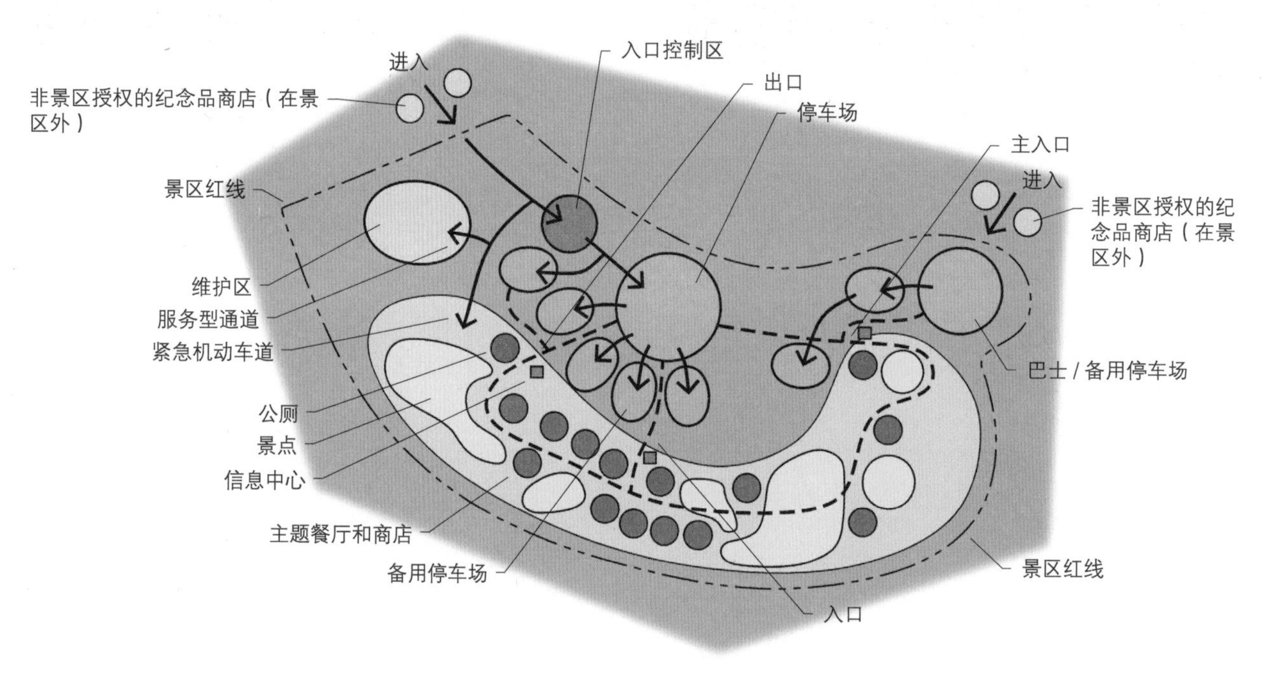

图 29.1　大型旅游设施概念规划图，从中可以看出其建设的复杂性

大型旅游设施的建立需要至少一处主要的标志场地和许多次要景点。通常这些景点尺度较大——从 $1hm^2$到几百公顷。在上一章所提到的所有景点同样可以利用在大尺度下的大型旅游设施规划当中。

图 29.2　夏宫，俄罗斯彼得堡

图 29.3　到港口时游轮员工给家致电——佛罗里达州基韦斯特

图 29.4 毗邻罗马斗兽场的罗马遗址，意大利大量考古重要景点

图 29.5 历史溪街，阿拉斯加州凯契根 整个小镇都属于旅游地，游船的唯一进入的交通工具

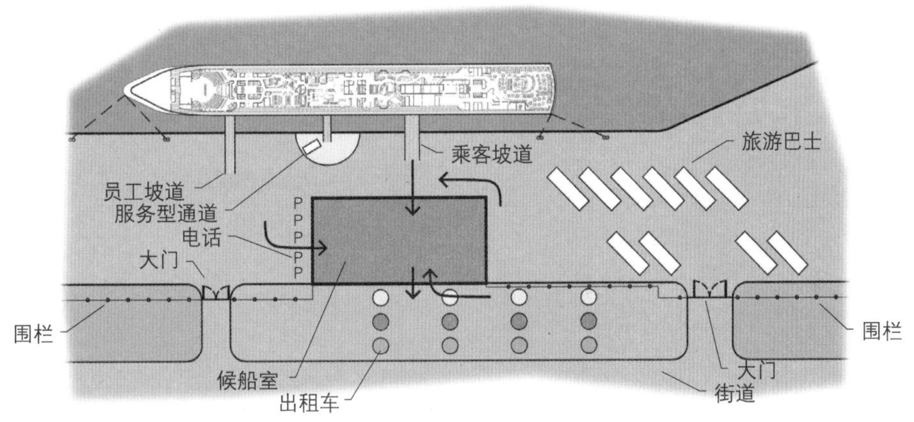

图 29.6 邮轮码头的游览路线

所需的设施场地

大型旅游地的设施场地种类多样。游客通常来自不同的地方，他们可能会以任何交通方式到达，例如火车、公交巴士、游船、游轮、私家车或是飞机。

入口

游船码头需要足够的空间来停靠旅游巴士和其他旅游车辆以接送游客。除巴士和所有类型的钓鱼船以及游船外，其他类型的旅游车辆还包括特许经营或私人出租车、小型私人旅游巴士和面包车。

图 29.7 一艘大型游轮能够成为其停靠码头的重要服务对象——亚速尔群岛（在滨水旅游区，每天一艘船上会有 1200 到 3000 或更多的乘客登陆到此）

图 29.8　各种规模的音乐团体经常在码头举行演出以欢迎来自游轮上的乘客

图 29.9　码头中心，中转站，为游轮乘客提供到达旅游景点的游览巴士

图 29.10　在港口区展示与售卖手工织品的编织者——危地马拉西海岸

图 29.11　主要旅游景区内的各类售卖点，包括游轮码头和巴士停车场——欧洲东部

此外，还应规划为船只提供补给的场所和通向岸上设施的人行道路，为船上乘务人员提供与家人通话的长途电话服务也是必不可少的。

大多数的游轮码头会在航站楼或直接在户外旅客坡道上设置售卖摊位。

几乎所有的港口都会设有大量室外摊位，形成港口产业。

停车场

游客通常会乘车从酒店或其他起点（除沿海场所、游轮或游艇码头外）到达旅游地。这些车包括旅游巴士和小汽车（皮卡车）。旅游巴士上乘坐了大量短途游的旅客，因此需要特定的换乘点，这些换乘点最好设在较为隐蔽的地方。

图 29.12　旅游巴士停车场——欧洲东部

场地信息

在大型旅游区内，最好是请导游或讲解员为游客来介绍各类景点的相关信息。讲解员通常会身着当地特色服饰，特别是在历史类的景区里。关于这点的解释会在第7章解说设施和第28章小型旅游设施当中特别说明。

为了满足游客需求，大多数的旅游景区需要设计各种类型的景点介绍。否则，游客将不知道他们在游览什么，其满意度将会降低。

图 29.13　旅游团导游和游客在市中心的历史街区游览——奥地利，维也纳

图 29.14　身着旧式服装，景区工作人员为游客演奏正宗的本土音乐——挪威

内部交通

大型旅游景点内大量的人群流动需要细致的规划、足够的空间和充分的场地供给（如步行或服务性道路，防火线，遮阳设施和座椅空间）。参见图28.3紧急车道。旅游区内的游览交通最初主要是步行，到后来露天巴士、有轨电车或火车、骑马、马车（特别出现在老的历史街区）等一系列游览方式开始迅速出现。

公共厕所

这类设施设计时需要考虑其大小尺寸、先进技术以及美学形态。它们必须被安置在人群所需要的地方。在一个大型旅游地当中，游客会经常在此停留相当长的时间，因此，在停车的区域需要设置厕所以供游客使用。

旅游地需要充足的厕所设施。

场地内公共厕所的间距应该在240m以内，最远不能超过300m。邻近餐饮区和一些服务场所的地方同样

图 29.15　位于古代市政建筑和著名历史事件遗址地旁的公共厕所，东欧其风格特征与周边建筑保持一致

也需要设置公共厕所。

餐饮服务和商店

愉悦的外出就餐体验是大多数人主要的休闲方式之一，特别是对于那些经济条件好的的人来讲，外出旅游率更高。提供优质的户外和室内餐厅可以提高游客体验满意度，同时也可以更好地帮助大型旅游地支付其运作和维护的成本。

大多数游客喜欢在旅游地购买一些纪念品，销售这些纪念品成为旅游地所获收益的一部分。相关管理者应当注意确保商品的品质和种类满足当地旅游的特征和主题。英国东部小镇拉文纳姆就是一个很好的例子。它将其独特的倾斜历史建筑作为宣传主题，带动了旅游业的繁荣发展。所有的商店和餐厅都与这些独特的历史建筑息息相关。整座小镇以旅游产业作为其主要经济来源。

图 29.16　历史街区内的一处餐饮区——奥地利，维也纳

图 29.17　英国拉文纳姆镇的乡间小道

此外，许多旅游地都有一些小规模的零售摊点来售卖家庭手工艺品。在一些旅游地，例如罗马尼亚的德古拉城堡，旅游成为社区唯一的支柱产业，政府对许多纪念品零售商和他们的产品制造给予支持。

德古拉城堡并不是小说中所描绘真实场地，但是它却成功地成为旅游目的地。这个古堡本身是真实且古老的。

图 29.18　德古拉城堡，罗马尼亚

图 29.19　德古拉城堡入口的商业区支持许多零售摊点

后勤服务和垃圾清运

大型旅游设施在很多方面都与乡村和小镇是相似的。他们需要有效的市政设施进行自来水供应、污水处理、供电、通信（从美学角度考虑以上这些管道应埋入地下）以及垃圾清运。

应当确保所有公用设施管线、自来水以及污水处理厂对景区形象没有不利影响，也就是说所有的公用设施必须设置在地下或隐蔽处以保证游客无法看到。请注意所有的公用管线都不能出现在任何重要的风景观赏点并且不能对视觉景观造成破坏，这项要求在大型旅游设施和小型旅游设施均存在。

大型旅游设施需要主要运营和维修人员以及支持设备（详见第30章，管理与服务区）。这些设备就像是公用管线和厂房一样必须位于游客游览区域之外。维修所用到的现代设备同样不能被游客所看见。

配套设施

独特的项目能够创造出属于它自己的主要旅游吸引物，例如在墨西哥阿卡普尔科的悬崖跳水。阿卡普尔科地区的发展是依靠该项活动进行的。一些餐厅和纪念品商店也为这些跳水者而单独设置。

关于配套设施下面举两个例子，它们都是雕塑类的设施。第一个例子是位于弗吉尼亚州阿林顿的在老挝吉姆岛上升旗的雕塑作品。它需要巴士和小汽车停车场、公共厕所以及解说标志。第二个是位于丹麦哥本哈根海港的小美人鱼雕像。它已成为哥本哈根这座历史古城众多旅游地当中一个著名的旅游点。不幸的是，旅游巴士和汽车停车场的规模并没有与它的知名度相符合。

图 29.20　在历史种植园中使用现代设备的维护场所——霍普维尔·福格国家历史遗址地，宾夕法尼亚州

图 29.21　悬崖跳水，墨西哥阿卡普尔科

图 29.22　老挝吉姆岛升旗纪念碑——弗吉尼亚州阿林顿

图 29.23　著名的“小美人鱼”雕像，丹麦哥本哈根海港

第30章　管理服务区

服务区

所有主要休闲场地都需要设置一些服务区。这些服务区的场地大小、复杂度以及数量是随着休闲场地规模的增加而增加的。在选择与设计一处服务区之前，首先需要进行初步的场地总体规划或场地管理的概念性规划。规划师应该与经营者合作完成对场地服务需求的研究。

图 30.1　服务区——法国弗伦奇溪州立公园，宾夕法尼亚州
这是一处大型服务场地，但缺少安全防护的围栏或遮蔽物以阻挡附近公路对场地的影响

规划需要考虑以下几点因素：

- 需设置一条主要道路通向各类游览区。如果服务场地靠近道路，必须单独设置一个出入口与游览入口分开。单独的入口可以在场地关闭的时候进行材料补给配送，同时也减少了后勤维护交通与客流之间的冲突。
- 提供充足的能源、自来水水源、污水处理以及良好的通讯系统。
- 室内外的贮藏室设计。室外贮藏室要比设计者所认为的更大一些，可以储存各类物品，如桌子、垃圾桶、碎石、球场黏土、旧设备、打捞上来的琥珀、垃圾、修剪的枝条等。
- 隔离道路和冬季使用区域。可以使用任何具有美学观赏价值的隔离物，如墙、护坡、植物等。
- 服务区周围需要设置安全围栏以防止偷窃或蓄意破坏等行为。
- 设置装卸维护设备的场地。
- 设置停车场。
- 设置燃油泵——远离所有建筑和易燃物品。
- 易燃物品储藏空间的结构必须满足当地防火规范。
- 设置办公空间。
- 设置夜间照明灯光，覆盖整个服务区域。
- 设置员工午餐区。
- 设置员工储物柜和洗浴室。
- 设置员工停车场，围栏内外均可。

大型场地和独立的小型场地都需要辅助维护场地以便有效运营。这类维护场地的设计和功能都比标准维护场地要简单。但在最低程度上需要设置：

- 设备储藏室

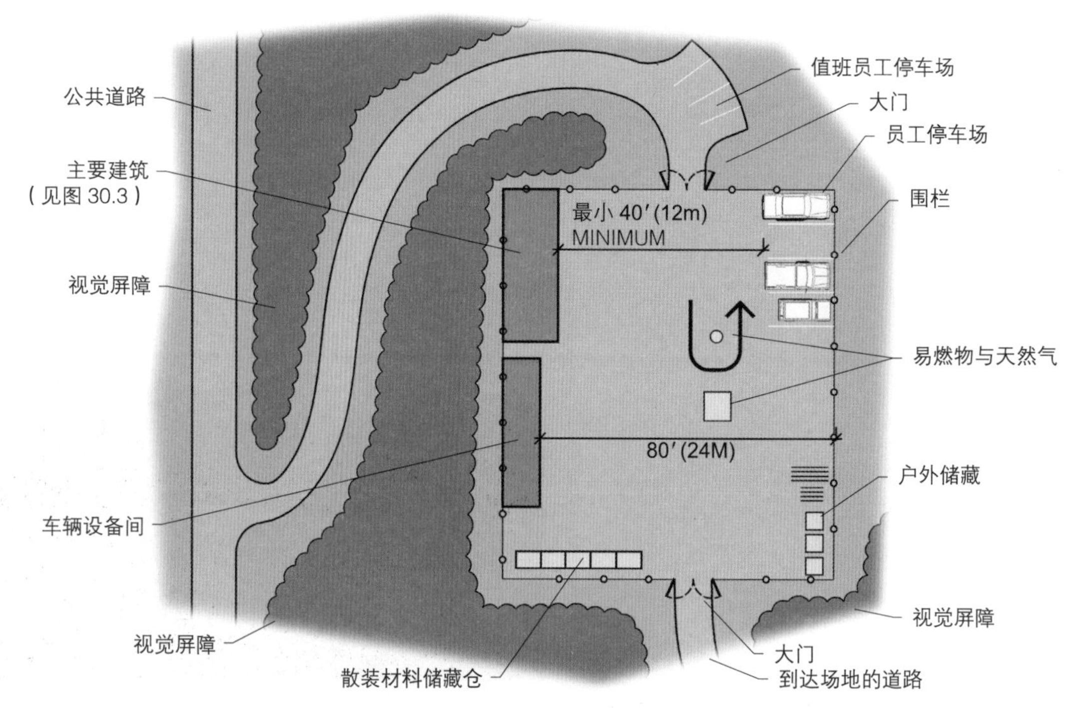

图 30.2 服务区

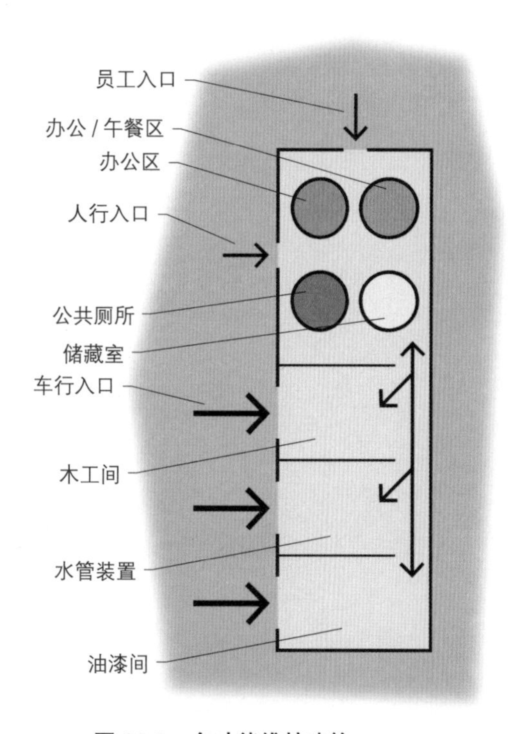

图 30.3 多功能维护建筑

- 周边围网
- 机动车通道
- 公共厕所或通向厕所的道路
- 夜间照明
- 与外界周边区域的隔离场地

图 30.4 鹰湖郡公园——佛罗里达州，柯里尔县
这处辅助维护场地是由维护人员开辟出来的，缺乏必要的遮阴植物

同样还需要设置的有：

- 员工停车场
- 大型储藏室（可供运送卡车通过）

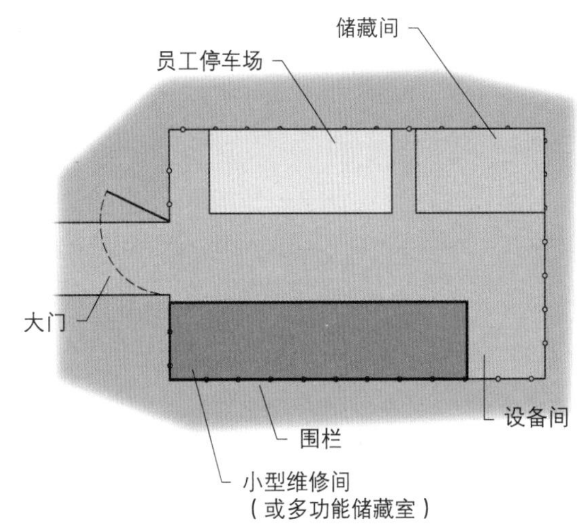

图 30.5 典型的辅助维护区

管理中心

在离旅游中心有一定距离的情况下，拥有大量客流或主要旅游景点的区域普遍需要一个次级管理中心。该类区域可以同时提供游客访问和场地运营维护双重服务。

区位

管理建筑应当规划在邻近公路和场地入口处。这将会使旅游地更好的运营，消除与游客间的冲突。

停车场

- 员工停车场
- 旅游车辆和巴士停车场——如果旅游区内允许游船和露营，则需设置小汽车和拖车停车场。
- 景区内部车辆停车场，特别是执法巡逻车辆。

管理和维护场地通常每100m设置一处，且要进行遮挡与外界隔离。

员工居住区

在旅游地内需要为员工提供居住的地方，具体原因有以下几点：

（1）旅游地远离其居住地，（2）防止旅游地遭到人为破坏，（3）保护历史建筑和环境，（4）保护夜间游客的安全，（5）扩大招聘。需要注意的是，政府建设的住房其建设成本是私人建设住房的2倍。

偏远的地理位置

旅游地所处的位置与员工居住地位置距离较远，因此在公园中需要规划满足员工日常需求的场地。

要求：

- 私密性——远离公共使用区域。
- 可达性，可能的话设置公用道路通向任何工程控制点。
- 规划便于到达工作地点的路径，如办公室或维修区。
- 居住建筑的规模和设计风格需要符合未来居住在这里的人们的要求，且要设置有多种房型（如宿舍或公寓）满足单身和家庭员工的居住。
- 夜间住宿的场地需要有工作人员24小时查看，因此需要提供一些场地内的员工住宿房。

减少破坏行为

一些旅游景点遭到蓄意破坏使得这里需要建设一些建筑作为防护。一个解决方案是可以利用这些可移动的房屋作为当地执法人员的住所。

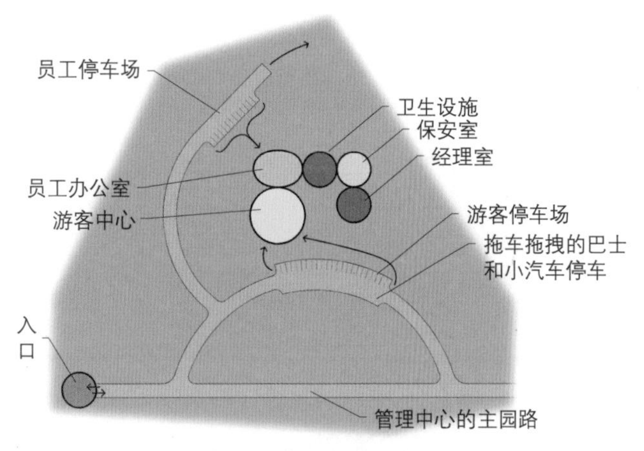

图 30.6 管理与游客访问中心

图 30.7 安保人员居住的可移动房屋——瑟顿地区公园，佛罗里达州，科利尔

要求：

- 必须对场地视觉景观进行控制。
- 提供给居住者一定程度的私密空间。

员工招聘

为不同家庭类型的员工提供住房成为帮助招聘的一个工具，特别是在偏远地区以及度假胜地或旅游目的地当中。在建设员工住房之前应先分析员工的居住需求和意见，以确保建设适合的居住类型和位置。

历史建筑和环境保护

历史建筑或重要景观建筑需要被保护起来以免受到蓄意破坏。可以指派工作人员进入建筑内巡查或者将其承包给私人组织。

要求：

- 不引人注意的停车场地
- 在游客面前保留一定的隐秘空间
- 该类建筑必须给予一定程度的维护，保留其独有的风格和特色。

第31章　场地管理规划

管理规划是场地设计的最后一步，更多详细内容在国家游憩与公园协会（NPRA）出版的《场地设计与管理》一书第11章有所叙述。场地管理规划是任何场地规划和发展当中需要跟进的一环。如果缺少一套成熟可行的运营维护规划，构思新颖的项目将会变得不如人意并且会迅速成为一个重大灾难。

如果严格执行公园管理规划，将会避免以上情况发生。公园将会进行定期检查，维护破损的地方。

图 31.1　在加勒比岛公园内的一处缺乏维护的景点

概况

综合场地管理规划并不是一个新的概念，但它对于很多资源管理者来讲仍然是一个新的课题。一个综合管理规划包含有以下几个具有不同功能的部分：规划、运营、维护以及活动策划。近几年来，一些机构，特别是大多数联邦和州的土地管理机构，已经着手准备较为完善成熟的不同等级的场地管理规划。

为谁规划？规划应当包含哪些方面？

目标人群	规划内容
管理者	发展的总体方向 规划预算
员工	可延续性——特别是当人员调动时要具有可继续使用性 将场地经营与维护管理联系起来 为制定日常操作和维修程序提供指导方向
公众	如果是公共项目，则公众有权知晓场地使用人群、场地建设项目、场地的现状和未来

所有关于场地管理规划前期准备的内容已在《场地设计与管理》第11章有详细讨论。一些场地在管理规划中需要做到书中所提到的大部分步骤，而一些场地仅需要满足其中一小部分即可。在设计的过程中，只需要运用该步骤中必要的部分就可以有效的管理规划的场地。管理规划导则最好通俗易懂，这样有利于规划者、管理者，特别是场地管理者和其员工更好地理解和使用管理导则。

易于理解和使用的规划导则对于场地管理者及其员工是最重要的。许多机构和公司所雇的运营管理人员其英语讲得并不流利。正因为如此，他们必须执行的那部分管理计划需要翻译成其母语。

规划必须：

1. 为制定有效的决定提供一个精确的数据库；

2. 建立规划定位和规划范围，以便更好地进行资源管理、维护，一定程度上的实施、设计以及经常性地进行资源保育。

3. 提供场地内的信息备份，例如重要事件、地图、协议、许可与其他相关信息。

小型场地也需要大量的数据信息。例如：社区运动场地，小型旅游景点，单目标场地（如网球场，它要比一个大型多功能运动场规模要小得多）

图 31.2　解释建筑活动和其对周边花园影响的讲解员，英国剑桥大学

规划从哪里开始

在开始制定管理规划之前，需要解决以下几点问题：

是否应有公众参与？

公众参与项目有以下几个前提：

1. 真正对公众所说的内容感兴趣、会进行一定的考虑；
2. 如果该规划项目特别是公共项目想要准确的符合使用者的需求；
3. 如果想要使用者和周边居民和谐相处；
4. 如果打算进行公众参与投入，获得的结果可能与业主或管理者所想的不同。

如果最终决定了公众参与，那么就要保证规划更加公开、公平。

谁将实施该项管理规划？

确保实施这项管理规划的人要知道如何进行规划。此前，大多数工作人员和顾问是没有参与规划实施的。

数据库

所有管理决策都是基于数据信息进行的。必要的数据需要以一种清晰简洁的方式收集、呈现出来，这种方式可以使规划实施者更加容易理解。数据收集应当最先从相关公司机构已有的资料开始找起。所有收集到的信息要尽可能的进行核实。

应当着重注意的是，在进行信息收集时，应该只收集所需要的信息。通常来讲，规划者特别是科学家偏向于收集“好”的数据或可利用的数据，但是这些数据并不是真正所需要的，或在制定决策时几乎没有利用价值。因此，在收集信息时，只需获得你所需要的数据信息，然后开始制定管理规划。

项目介绍

项目起源

规划内容：

描述一段完整的、简洁明了的项目或场地历史，制定一个从最初到现在的大事年表，包括重要人物、公众会议、立法法案（即市议会、城市委员会与州议会制定的相关法案）。记录土地征用信息，包括土地开始建设日期和完成日期、先前的土地所有者、当地地图等。

如果可能的话，详细描述项目的建设历史。列出所有的设施用地，例如500车位的停车场，100客位的饭店，拥有4个上山吊椅的滑雪场（包括分等级的滑道、造雪设备和拥有150个房间的旅店）。标注出这些设施的开始建设日期和完成日期以及开业日期，设施改造的开始建设日期和完成日期以及投入使用日期等。同时尽可能标注出与场地有关的人，如场地所有者（过去和现在）、市民组织和领导、关键的人物等等。确定项目性质，是个体开发项目还是政府项目。

如何调查：

这是一个传统的研究内容。首先应当在规划办公室调取有关文件，访谈当初场地建设时在附近生活的人们。可能的话到当地法院调取相关记录。

区位

规划内容：

地图与相关文字阐述：（1）地域特征，（2）项目的服务区域（使用者来自哪里），（3）交通路线（人们如何到达那里），（4）行政边界。

分析区位的目的：

为那些对项目场地及其周边环境不熟悉的人提供基础资料。为场地管理者和工作人员提供相关必要信息：（1）确定负责该项目场地的相关政府部门，如消防队、警察局、卫生局等；（2）确定客源市场及到达的交通方式。

服务范围

规划内容：

服务范围是指该项目将吸引到的客源人群其长期居住地区。服务范围的边界应当由旅游交通时间和游览交通方式决定，而不是距离单位。

如何确定：

人们通常只会游览距离一定时间内（或路程）的设施场地。旅游路程所需要的时间（或长度）取决于活动的类型和项目的规模。服务范围可能会受到人口集中程度、项目独特性的影响，周边地区同类型景点的服务范围、活动类型、推广效益、宣传以及可达性同样也对项目服务范围产生影响。

通常如果进行一日游，人们不会选择驾车超过1到1.5小时，例如去大型购物中心或海滩，人们路上可能只会花费不到1小时的时间。如果选择二日游，例如去迪士尼世界、六大主题乐园、滑雪度假场或者大型国家公园等，人们路程花费的时间可能会增加至1.5到2小时，如果景点非常独特的话可能会更长。（详见第1章游客需求的确定方法，图1.1）

项目目标

内容：

简洁写出场地或管理部门的优势、专业性和主题，需要的话也可写出其他重要特征。为什么要建立这个场地？应该如何使用它？实际上是如何使用的？

写此项的目的：

为了场地更好地发展，成为商业型、政府主导型、社区型、自然的或是历史性的保护地、公园或游憩利用地，或其他特殊目的地。这些因素很大程度上影响着许多场地运营管理的决策。

需要注意的是，在大型项目和资源系统中，确定公园、游憩地或旅游区的类型对于市场和管理者目标的制定是必要的。虽然标记资源的类型对于工作目的来讲不是必要的，但是它对制定每一块场地管理方案是有帮助的。在很多情况下，了解资源类型可以使公众对这里产生一定期望。例如，位于宾夕法尼亚州的霍普威尔高炉国家历史遗址就会引导大众去了解这是一个历史遗址地，而不是一个游泳、野餐或露营的场地。当游客发现了旅游地的历史遗产价值而并不认为它是普通的公园时，他们的期望将会得到满足。同样，公园的行政等级和名称对公众的认同与使用期望是至关重要的。

在命名公园、游憩地以及休闲设施场地时应当包括以下几点：

1. 自然资源型地区可以称作是“公园”或“自然地”。

2. 历史或文化资源型地区可以称作“历史公园”或“历史区”。

3. 以游憩行为为导向的区域可以称作“游憩地”。

4. 保护区（通常以资源为本底）通常情况下是为某种特定的保护类型而建立的，例如植物的保护或是考古文物的保护。

5. 专类公园，例如动物园、综合运动场、高尔夫中心、自然教育场地等。

一个公园可能会有多重目标。应当将所有的目标以同样的方式详细列出并加以阐述。

次要目标或其他功能在适当情况下必须包含提升休闲场地的首要功能，这些次要目标包括洪水防控、水资源供应、港口保护等。

这些研究方法同样可以帮助理解一个大型旅游区是如何规划的。制定每一项活动或功能的目标都与之前所提到的方法相同。

名称	类型	突出特色
谢尔登滨水游憩区	游憩	11km长的滨海景观
	二级目标	独特的沙嘴地貌
	• 自然系统保护	濒危海鸟物种的栖息地
	• 历史上重要战役的解说	通过实景模型和视频展示解说历史重要战役

图 31.3 多功能公园和游憩地实例

与其他机构、团体、企业和个人间的关系

内容：

除行政管辖界限外，所有影响该项目场地的组织和个人都应该经过确认，包括他们的名称、地址、电话以及联系人姓名。同时还应包括之前所签订的一些特殊协议，例如允许部分土地只用来进行生态保护等。尽管这个非正式协议可能没有法律地位，但是它将成为该地区发展与管理的一个重要因素。

研究目的：

使管理者和运营者充分了解未来要合作的对象。

法规和行政规章

法规

内容：

列出所有与该项目相关的法律规范。例如，将通过场地的河流命名为国家风景河流廊道，需要依据相关

规范控制河流两旁的建筑建设；在特定的商业开发场地内，每90m^{2}需设置4辆小汽车停车位；场地现在的路权所属单位，例如地下矿产所有权保留在之前的土地所有者名下，而污水管道利用权归属于现在开发单位等。

研究目的：

这些法律法规可以直接影响到项目的开发建设。

行政规章

内容：

列出所有与场地运营有关的规章制度。例如，减少能源消耗；场所关闭时间为晚上9点到第二天早上6点；对主要赞助者承诺场地内将会设置一些专用设施。

当前和潜在使用者

当前使用者

了解场地的使用人群。

内容：

当前使用人群的信息至少应该包括以下几点：

（1）场地使用者是哪些或可能是哪些。

（2）他们来自哪里。

（3）使用者数量和使用活动。

（4）他们想要在场地内进行哪些活动。这点很难具有准确性，因为人们通常不一定会去做他们之前所说的想做的事。

（5）使用者对于现状设施项目的满意程度。

这些信息可能很难获取，或是花费高昂。如果存在相似的项目场地，则可以从这些场地运营者那里获取使用者信息。如果没有的话，则要进行相关调查。通常这项调查将会花费大量的时间和财力。

研究目的：

项目发展最根本的动力是使用者，规划管理时必须要了解场地设施的使用者及其需求。场地对于游客需求期望的满足度将会决定其未来发展。

图 31.4　如果规划道路存在不合理性，人们将会自行踩踏出新的道路——丹麦哥本哈根的城市公园

潜在使用者

内容：

一个项目未来潜在的使用人群是哪些，他们来自哪里，他们所感兴趣的和期望看到的有哪些，这些信息对于一个项目来讲是至关重要的。它将会告诉你如何维护设施场地以及在何种程度下场地设施需要进行维护。

场地和活动记录

大多数负责现场设施活动的工作人员通常会注意他们每天日常需要进行的设备操作等工作。为了帮助他们建立更好的日常操作指导，需要了解场地或项目当前和计划的设备组件以及相关程序。必须研究的领域有以下3个：（1）自然资源基底；（2）当前和计划使用的人工设施；（3）项目活动。可以采用图像和文本的记录方式简洁明了地记录并分析这类信息。

需要注意的是：收集的信息必须是在制定决策的过程中真正所需要的。

自然资源基底

内容：

记录场地内所有重要的自然属性。其目标是为了在充分了解场地及其资源的基础上更好地进行资源管理，以保留他们最原初的状态。

调查原因：

所有项目的基础在于土地及其设施场地，在进行场地管理时，我们首先必须要了解场地的环境和敏感性。从所有不同开发等级的场地来看，无论是最原始的自然环境还是集约型土地、城市或商业区，自然资源都是最根本的基底。

图 31.5　树上的乱刻乱画——欧洲

如果不注意的话，这部分调查将会太过详细，并且会花费大量的时间和财力。

人工设施

内容：

记录规划红线内所有的人工设施。任何在场地外围可能会影响到场地的重要人工设施也要记录下来。

调查原因：

大多数的项目场地没有完整准确的设施记录。为了场地更有效的运营维护、编制预算，原有的场地内的设施记录是很重要的。在建设新的设施时，需要对原有的设施做评估，包括他们现在的使用状况以及潜在的使用价值。

图 31.6　大量使用的城市公园园路——英国伦敦

图 31.7　被涂鸦装饰的室外音乐剧场——挪威

项目和活动

内容：

列出场地内举办的所有项目和活动，包括当前参与者人数（如果人数不清楚，则给出估值）。

调查原因：

规划项目通常是为满足人的需求而进行建设的，了解使用人群数量以及使用途径是决定该项目能否成功的重要方法工具。

定位

管理规划当中的项目定位是该项目成功的关键。之前所做的所有工作都是进行有效管理规划的重要基础。

管理分为两个等级：（1）提出该区总体定位（对于小规模的场地来讲只需这一个等级），（2）提出分区（管理分区）定位。

总体定位

内容：

提出项目管理的首要及其他管理目标。这些目标与之前在“数据库”内容里的“项目目标”是不同的，这里的目标仅包括项目改造，如扩大场地等。

原因：

对于现存或计划的项目及周边环境、使用人群进行全面的审查，找出当前目标与场地资源项目潜在能力之间的矛盾。在许多项目中，一些目标或者全部目标都需要重新审视或者完全更改，例如，一个只供长期居住的度假村其附近有一条洲际公路，经过“数据”调查，这里更适合为短期商务客人提供住宿；再例如一个“乡村”公园由于周边工业化发展，其实际已经变成一个“城郊”公园。

图 31.8　种植花卉——欧洲东部

总体定位是管理规划的核心。之后的方向定位以及日常的场地运营（例如修建灌木或种植花卉等）都将随着总体方向进行。

分区定位

内容：

建立管理目标。许多项目场地有着相类似的功能分区，这些分区应该在地图上标示出来。

分区原因：

为了使管理者实现项目的总体定位目标。

如何分区管理：

建立管理分区，必要时进行再对每个分区划分子分区。必须充分详细地列出每一个分区和子分区。下列5

个功能分区尽管具有一定的官方范式，但是都在本书作者的一些公园管理规划当中得到成功的运用。

（1）集中使用区

所有游客集中使用的区域都在此范围内，包括陆地和水上活动以及白天和夜晚使用区。这里并不包括步行道、自行车道、滑旱冰道、登山道以及分散的各项活动，例如观看野生动物、钓鱼、狩猎等。以上这些将包含在自然区中。

面积超过50hm^2的集中使用区需要进行再分区。例如：

- 主要沙滩使用区-为易于识别需要对该区进行命名，如“北岸地区”。每个分区单元中都要包含游客服务设施。
- 柯步思码头
- 大柏木度假村
- 翠鸟港游客中心
- 冬季使用区

（2）后勤中心/管理中心

后勤中心主要负责的是场地的运营和维护。它包括维护管理房、应急机动车道、公用设施（水房、污水处理设施、电机房和公共电话亭）以及员工宿舍、苗圃、切花花园和停车场。

（3）历史文化区

该区包括有历史建筑或战场遗址，此外还包括有古老的农业土地和耕作方式、历史悠久的古典园林以及重要的文化建筑和景观。国家公园管理局已完成了该类区域的规划管理研究。

（4）限制区

该区域是管理者设置的禁止进入的区域，这里可能包括有危险动物、无管辖的公用设施、公共或个人路域（公路或铁路），景观防护带，滨水保护区，地下矿产（特别是石油、天然气、煤），水体（无控制的区域，如雨洪管理区，储水区）。应该简洁明了地阐述清楚该地区的限制类型和限制等级。

图 31.9　季节性使用的沙滩区——蚌通县公园，佛罗里达州柯里尔县

图 31.10　等候区的凉亭——蚌通县公园，佛罗里达州柯里尔县

图 31.11　历史建筑——长有杂草的屋顶，挪威

（5）自然区（陆地和水体）

该区包含有不同类型的自然生态环境，并重点旨在延续这种自然条件与状态。有些区域需要受到管制（基本来讲，不要干扰那些生态恢复或雨水调控的区域）。一些与自然环境相结合的分散活动可以纳入该区，例如非机动车游径、观鸟、自然教育、越野滑雪、登山和钓鱼等。

陆地分区（可能包括以下几类）：

- 观鸟区
- 草原、沙漠、岩石
- 原始森林（低密度游憩活动，如徒步、狩猎或其他等）
- 环境教育/解说中心（自然游径，教学站点）
- 自然景观区（风景优美的区域或地质景观区），为保护和解说留下的独特区域。
- 自然控制区（必须清楚地制定出限制条件）
- 栖息地（禁止游客进入，如秃鹰筑巢区，红冠啄木鸟栖息区，鲑鱼栖息区等），或许经历过炼山造林的地区（炼山：人为控制的火烧，是人们为了植树造林在采伐迹地或宜林地上用火烧来清理林地的一种营林措施）。

水体分区（可能包括以下几类）：

- 自然湖泊和岸线
- 自然蓄水池、溪流、湿地沼泽
- 垂钓
- 雨水调蓄区（该区存在植物限制）
- 观鸟区
- 自然教育

图 31.12　短吻鳄保护区——基本标识用来警告人们不要靠近该区，鹰湖郊野公园，佛罗里达州柯里尔县

图 31.13　炼山——用来保持适当的植物组合和生长，佛罗里达南部

每一个管理分区和所有子分区都必须在图中绘制出来并加以简洁但全面的介绍，包括现状资源特征、人工设施以及确定存在的问题。图中需要绘制出各分区的范围与特征。

规划人员或管理者需要认真分析之前所搜集的可以利用的材料，其目的在于：

（1）以实现总体定位为目标，确定项目场地的范围和管理边界。

（2）确定场地缺陷和问题。

（3）针对提出的问题制定解决方案。

（4）提出充分的项目管理规划及运营指导，以开展日常工作。

实施

一项管理规划只有在实施后才有其真正价值。规划必须由所有不同等级的场地管理者一同实施，包括最高决策者、中层管理者、技术监管人员以及最重要的底层员工。

分工

（1）决策者

决策者的工作不仅仅是批准管理规划。各级管理机构都会支持现场工作人员工作以更好地实施规定，尤其是在预算审批期间，应该对员工实施管理规划的工作投入充足的资金帮助。

（2）技术监管人员

如果没有技术监管人员，管理规划将无法长期实施下去，特别是在大型项目当中尤为明显。这些人员在需要时必须提供技术帮助并且鼓舞团队士气。他们将资源进行分类并提供给规划者以帮助制定管理规划，同时对禁止发展的地区拒绝提供帮助，可以说技术监管人员在一定程度上极大地推动了规划的进行。

技术监管人员还将从事一项特定的工作，即定期检查场地维护和运营状况，以确保场地符合管理规划中的规定。

年度审查将是管理规划实效的全面评估。在场地审查期间，应当对规划当中需要调整的部分进行讨论并实行必要的改变

（3）场地监管者与其员工

项目的管理规划是在当地监管者的指导下进行管理操作以及开展活动的，在此框架下，管理者应该具有必要的自由与权力去实施这项规划。

一些有效实施的方法包括由工作人员编写的年度工作计划表。

工作计划	负责人数量、职位	工作天数（每人）	备注
绘制标志	2个工人	60	3月1日开始
检查场地边界	1个保安	2	检查边界是否遭到破坏，检查4处发电设备，2辆拖拉机
检查割草机	1个维修员	60	
组织季节性活动并宣传	项目经理 项目专员	2 20	核实志愿者
开始招聘季节性工作岗位	项目经理	2	人事表X-22
订购供应品	管理员	20	预算表3.7-2
维修所有小汽车和卡车	1个维修员	20	签订维修承包合同
砍60捆木柴	4个工人	80	需要共60捆
解冻灌溉系统	–	–	详见高尔夫球场维护房和专卖店
高尔夫球场重新开始营业			
给草坪施肥			
清理所有冬天的垃圾			
清洗泳池			
重新涂漆修葺游泳场馆			
修剪池塘和场地内的草坪			

图 31.14　美国北部某公园的年度工作计划表

分级实施清单

以下只是一个项目概要，这些项目应该包含在详细的实施工作清单当中。工作清单在管理规划当中是十分必要的，需要场地工作人员提前做好，总部的工作人员需要在必要的地方提供技术上的帮助。这份清单在需要的情况下最好能翻译成工人的本国语言。一份标准的清单包括自然资源、日常运营和项目活动，维护和安保。每一大类都会有各自的子分类。

自然资源

（1）植物资源

检查场地内或周边存在问题的植物，特别是禁止引入的外来物种。

（2）动物资源

检查昆虫和其他危险性动物。

- 野生动物，特别是非本地动物，他们可能会对该地区特别是自然区造成伤害。例如野猪、野猫和野狗等。
- 昆虫或某些动物可能会造成人类的疾病，如火蚁、蚊子、浣熊、毒蛇等。

（3）水资源管理

- 水质调控
- 水草防除

（4）自然系统的管理规划

确保规划正常进行，并且适时采取必要措施。

日常运营及项目活动

- 审查当前的活动计划，并调整设置新项目。

维护

- 检修所有房屋。
- 检查并防治白蚁是必要的。
- 检查并防治木蚁虫害。
- 安装新的游船码头

安全性

- 核实所有道路均可使用

当项目规划完成并已建成投入使用时，决定该项目能否一直成功运营的关键就在运营和维护者手中。

图 31.15　正在除草的开放型草坪，卡罗来纳州南部的巴黎山州立公园

图 31.16　千层树，佛罗里达州李村

图 31.17　清扫城市道路，瑞典斯德哥尔摩

规划设计常用单位的公制换算表

单位缩写

ac=acre（英亩）

℃=degrees celsius（摄氏度）

cm=centimeter（厘米）

cu=cubic（立方）

ft=foot（英尺）

ft^2 or SF=square foot（平方英尺）

g=gram（克）

gal=gallon（加仑）

ha=hectare（公顷）

in=inch（英寸）

kg=kilogram（千克）

km=kilometer（千米）

l=liter（升）

lb=pound（磅）

m=meter（米）

m^2 or SM = square meter（平方米）

Mg = megagram（公吨）

mi = mile（英里）

mm = millimeter（毫米）

sq 0^2 or S = square（平方）

yd = yard（码）

yd^2 or SY = square yard（平方码）

美国惯用单位制：
美国，波多黎各，美保护地

公制：
其他地区

美制 对 公制*

美制单位	公制单位
长度	
1英里=1760码=5280英尺	=1609.3米=1.6093千米
1码=3英尺	=0.9144米
1英尺=12英寸	=0.3048米=30.48厘米=3048毫米
1英寸=	=2.54厘米=25.4毫米
面积	
1平方英里=640英亩=1段	=2.59平方千米
1英亩=43,560平方英尺=4840平方码	=4046.7平方米=0.40公顷
1平方码=9平方英尺	=0.8361平方米
1平方英尺=144平方英寸	=0.0929平方米=92.9平方厘米
体积	
1夸脱	=0.95公升
1加仑	=3.79公升

温度

华氏度（℉） 摄氏度（℃）

华氏度 = 9/5×摄氏度+32

摄氏度=（华氏度−32）×5/9

−50℉ = −45.5℃

−40℉ = −40.0℃

−30℉ = −34.4℃

−20℉ = −28.9℃

−10℉ = −23.2℃

−0℉ = −17.8℃

+10℉ = −12.2℃

+20℉ = −6.7℃

+30℉ = −1.1℃

+32℉ = 0.0℃

+40℉ = +4.4℃

质量

1盎司	=28.35克
1磅=16盎司	=0.45千克
1美吨=2000磅	=0.9公吨=907.2千克

注释

2英寸=5厘米，因此2英寸×4英寸=5厘米×10厘米

公制 对 美制*

公制单位	美制单位
长度	
1千米=1000米	=0.6214英里=3281英尺
1米**=100厘米	=1.094码=3.281英尺
1厘米=10毫米	=0.3937英寸
1毫米	=0.03937英寸
面积	
1平方千米=100公顷	=247.1英亩
1公顷=10,000平方米(100米×100米)	=2.471英亩
1平方米=10,000平方厘米	=1.196平方码=10.76平方英尺
体积	
1立方米=1,000,000立方厘米	=1.308立方码=35.31立方英尺
1公升***	=0.26加仑=1.057夸脱

温度

摄氏度（℃）		华氏度（℉）
−40℃	=	−40℉
−30℃	=	−22℉
−20℃	=	−4℉
−10℃	=	+14℉
−0℃	=	+32℉
+10℃	=	+50℉
+20℃	=	+68℉
+30℃	=	+86℉

+40℃ = +104℉

+50℃ = +122℉

+60℃ = +140℉

+100℃ = +212℉

质量

1克	=.035盎司
1千克****	=2.2磅
1公吨	=1.1美吨
1公吨=1000千克	=0.9842英吨

注释

* 使用美国无线电器材公司生产的公制转换计算器换算

** 最简单的单位使用：1米近似等于1码

*** 通常1公升可近似等于1夸脱，或4公升相当于1加仑

**** 此处无法近似，即1千克等于2.2磅

参考文献

1. Ratios and Distances Between People, Land, and Facilities on Recreation Areas, U.S. Bureau of Reclamation (a summary from other "reliable sources").

2. Standards for Particular Recreational Activities and Facilities, U.S. Department of the Interior, Bureau of Outdoor Recreation, Northeast Region.

3. Snowmobile Manual, Commonwealth of Pennsylvania, Department of Forests and Waters, Bureau of State Parks, Ralph A. Romeo.

4. Analysis of Water Used in Camp Areas in Pennsylvania, Division of Outdoor Recreation, Department of Environmental Resources, Commonwealth of Pennsylvania.

5. Sanitary Fixture Requirements for Pennsylvania Park Facilities-Day Use, Engineering Report, Division of Outdoor Recreation, Department of Environmental Resources, 1973.

6. Concept Design Standard for Culvert Underpass, Larry Sharer, 1973, an unpublished report.

7. Sailing Facilities, Larry Sharer, October 1973, an unpublished report.

8. Commonwealth of Pennsylvania, Bureau of Resources Programming, unpublished research papers, Cyrus A. Yoakam, assisted by Pamela J. Werner, Division of Outdoor Recreation, based on 1971, 1972, and 1973 summer recreation surveys and other Pennsylvania state park user information.

9. Beach Capacities, Brij Garg, Pennsylvania Department of Environmental Resources, Division of Outdoor Recreation, 1973, an unpublished report.

10. Conversations with Kenneth Okorn, biologist, fisherman, and hunter.

11. 1975-1977 Summer Recreation Survey of Pennsylvania State Parks, June 1979, Division of Outdoor Recreation, Commonwealth of Pennsylvania.

12. 1977 and 1980 Summer Recreation Survey, questions on the effect of increased gas prices on visits to state parks, analysis by George Fogg.

13. The Recreation Trailbike Planner, Vol. II, No. 1.

14. "Off Road Vehicle Trends," Proceedings – 1980 National Outdoor Trend Symposium, Vol. II, U.S. Department of Agriculture, Forest Service, Garrett E. Nicholas.

15. Recap of International Travel To and From the United States in 1987, U.S. Department of Commerce, Washington, DC, July 1988.

16. Recreation Standards for Comprehensive Planning in Florida, Stephen M. Holland, Department of Recreation and Parks, University of Florida, Gainesville, FL, December 1988.

17. Rules of the Game (The Complete Illustrated Encyclopedia of All Sports of the World), Bantam Books, New York, NY, 1980.

18. The Sports Fan's Ultimate Book of Sports Comparisons, The Diagram Group, St. Martin's Press, New York, NY, 1982.

19. The Range Manual, National Rifle Association, Washington, DC, 1988.

20. National Golf Foundation, North Palm Beach, FL, 1987 data.

21. 1985 Survey of Fishing, Hunting, and Wildlife Associated Recreation, U.S. Department of the Interior, Fish and Wildlife Service web page.

22. Uniform Federal Accessibility Standards, General Services Administration, Department of Defense, Department of Housing and Urban Development, and U.S. Postal Service, as printed in the Federal Register, Vol. 49, No. 153, August 7, 1984.

23. Highway Noise, prepared for U.S. Department of Transportation, 1974.

24. Equestrian Sports, Sally Gordon, et. al., Pelham Books. London, UK, 1982.

25. "Trends in Private and Public Campgrounds 1978 to 1987," Trends, Vol. 26, No. 2, 1989, U.S. Department of the Interior, National Park Service/National Recreation and Park Association, Washington, DC, McEwen & Profaizer.

26. Design for Sport, Gerald A. Perrin, Butterworths, London, UK, 1981.

27. A Site Design and Management Process, George E. Fogg, National Recreation and Park Association, Ashburn, VA, 2000.

28. Park Guidelines for Off-Highway Vehicles, George E. Fogg in association with the National Off-Highway Vehicle Conservation Council, National Recreation and Park Association, Ashburn, VA, 2002.

29. Leisure-Time Physical Activity Among Adults: United States 1997-98, Advance Data, Charlotte A. Schoenborn and Patricia M. Barnes, Department of Health and Human Services, April 7, 2002.

30. National Forest Survey, 1999.

31. Outdoor Recreation in America, 2001.

32. NSRE Survey, 2000.

33. National Bicycle Dealers Association, Website data.

34. National Sporting Goods Association, Website data, 2003.

35. National Golf Foundation Figures, www.iseekgolf.com, 10/0/04.

36. "Golf: An Update on the Movement Toward Full Inclusion of People with Disabilities," Jennifer K. Skulski, Access Today, 2003.

37. Associated Press, April 3, 2004.

38. Quick Facts – National Survey of Fishing, Hunting, and Wildlife Associated Recreation, U.S. Fish and Wildlife Survey.

39. 3-D Archery – A Guide to Course Design, Michael O'Leary, The Regimental Rogue, 2004.

40. What's New in 3-D Archery Range Design, Jay Scholes, 1996.

41. NFAA and IFAA Archery and Bowhunter Range Guidelines, Paul H. Davidson, 2000.

42. Walking and Biking Survey, U.S. Department of Transportation, 2002.

43. Anybody Want to Play Frisbee???, Charles Witherspoon and Steven Liddle, July 18, 2003.

44. So, You Want to Design a Disc Golf Course, Disc Golf Association, www.discgolfassoc.com.

45. Disc Golf Course Installation: Course Design, www.innovadisc.com/coursedesign/course5.htm, 9/6/04.

公园和游憩规划常用术语

4 x 4: A self-powered four-wheeled passenger vehicle, or light truck, having motive power available to all wheel positions.

4 X 4 EVENTS: Organized fun activities that test a four-wheel drive vehicle, the skill of the driver, and, at times, the passenger(s).

4 X 4 OBSTACLE COURSE: A designed course to provide training and practice for driving over terrain and obstacles a four-wheel vehicle driver may encounter while driving off of a highway surface.

4WD: A 4 x 4 vehicle.

ACCESS AISLE: An accessible pedestrian space between elements, such as parking spaces, that provides clearances appropriate for use by the disabled.

ACCESS ROAD: The road serving as the route of vehicular travel between an existing public thoroughfare and the park, recreation, or leisure area.

ACCESSIBLE: A site, building, facility, or portion thereof that meets the Federal Accessibility Standards and that can be approached, entered, and used by disabled people with physical limitations.

ACCESSIBLE RAMP: A walking surface to an accessible space that has a slope greater than 5 percent (1:20) and less than 8 percent.

ACCESSIBLE ROUTE: A continuous, unobstructed surfaced way connecting all accessible routes in a facility, and may include parking access, aisles, curb ramps, walks, ramps, and lifts.

ACTIVITY DAY: A measure of recreation use by one person in one facility or area for one day or part of a day. One person may exert more than one activity day per day. The activity day is probably most useful for apportioning total use to single uses and for sizing various parts of a given development.

ACTIVITY MIX: The term used to define the group of activities that a person or group participates in during a visit to a leisure facility.

ACTUAL OR PRACTICAL CAPACITY: The number of people that can use the area, considering the requirement of dual usage, traffic, vacant units, and the capacity of the land to support the people without deterioration of the resource.

ADA: Americans With Disabilities Act, i.e., the Federal act that requires that all new public built and remodeled facilities must have at least some of every type of facility accessible to the disabled.

ADAAG: Abbreviation for Americans With Disabilities Act Accessibility Guidelines for Building and Facilities.

ADMINISTRATIVE AREA: An area set aside for facilities used by an operating agency in administering a park, recreation, or leisure facility; may include office building, kiosks or visitor centers.

ALIGNMENT: The layout of a road or trail in horizontal and vertical planes; its bends, curves, and ups and downs.

AMENITIES: Any element used to enhance the visitor's experience and comfort during a park, recreation, or leisure facility visit.

AMERICAN COUNCIL OF SNOWMOBILE ASSOCIATIONS (ACSA): A national nonprofit association dedicated to providing leadership and advancing the efforts of all snowmobile-affiliated organizations to promote the expansion and education of responsible snowmobiling in the United States.

AMERICAN MOTORCYCLIST ASSOCIATION (AMA): A national membership organization comprised primarily of road, off-highway, and dual-sport motorcycle and all-terrain vehicle riding enthusiasts. Membership and association board representatives also include promoters and vehicle and after-market product manufacturers.

ANNUAL CAPACITY: The total capacity for use in a given year, considering the daily, weekly, and seasonal variations in density of use.

ARMORING: Reinforcement of a surface with rock, brick, stone, concrete, or other surface-hardening material.

ATV (ALL-TERRAIN VEHICLE): A three- or four-wheel vehicle, 50 inches or less in width, intended for off-highway use, which receives power transmission to the drive wheels from one motorcycle-type engine. The vehicle is controlled by the use of handlebars and is equipped with a seat that requires the rider to straddle the vehicle. ATVs are manufactured in four categories: general, sport, utility, and youth.

ATV RIDERCOURSE: A nationwide program developed and managed by the ATV Safety Institute to provide hands-on rider training with an emphasis on safety and skill development.

BACKCOUNTRY: An area where there are no maintained roads or permanent, modern buildings – just primitive roads and trails.

BACKSTOP (when used in conjunction with rifle and archery ranges): A device (usually a barrier) to stop or redirect bullets or arrows fired on a range.

BAFFLES (when used in conjunction with rifle ranges): Barriers to contain bullets and arrows and to reduce/redirect sound waves.

BATHHOUSE: A toilet building with showers.

BEACH: An area of shoreline, which is developed and/or designated for swimming use.

BERM (when used in conjunction with rifle ranges): An earth embankment used for restricting bullets or arrows to a given area or as a divider between ranges.

BERM: A mound of earth and/or stone used in many types of developments for visual effect and/or sound abatement.

BMX (BICYCLE MOTOCROSS) COURSES: Bicycle racing on a dirt track by same age groups. Vary in length from 1,000 to 1,500 LF (300 to 460 m).

BOAT DOCK: A facility located in or adjacent to the water, which is designed and constructed to provide for the mooring and/or in-water storage of boats.

BOAT LAUNCHING AREA: An area for boat launching and removal. Area could include a launching ramp, maneuvering and rigging area, and/or other launching facilities, such as a crane, tramway, etc.

BOAT LAUNCHING RAMP: A graded and surface-stabilized facility designed and constructed to allow for the launching and removal of boats from the waterway by means of boat trailers.

BUBBLE DIAGRAM: A schematic layout of a project or project component made up of "bubbles" of various sizes. These "bubbles" are shown in either their physical or functional relationships and are usually connected by lines showing circulation or relationships.

BUFFER AREA: An area set aside to preserve the integrity of an adjacent park, recreation, or leisure facility, and to prevent physical or aesthetic encroachment on that area.

BUNKER: See "Sand Trap."

"C" CURVE: Maximum flood level. This is a much greater height than that typically known as the flood plain for one-hundred-year floods.

CAD: Computer-aided design.

CAMPGROUND: A portion of land surface within a recreation area or recreation site, which is designated and at least partially developed for camp use. Includes camp units and/or campsite, roads, parking, sanitary facilities, water supply, etc. **Note:** Camp areas, campgrounds, campsites, camp units, and camp facilities are usually planned for family use. In general, the unmodified term "camp" implies family use (or use by other than a large group). Consequently, the modifier "group" should be used if group use is planned.

CAMPING: Overnight recreation use, which involves sleeping one or more nights in the out-of-doors. In this definition, "out-of-doors" implies outside of an established dwelling.

CAMPSITE: An area, which is constructed to accommodate camping use, e.g., a table, a camp stove, a fire ring, a tent site, a trailer space, etc.

CAPITAL BUDGET: The budget or a portion of a budget that is related to new construction and not to operations and maintenance.

CAREGIVER: That person responsible for the care and safety of another individual – usually an older person caring for one younger, but is becoming common for younger people being responsible for the elderly.

CARRYING CAPACITY: The amount of use that land can support over a long period without damage to the resource. It is measured in terms of recreation use per time unit (usually a day or a year), and varies with the conditions of rain, topography, soil, climate, and vegetative cover. It can be increased by protective measures, which do not in themselves harm the resources. The harmful effects of use greater than the sustainable carrying capacity can/will probably decrease the amount of use.

CC: The size displacement of an engine in cubic centimeters.

CIRCULATION ROAD: A road for vehicular traffic within the park, recreation, or leisure facility.

CLASSIC/VINTAGE: Motorcycles or events that feature motorcycles that are non-current models, typically of 1974 and earlier, or equivalent.

CLIMBING TURN: A turn that is constructed on a grade of 20 percent or less when measured between the exterior boundaries of the turn and follows the grade as it changes the direction of the trail 120 to 180 degrees. Climbing turns are encouraged, in place of switchbacks, on motorized trails.

COASTAL CONTROL SETBACK LINE (CCSL): The limit beyond which generally no hardscape construction can take place.

COMFORT STATION: Another term for toilet building that is commonly used by park and recreation professionals. (See "Restroom.")

CONCESSION AREA: That portion of the recreation area or facilities, which is to be operated by private parties and may include ski areas, food service, marina, motels, etc.

CONCESSIONAIRE: A person or business that contracts with a park, recreation, or leisure facility-operating agency (public or private) to run an operation.

CONSULTANT: An individual or organization hired to perform professional advisory or design services. Usually refers to architects, engineers, landscape architects, planners, etc.

CONTOUR INTERVAL: The vertical separation between contour lines – usually 1 foot, 2 feet or 5 feet (30 cm, 1m or 2m).

CONTOUR LINE: A line on a map connecting points of equal elevation.

CONTROLLED BURNS: Burning areas to manage the buildup of combustible material. Used to lessen the number and severity of wildfires. (See "Prescribed Burns.")

CORRAL: A fenced area for holding horses.

COURTESY DOCK: A facility located on the water adjacent to a boat launching facility and provided for the convenience of those using the launching and retrieving facilities.

C.S.: Comfort station – a toilet building.

CURB RAMP: A short ramp cutting through a curb or built up to it.

DAILY CAPACITY: The number of people who can use an area in a day, considering the rate of turnover.

DAY USE: Recreation use of an area for one day or less. Day use may include participation in a number of recreation activities, e.g., picnicking, play, water sports, sightseeing, etc., but excludes overnight use.

DAY-USE AREA: A portion of a park, recreation, or leisure area, which is designated for use by recreationists remaining in the area for one day or less. Does not include overnight use. Commonly a day-use area will be developed to accommodate a number of recreation activities, e.g., picnicking, sightseeing, water sports, etc.

DECIBEL LEVEL (dB): A level of sound; usually referred to in governmental ordinances.

DESIGN LOAD OR INSTANTANEOUS CAPACITY: The theoretical number of people the area can accommodate at a given moment.

DEVELOPED AREA PLAN: A drawing showing the existing and proposed development of a unit within a park, generally at a scale of 1 inch = 200 or 400 feet (1:2000 or 1:4000).

DEVELOPMENT PLAN: A plan showing development proposals for a given leisure facility or portion thereof.

DIRT TRACK (DXT): A prepared flat or banked oval dirt track between 2,250 feet (685 m) and 2,640 feet (805 m) in circumference designed for competitive motorcycle racing. (See "Short Track.")

DISC GOLF: A skilled recreation activity using a disc (a special Frisbee) to play "golf" on a 15- to 18-acre (6 to 7.3 ha) course

DISTANCE ZONE: Also known as "service area zone" or "travel zone." Areas are delineated around a recreation resource, measured by units of distance or travel time. The distance zone is used for defining populations from which users of a recreating resource come or will come. A better designation method is actual travel time and becomes freeform shapes.

DOG PARK: An enclosed space – usually a 3- to 4-acre (0.5 to 1.6 ha) site – where dogs can be let off of their restraints to run freely and interact with other dogs and people.

DRAG RACE: A time trial or a final race between two contestants from a standing start to a finish line over a measured distance.

DRAG STRIP: A prepared course of a given length, perfectly straight, with a hard, smooth surface, and sufficient distance beyond the finish line to allow a safe stop.

DUAL SPORT MOTORCYCLE (DSM): A four-stroke motorcycle originally manufactured and sold legal for street usage, and that is specifically designed for both on- and off-road riding. Depending on state requirements, some two-stroke and four-stroke motorcycles manufactured for off-highway trail use can be converted to street legal, dual sport motorcycles.

DUAL SPORT RIDE: A noncompetitive, long-distance, organized ride using street legal off-highway motorcycles. The ride is primarily on back roads, dirt roads, and trails, and is carried out on a designated route.

DUNE BUGGY or RAIL: A custom-built passenger vehicle specifically designed or modified for use off of paved roads, with four wheels, operated by a driver seated within the vehicle. Modification for use on beaches or in dunes may include extra wide or paddle tires.

ENDURO: A meet in which speed is not the determining factor, and a time schedule must be maintained. Enduros take place on a variety of terrain and on little-used roads and trails.

ENVIRONMENTAL ASSESSMENT: An assessment of a site to determine if it has any features of environmental significance, and usually required on all Federal projects.

ENVIRONMENTAL IMPACT STATEMENT/ REPORT: A report on the development of any project regarding its impact on the environment with alternative courses of action compared and a recommended direction established. Required on most Federally-funded projects.

EQUESTRIAN CAMPGROUND: An overnight facility designed for campers with their horses.

FIRING DISTANCE: The distance between the firing line and targets.

FIRING LINE: A line parallel to the targets from which firearms or arrows are discharged.

FISH CLEANING FACILITY: A structure designated and constructed to provide for the cleaning of fish and for the sanitary disposal of the unwanted fish parts.

FISHING PRESSURE: The amount of fishing that occurs.

FLAT TRACKS: A groomed dirt oval track one-quarter to one mile in length.

FLOOD PLAIN: Those areas subject to periodic flooding, usually defined as the "100-year flood."

FOOTPRINT: As in building footprint – the actual ground floor plan of a structure.

FORCE ACCOUNT WORK: Construction work done by in-house staff. Usually small scale, and frequently labor intensive. (See "In-House Construction.")

GARBAGE DISPOSAL SYSTEM: Those sanitary facilities, which are normally necessary to receive and dispose of garbage and refuse; also known as solid waste disposal.

GENERAL DEVELOPMENT PLAN: A drawing showing the existing and proposed development of a unit of the park system, generally at a scale of 1 inch = 500 feet (1:5000) or larger. (See "Site Plan.")

GIS (Graphical Information System): A computer program that integrates CAD with various graphic and statistical databases. It is useful for developing base maps and regional studies.

GO KARTS: Small, four-wheeled engine-driven vehicles with no suspension, a maximum length of 74 inches (188 cm), and a maximum width of 50 inches (127 cm).

GPS (Global Positioning Satellite): Used in accurate location of planimetric features, primarily on larger-scale projects.

GREEN: In golf, it is the place where each hole ends; sometimes called a putting green.

HABITAT ZONE: An area designated to be managed for the perpetuation of specific plants or animals.

HANDICAPPED ACCESS AISLE: Now referred to as accessible aisle. (See "Access Aisle.")

HANDICAPPED ACCESSIBLE ROUTE: (See "Accessible Route.")

HANG GLIDING: A recreation activity that uses non-powered, fixed-wing types of crafts, e.g., mini gliders.

HARDSCAPE: The term normally used for the built facilities portion of the landscape, e.g., walks, benches, fountains, walls, signs, trashcans, lights, play areas, etc.

HILLCLIMB: A series of trials against time or distance, or a series of match races against time or distance, on a specially prepared hill.

HOLE: In golf, it has two definitions; first, it is the entire combination of a tee, a fairway, roughs, hazards, and a green, which make up one unit of play. There are 18 holes on a normal golf course. The second definition is the hole in the ground located on the green, which is the ultimate target of each "hole" played.

ICE RACING: Meets conducted on short tracks and half-mile ovals marked on frozen lakes and ponds. A variety of motorcycles are used, with minor modifications made to the steering geometry, and the insertion of hundreds of sheet- metal screws placed through the tires.

IN-HOUSE CONSTRUCTION: Various projects that are carried out with company or governmental entity employees. (See "Force Account Work.")

INITIAL STAGE DEVELOPMENT: That portion of the total park, recreation, or leisure facility development that is constructed first. Ideally, the initial stage should be planned and constructed to accommodate a predicted level of visitation, e.g., an initial stage recreation development that will accommodate the predicted visitation in the tenth year of park operation.

INTERNET: A worldwide network of computer networks that use the TCP/IP protocols to facilitate data transmission and exchange.

INTER-TIDAL ZONE: The coastal shore area between high tide and low tide.

JURISDICTIONAL: A term used to indicate that some governmental agency has an interest in and the legal authority to have some level of control over what can be done on a site. It has come to primarily refer to environmental matters.

JURISDICTIONAL AREAS: Those waters and wetland areas that a governmental agency can claim by law to have authority over its development. The Corps of Engineers is the agency at the Federal level that oversees wetlands.

KIOSK: A building or shelter so located in reference to the recreation area that it might be operated for the collection of fees, as a checkpoint for control of use, and/or for the dissemination of information.

LAND USE MAP: A map showing, in a diagrammatic fashion, the existing and/or proposed land uses.

LAND USE PLAN: A plan showing, in a diagrammatic fashion, the proposed facility uses.

LEISURE FACILITY: A development constructed for people to use during their leisure time.

LEISURE TIME: A person's time not required for the necessities of life in which activities, such as watching TV, playing football, going to a concert, playing cards, etc., may be done.

LIFE CYCLE: The expected useful life of any constructed facility.

LIFE CYCLE COST: (See "Lifetime Cost.")

LIFE EXPECTANCY: Like human life expectancy, all projects have a definitive length of time that they can survive and be utilized for their expected functions, usually figured at 20 to possibly 30 years. Major repairs are normally needed to extend the life expectancy of most projects.

LIFETIME COST: The cost of a project over its useful lifetime. Includes initial construction plus operations and maintenance costs.

LOOP TRAIL: A trail that returns the user to the original beginning point.

MAINTENANCE: The upkeep of the physical facility and grounds of a park, recreation, or leisure facility project.

MANAGEMENT PLAN: The controlling document that establishes direction for development, operation, programming, and maintenance of a park, recreation, or leisure facility.

MANAGEMENT ZONE/AREA: Area(s) within a site with similar functions, e.g., Customer or Visitor Use Zone, Natural Zone, Service Zone.

MARINA: A combination of facilities, which might include a boat launching area, boat launching facilities, boat dock, boat rentals, and boat service facilities (gas, oil, repairs, snack bar, etc.). The connotation is a general boat-associated facility that may be operated by a concessionaire.

MASTER PLAN: The document in written and graphic form that is proposed to guide the development of a park, recreation, or leisure facility.

MEET: A competitive activity during which one or more sports events and related practices for such events are conducted.

MGD: Millions of gallons per day.

MICROCLIMATE: The climate in a small area, e.g., a shaded, windy area between buildings or an exposed hillside.

MITIGATION: Usually refers to the repair or replacement in kind, either on site or off site, of environmentally- sensitive lands.

MOORING RAIL: A device to secure boats located along the edge of a body of boating water; basically, a boat bicycle rack.

MOTOCROSS (MX): A meet conducted on a closed course that includes left and right turns, hills, jumps, and irregular terrain.

MOTORCYCLE: A two-wheeled vehicle receiving power only to the rear wheel from a single motorcycle engine.

MOTORCYCLE INDUSTRY COUNCIL: A not-for-profit trade association representing manufacturers and distributors of motorcycles, parts and accessories, and other allied trades.

MOUNTAIN BIKE: A two-wheeled bicycle specifically designed to be ridden on rough terrain with multiple gears, straight handlebars, and a strong braking system.

MUD or SAND DRAGS: A timed, competition event over a specified distance through a designed mud or sand course.

NATIONAL OFF-HIGHWAY VEHICLE CONSERVATION COUNCIL (NOHVCC): A national, not-for-profit, educational foundation that promotes off-highway vehicle enthusiast club and association development, and provides educational materials and programs to improve OHV recreation management, opportunity, and resource protection.

NATURAL AREA: An area, sometimes within a park, which is left generally undeveloped for passive recreation use, and usually serves the function of enhancing the aesthetic quality of the overall development.

NON-RECURRING MAINTENANCE: Usually major, costly items that must be carried out to keep the facility functional.

NRPA: National Recreation and Park Association.

O & M: A commonly used term among property managers for operations and maintenance, i.e., the O & M budget.

OBSTACLE COURSE: A course designed to test riding or driving skills through, around, and over natural or built obstacles.

OFF-HIGHWAY VEHICLE (OHV): Any motorized vehicle specifically designed for travel off of paved highways. OHVs generally include off-highway motorcycles (OHMs), dune buggies, four-wheel drive vehicles (4WDs), snowmobiles (OSVs), and all-terrain vehicles (ATVs).

OFF-HIGHWAY VEHICLE PARK: A park designed, developed, and operated to primarily serve the needs and desires of OHV enthusiasts.

OFF-ROAD BICYCLES: (See “Mountain Bike.”)

OHM: An off-highway motorcycle.

ON-SHORE RECREATION FACILITY: A recreation facility that is provided in relation to a water-associated recreation area.

OPERATIONS: The day-to-day operating of a park, including security, clean-up, trail grooming, interpretation, etc.

OPERATIONS MANUAL: A document usually prepared by staff and/or suppliers describing how a facility or piece of equipment is to be operated and maintained.

ORV: An off-road vehicle – a former term for what is now more commonly referred to as off-highway vehicle (OHV).

OSV: An over-snow vehicle, most commonly a snowmobile. (See “Snowmobile.”)

OUTSOURCING: The process by which a private or governmental entity contracts work for various tasks outside of the agency or company.

OVERLOOK: A sightseeing and/or observation area so located and constructed that visitors can view a dam, reservoir, lake, surrounding countryside, and/or other objects or areas of interest.

OVERNIGHT USE: A portion of a development that is designated for recreational use that includes an overnight stay. An overnight use area may include a campground, motels, hotels, cabins, lodges, etc., and may include other facilities primarily for use by the overnight guests, e.g., boat ramp, trails, etc.

PAINTBALL: A sport where the participants are tagged by a paintball marker. Requires a restricted use area and natural or manmade cover.

PARAGLIDING: Very similar to hang gliding, except it uses an inflatable canopy. It is lightweight and can be taken almost anywhere.

PARKING AREA: An area designated and constructed for the parking of vehicles. Implies parking developed for a number of automobiles, pickup trucks, etc., e.g., a parking lot. A specialized type of parking area is needed for buses and in connection with boat-launching areas, equestrian areas, and off-highway vehicle areas.

PARKING SPUR: An area designated and constructed for the parking of a vehicle. In a campground, it implies a parking area for one or two small vehicles or a trailer and one or two small vehicles.

PARTICIPATION RATE: The percentage of the population that participates in any given activity.

PASSIVE USE: That type of use that involves limited physical activity, e.g., bird watching, picnicking, etc. This is in contrast to active use, e.g. sports activities, rock climbing, etc.

PEAK LOAD DAY: The day of maximum use, usually the Fourth of July or some other major holiday.

PEEWEE TRACK: A track designed and restricted to OHMs and ATVs of 80 cc or less. Peewee tracks, also referred to as children’s or beginner tracks or loops, are generally for young riders just learning to ride.

PERCENT (%) GRADE: A figure used in determining the rise or fall of the ground. Vertical change (distance) divided by horizontal distance = % grade.

Ph: Soil acidity or alkalinity; a Ph of 7 is neutral, less than 7 is acid, and over 7, alkaline.

PHASING (PHASED DEVELOPMENT): The construction of recreation facilities in stages. The basis for phasing or phased development may be recreation demand (for types and/or numbers of facilities), availability of funds, etc.

PHYSICALLY LIMITED (formerly referred to as handicapped): An individual who has limitations, including mobility, sensory, manual, or speaking abilities, which result in a functional limitation in access to and use of a facility.

PICKET LINE: A line of stakes or posts temporarily connected with a rope to act as a holding area for overnighting horses.

PICNIC: A type of day-use recreation that includes at least one meal in the open air. **Note:** Picnic areas, picnic grounds, picnic sites, picnic units, and picnic facilities are usually planned for either family use or group use. In general, the unmodified term "picnic" implies family use (or use by other than a large group). Consequently, the modifier "group" should be used if group use is planned.

PICNIC AREA: That portion of land surface within a recreation area or recreation site designated or zoned for picnic use.

PICNIC FACILITY: A device that is constructed to accommodate picnic use, e.g., a table, a stove.

PICNIC UNIT: A group of facilities developed to accommodate picnic use.

PIT AREA: The location where participants set up their equipment for practice and/or events.

PLANT ASSOCIATIONS: A group of plants that is normally found together, usually in similar conditions, e.g., alders, willows, and cattails, are usually found together in wet areas.

PLAY AREA: A space, usually with play apparatus, and generally for young children ages 3 to 12.

PLAY FIELD: Open play space for activities such as Frisbee, softball, volleyball, football, etc.

POST CONSTRUCTION EVALUATION: Review of a project after it has been in operation to determine how it is being used and whether the built facilities are physically working as planned.

POTABLE WATER: Water that can be used for drinking.

PRESCRIBED BURNS: Areas of a project designated for undergrowth management through controlled burning. Used to control types of vegetation and limit the effects of wildfires.

PRIMARY USE SEASON: The time of year when the heaviest park, recreation, or leisure facility use occurs. Usually the summer season in northern areas, but may be winter for ski areas, and for some southern areas it may be all year round or primarily during the winter.

QUASI-PUBLIC: Agencies that are open to the public and are owned and/or operated by a nonprofit organization such as the "Y," religious groups, Elks, etc.

RECREATION: An activity beyond that required for personal or family maintenance or for material gain; that is, for enjoyment rather than for survival.

RECREATION AREA: That portion of land and water surface that is designated for recreation use.

RECREATION DEMAND: The measured, implied, or predicted ability and desire of the people in a designated recreation service area to expend (exert) recreation in a designated recreating resource. It may be latent, as in an undeveloped area that would be used if it were developed. It may be expressed or measured in units of use plus units turned away.

RECREATION FACILITY: A specific device provided to accommodate recreation use, e.g., a table, stove, road, marina, or museum, etc.

RECREATION SITE: A parcel of land within a recreation area that has recreation potential and is designated for recreation development and use. Does not imply specific development for the type of designated recreation use.

RECREATION UNIT: A grouping of recreation facilities that is constructed to provide a type of recreation accommodation, e.g., a camp unit is a type of recreation unit and is developed with the following facilities: a table, camp stove, parking spur, tent or trailer space, etc.

RECREATION USE: The occupation, utilization, consumption, or enjoyment of a recreation resource, or of a particular part of a recreation resource.

REMOTE-CONTROLLED MODELS: Any type of model (planes, cars, boats, trucks, farm equipment, etc.) with a power source that can be controlled with electronic signals from a nearby (remote) station.

RESTRICTED USE ZONE: A portion of a park, recreation, or leisure facility that is designated to serve a specified recreation function or functions to the exclusion of other activities.

RESTROOM: A building designed and constructed as a portion of the sewage system that contains toilet facilities.

RETENTION AREA: An area constructed to hold stormwater run-off.

RIPARIAN: Relates to the shore of a watercourse or body of water.

ROCK RUN: A short trail section for off-highway vehicles that is made up of large rocks placed to test the driver's skill and equipment capability.

ROUGH: In golf, it is an area outside the fairway that is still within the course playing area and which can be rough and have little care.

SAFETY ZONE: The area needed to ensure the safety of shooters, spectators, and other people. This is the zone where bullets, arrows or vehicles and other objects will impact, taking into consideration the installed protective berms, baffles, etc.

SAND BUGGY: A dune buggy or rail with rear paddle tires and smooth front tires specifically designed or modified for driving in sand

SAND TRAP: In golf, it is an area void of vegetation and filled with sand. They are strategically placed around a golf course to make the game more challenging; sometimes called bunkers.

SANITARY FACILITIES: Developments of services that are necessary for the disposal of human wastes in a manner that will protect the public health and environment.

SCRAMBLES: A meet for motorcycles or ATVs designed more to test rider skill rather than the speed of the vehicles. Scrambles are conducted on an unpaved, prepared course between one-quarter mile and two miles long, and include left and right turns, hills, and other natural terrain.

SEASONAL USE: The numbers of people using a facility during various seasons. Most facilities experience variations in the numbers of users during different times of the year, e.g., skiing, Christmas shopping, and summer tourism are seasonal activities.

SERVICE AREA: An area set aside for facilities used in routine operation for maintaining a park or recreation area; may include equipment yards, shops, and dwellings. A second definition is the area served by the park, recreation, or leisure facility.

SERVICE ROAD: Vehicular road within a park, recreation, or leisure area used primarily for maintenance vehicles. This road may also serve as a public pedestrian path or fire trail.

SEWAGE DUMPING STATION: A facility for the disposal of human wastes from camp trailers.

SEWAGE SYSTEM: Sanitary facilities that are normally necessary to dispose of waste products of the human body, food preparation, showers, and laundry facilities.

SHARED-USE or MULTIPLE-USE TRAIL: A trail utilized by two or more trail interest groups, which may or may not include both motorized and non-motorized use.

SHOOTING RANGE: Places where people may participate in recreation, competition, skill development, training with firearms, archery equipment, and/or air guns.

SHORELINE MOORING: An area designated for boat tie-up along the shore of a body of water. Frequently requires grading and a mooring rail and/or boat storage rack.

SHORT TRACK: A prepared flat or banked oval dirt track less than 2,250 feet (685 m) in circumference designed for competitive motorcycle racing. (Also see "Dirt Track.")

SITE PLAN: A plan drawn to scale on a topographic base map showing all of the features of the proposed development. Elements included are building locations, parking, roads, walks, bicycleways, play areas and/or facilities, plant masses, lawns, various management areas, major grading, and other appropriate features. All of these are shown from the point of view of a ground floor plan.

SIZING: The level capacity, volume, magnitude of development within a stage of development, e.g., a given facility may be sized for a larger capacity than is needed in initial stage development. Initial stage development sizing is primarily a function of economic considerations.

SKATEBOARD: An over-sized roller skate similar to a surfboard or ski board.

SNOWMOBILE: An engine-driven vehicle manufactured solely for travel over snow that has an endless belt tread and sled-type runners or skis, and that a rider sits astride to operate. In some parts of the country, particularly Alaska, snowmobiles may be referred to as snowmachines or snowgos.

SOLID WASTE: Rubbish, trash, etc. (See "Garbage Disposal System.")

SOUND BASIN: An area where sounds can be heard; usually the line of site, excluding vegetation, from the source of the sound.

SPEEDWAY: A prepared flat, oval track less than 2,250 feet (685 m) in circumference designed for competitive racing with lightweight, four-stroke motorcycles equipped with no brakes, and designed specifically for power sliding.

SPRAYGROUNDS: Spaces similar to traditional playgrounds, only the primary feature is water play – zero depth.

SPREADSHEET: A chart showing a number of pieces of information. It is usually computer-generated and used for such things as estimating, plant lists, color schedules, etc.

STABILIZED TURF: An area that has been constructed for occasional use for parking or vehicular access. Usually requires grading, improved drainage, and generally a gravel surface or manufactured reinforcing material, choked with fines and seeded/sodded.

STAGING AREA: A designated area where park visitors gather prior to riding or driving in dispersed recreation experiences.

STATIONARY SOUND TEST: A test procedure, approved by the Society of Automotive Engineers (SAEJ1287 JUL98), to readily test vehicle sound levels in the field.

SUPPORT FACILITIES: As used in this text, it refers to the facilities necessary to support the planned development. They are usually utilities, such as water (including fire), sewage, electrical, and communications systems. They also may include signage and maintenance facilities.

SUSTAINABLE DESIGN: A design that results in a completed facility that is easily maintained with a limited use of resources.

SUV (SPORT UTILITY VEHICLE): A street legal, high clearance vehicle used primarily on-highway, but designed to be capable of off-highway travel.

SWIMMING: A general term that includes actual swimming, water play, wading, etc.

SWIMMING AREA: That portion of a body of water designated specifically for swimming use.

SWIMMING IMPOUNDMENT: A portion of a reservoir, lake, or stream that is specifically constructed for swimming and/or swimming use, e.g., an arm of a reservoir that may be diked to form a sub-impoundment for swimming.

SWITCHBACK: A sharp turn in a trail that reverses the direction of travel in order to reduce grade while still allowing gain in elevation on slopes generally 15 percent or steeper. The turning portion of the switchback is the "landing;" the approaches to the landing are the "upgrade" and "downgrade."

TEE: In golf, it is the place from which each hole begins. It is frequently different for men and women.

TIME TRIAL: An event in which a participant competes against a clock.

TOPO: Topographical information for a site.

TRAIL: A pathway or roadway designed and constructed to carry other than normal vehicular traffic. Use of a trail may be as restricted as is desired by the recreation operator. For example: Hikers, hikers and cyclists, or motorized vehicles, etc. may use a trail.

TRAIL GROOMING: Refers to the care of trail surfaces, including snow surface on winter-use trails, for both snowmobiles and cross-country ski trails.

TRAILBED: The finished surface on which base course or surfacing may be constructed. For trails without surfacing, the trailbed is the tread.

TRAILHEAD: A developed area that serves as the beginning point of a trail and includes at least parking, trail information, rubbish containers, and usually water and sanitary facilities.

TRANSIENT CAMPER: A camper who is staying in an area overnight only while en route to his ultimate destination.

TREAD SURFACE: Wearing surface of a trail.

TREAD WIDTH: The width of the actual travel way.

TRIALS MOTORCYCLE: A motorcycle manufactured specifically for observed trials competition. The bikes are extremely quiet and operated at low speed on very technical and difficult course terrain.

TRICK BIKE: A specially equipped bicycle used for stunts; usually in a skate/bike park.

TURNOVER RATE: The number of times a given facility is used during a given period of time, usually a day.

UFAS: Abbreviation for Uniform Federal Accessibility Standards.

UNIVERSAL ACCESSIBILITY: The design of a facility so that basically all of the site and its activities are accessible to people with all levels of ability.

UNIVERSAL DESIGN: Designing facilities to be usable to all people, to the greatest extent possible, regardless of age, size, or abilities.

USER DAY or VISITOR DAY: A measure of recreation use by one person for one day or part of a day. It may be brief or it may be as long as 24 hours. Brief views, as from a highway, are not visits in this sense nor are brief stops at such places as overlooks. So far as accuracy of data permits, one person will log only one visitor day at a given recreation resource during any 24-hour day. The visitor day is probably the most convenient unit for purposes of economic analysis; it is probably less convenient when used for sizing recreation facilities and apportioning total use to various activities.

USER DEMAND: The number of users that would use a facility if it were available.

USGS: The United States Geological Survey.

USGS QUAD SHEET: Maps covering the United States prepared by the U.S. Geological

Survey; usually at a scale of 1:24000 or 1inch = 2000 feet (2.5 cm = 610 m).

VAULT TOILET: A "primitive" bathroom without running water where human wastes are stored in a waterproof vault, and are periodically pumped out by a special "honey wagon" tank truck for disposal into an approved system.

VECTOR MANAGEMENT: Utilization of site maintenance procedures that will minimize the presence of dangerous animal/insect populations.

VECTORS: Nuisance and/or dangerous animal/insect populations that can endanger the health of the visitors.

VENUE: An area designed to support specific organized recreation activities, e.g., motocross, equestrian facilities, downhill skiing, etc.

VISITOR or USER PROFILE: Information on the people who use or will use a facility. The data is gathered from all available sources, but may frequently require user surveys.

VISUAL RESOURCE SURVEY: A graphic report of the key visual points in a facility, both good and bad.

WATER-ASSOCIATED RECREATION: Recreation that is carried on at, near, in, under, or because of the presence of standing or running water.

WATER HAZARD: In reference to a golf course, it is a watercourse (even when containing no water) or any other areas of water, i.e., ponds, lakes, reservoirs, rivers, streams, and even drainage ditches.

WATER SYSTEM: Facilities, including developments for supply, treatment, storage and distribution that supply water to the recreation area and/or recreation sites.

WC (Water Closet): A term used in much of the world to describe a toilet or a toilet building.

WH (Washhouse): A building containing laundry facilities and showers in addition to toilets.

WINTERIZATION AND DE-WINTERIZATION: Preparing a project site and/or building for the winter or non-seasonal use and then readying them again for the use season. Normally refers to buildings and water and sewer systems in seasonally-used facilities or portions of facilities in the sections of the country where freezing occurs.

X SPORTS (EXTREME SPORTS): Consists of non-traditional recreation activities, such as trick biking, skateboarding, snowboarding, bouldering/climbing walls, etc.

XERISCAPE: The design of a project for effective conservation of water. Includes such things as minimizing plantings requiring irrigation, grouping plants of like water needs, and water conserving irrigation design.